COURS ÉLÉMENTAIRE DE MATHÉMATIQUES

ÉLÉMENTS
D'ALGÈBRE

AVEC DE NOMBREUX EXERCICES

PAR F. J.-O. P.

CHEZ LES ÉDITEURS

TOURS	PARIS
ALFRED MAME & FILS	POUSSIELGUE FRÈRES
Imprimeurs-Libraires	Rue Cassette, 27

ÉLÉMENTS

D'ALGÈBRE

Tout exemplaire qui ne sera pas revêtu des trois signatures
ci-dessous sera réputé contrefait.

Les Éditeurs,

Le Cours élémentaire de Mathématiques comprend les ouvrages
suivants :

ÉLÉMENTS D'ARITHMÉTIQUE..
— D'ALGÈBRE.
— DE GÉOMÉTRIE.
— DE TRIGONOMÉTRIE.
— D'ARPENTAGE ET DE NIVELLEMENT.
— DE GÉOMÉTRIE DESCRIPTIVE.

Propriété de l'Institut des Frères des Écoles chrétiennes.

COURS ÉLÉMENTAIRE DE MATHÉMATIQUES

ÉLÉMENTS

D'ALGÈBRE

AVEC DE NOMBREUX EXERCICES

Par F. J. O. P.

CHEZ LES ÉDITEURS

TOURS — PARIS

ALFRED MAME & FILS — POUSSIELGUE FRÈRES

Imprimeurs-Libraires — Rue Cassette, 27

1875

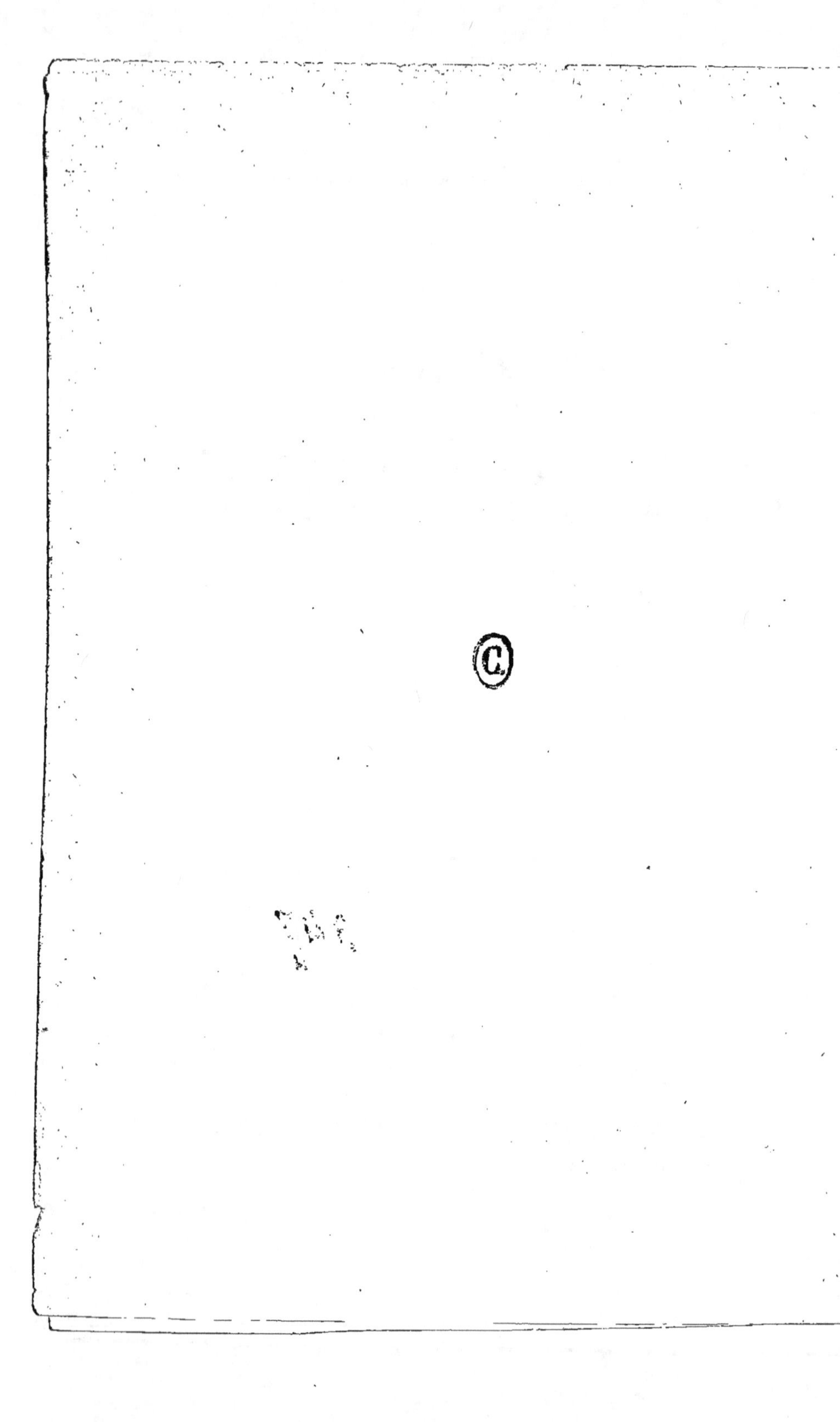

TABLE DES MATIÈRES

TROISIÈME PARTIE

ÉQUATIONS DU SECOND DEGRÉ

QUATRIÈME PARTIE

PROGRESSIONS, LOGARITHMES, INTÉRÊTS COMPOSÉS, ANNUITÉS

CINQUIÈME PARTIE

APPENDICE

PRÉFACE

Ces *Éléments* renferment les connaissances algébriques exigées pour le baccalauréat ès sciences et pour le diplôme d'études de l'Enseignement secondaire spécial.

La matière a été distribuée en cinq livres. Les quatre premiers comprennent les questions communes au baccalauréat et au diplôme : calcul algébrique, équations du premier et du second degré, *maxima et minima*, progressions, logarithmes, intérêts composés, annuités, etc. Le cinquième traite des parties qui sont spéciales au diplôme d'études : caisse d'épargne, crédit foncier, probabilités, rentes viagères, etc.

On a mis en Appendice certaines questions qui ne sont point comprises dans les programmes officiels, mais qui offrent cependant un grand intérêt : les premières notions de géométrie analytique, le carré et la racine carrée des polynômes, le binôme de Newton, les logarithmes considérés comme exposants, et la sommation des piles de boulets. Cette dernière question est traitée indépendamment de la théorie du binôme.

Plus de mille exercices, énoncés à la suite des différents livres, offriront aux maîtres une ressource précieuse et permettront de faire une application immédiate des théories exposées dans le cours de l'ouvrage. Enfin, des problèmes de récapitulation, choisis avec soin parmi les questions proposées à divers examens, seront très-utiles aux élèves qui voudront se préparer soit au baccalauréat, soit au diplôme d'études, et emprunteront à leur origine un intérêt tout spécial qui ne manquera pas d'être apprécié.

ÉLÉMENTS
D'ALGÈBRE

PRÉLIMINAIRES

1. L'*Algèbre* est une science qui a pour but de généraliser toutes les questions qu'on peut proposer sur les quantités.

Pour arriver à ce résultat, on représente par des *lettres* les nombres qui mesurent les quantités, et on emploie des *signes* qui indiquent les opérations à effectuer ou les relations entre les grandeurs.

Les premières lettres de l'alphabet désignent les quantités *connues* ou *données*, et les dernières, les quantités *inconnues*.

On peut donc dire, d'une manière générale, que l'Algèbre est la science des grandeurs représentées par des lettres.

2. Les signes algébriques employés pour désigner des opérations sont $+$, $-$, $\times$, $:$ et $\sqrt{}$.

Le signe $+$ (prononcez *plus*) indique une addition : $a+b$ signifie qu'il faut ajouter b à a.

Le signe $-$ (prononcez *moins*) indique une soustraction : $a-b$ signifie qu'il faut retrancher b de a.

Le signe $\times$ (prononcez *multiplié par*) indique une multiplication : $a\times b$ signifie qu'il faut multiplier a par b. Le signe $\times$ se remplace souvent par un point ($\cdot$), et même il se supprime lorsque les facteurs sont représentés par des lettres; $a.b.c$ ou abc signifie qu'il faut multiplier a par b et le résultat par c.

Le signe $:$ (prononcez *divisé par*) indique une division : $a:b$ signifie qu'il faut diviser a par b. On indique souvent la division en mettant le dividende et le diviseur sous la forme d'une fraction : ainsi $\dfrac{a}{b}$ (prononcez a sur b), signifie la même chose que $a:b$.

Enfin le signe $\sqrt{}$ appelé *radical* indique une racine à extraire. L'indice de la racine à extraire se met entre les deux branches du radical. Ainsi les expressions $\sqrt[2]{a}$, $\sqrt[3]{2b}$, $\sqrt[4]{c}$, indiquent qu'il faut extraire la racine carrée de a, la racine cubique de $2b$, la racine quatrième de c. Quand l'indice est 2, on le sous-entend : $\sqrt{a}$ est la même chose que $\sqrt[2]{a}$.

3. Les signes employés pour indiquer certaines relations entre des quantités sont : $=$, $>$ et $<$.

Le signe $=$ (prononcez *égale*) marque l'égalité entre deux quantités : $3a = b + c$, signifie que $3a$ égalent b augmenté de c. Les deux grandeurs unies par le signe $=$ sont les *membres* de l'égalité ; la quantité de gauche forme le premier membre, et celle de droite, le second.

Le signe $>$ (prononcez *plus grand que*) indique que la quantité placée à gauche du signe est plus grande que la quantité placée à droite : $a > b$ signifie que a est plus grand que b.

Le signe $<$ (prononcez *plus petit que*) indique que la quantité placée à gauche du signe est plus petite que la quantité placée à droite : $b < a$ signifie que b est plus petit que a.

4. On appelle *coefficient* un nombre ou une lettre que l'on place devant une quantité ; il indique combien de fois il faut répéter cette quantité : $4a$ et mx signifient qu'il faut prendre 4 fois la valeur de a et m fois celle de x ; de même $\frac{3}{5}b$ indique qu'il faut prendre 3 fois la cinquième partie de b.

Le coefficient 1 se sous-entend toujours : ainsi a est la même chose que $1a$.

5. On appelle *exposant* un nombre ou une lettre que l'on place à droite et un peu au-dessus d'une quantité ; il indique combien de fois cette quantité est prise comme facteur : b^3 (prononcez b *trois* ou b *à la troisième puissance*) signifie que b est pris 3 fois comme facteur ; c'est l'abrégé de $b \times b \times b$; a^m signifie que a est pris m fois comme facteur ; et $(a - b)^2$ indique la deuxième puissance de la différence qui existe entre a et b.

L'exposant 1 se sous-entend toujours : ainsi a est la même chose que a^1.

6. Par *expression algébrique* on entend l'indication d'un certain nombre d'opérations à effectuer : $6a^2b$, $a + b$, $\sqrt{5ab}$, $\frac{(p + d)n}{2}$ sont des expressions algébriques.

Une expression algébrique est *rationnelle* si elle ne renferme pas de radical; dans le cas contraire, elle est *irrationnelle*. Elle est entière si elle est rationnelle et ne contient aucun dénominateur; elle est fractionnaire lorsqu'elle renferme un dénominateur.

$6a^3b$ est une expression entière et rationnelle;

$\dfrac{8a^4b^2}{3}$ est une expression fractionnaire et rationnelle;

enfin $3a^2\sqrt{b}$ et $x\sqrt{3}$ sont des expressions irrationnelles.

On appelle *formule* l'expression algébrique des opérations à effectuer sur certaines quantités pour obtenir une autre quantité.

7. Un *terme* est toute expression algébrique dont les parties ne sont pas séparées par les signes $+$ ou $-$: $3a^2$, $5a^4b$, $\sqrt{ac}$ sont des termes.

Les termes précédés du signe $+$ sont dits *positifs* ou *additifs*; ceux qui sont précédés du signe $-$ sont dits *négatifs* ou *soustractifs*.

On sous-entend le signe $+$ devant un terme positif qui est seul ou qui est le premier d'une suite d'autres.

8. Par *degré* d'un terme on entend la somme des exposants des facteurs algébriques de ce terme s'il est entier; s'il est fractionnaire, c'est la différence entre le degré du numérateur et celui du dénominateur; enfin, s'il renferme un radical, le degré de la partie irrationnelle est le quotient du degré de la quantité placée sous le radical, par l'indice du radical : ainsi les termes $3a^2b$, $\dfrac{5a^2b^3}{c^2}$ et $a\sqrt[3]{c^2b^4}$ sont du troisième degré.

9. Un *monôme* est une expression algébrique qui n'a qu'*un* terme. Exemple $10ab^2c^3$.

Un *binôme* est une expression qui a *deux termes*. Exemple $3ab - 4c^2$.

Un *trinôme* est une expression qui a *trois termes*. Exemple $x^2 + px + q$.

En général un *polynôme* est une expression algébrique qui a *plusieurs termes*.

Un polynôme est *homogène* lorsque tous ses termes sont du même degré. Exemple $6ab^3 - 4a^2b^2 + 5a^3b - b^4$.

10. *Ordonner un polynôme*, c'est écrire tous ses termes dans un ordre tel que les exposants d'une lettre choisie, appelée *lettre ordonnatrice*, aillent en augmentant ou en diminuant.

Ainsi le polynôme $4a^5 - 3a^4b - 2a^3b^2 + 8a^2b^3 + ab^4 - b^5$ est ordonné par rapport aux puissances décroissantes de a, et aussi par rapport aux puissances croissantes de b.

11. On appelle *termes semblables* les termes qui ont les mêmes lettres affectées des mêmes exposants, quels que soient leurs coefficients et leurs signes.

L'opération qui consiste à remplacer plusieurs termes semblables par un seul se nomme *réduction*.

Pour réduire plusieurs termes semblables en un seul, on ajoute d'une part les coefficients de tous les termes positifs, d'autre part ceux de tous les termes négatifs; la différence des deux sommes, affectée du signe de la plus grande, est le coefficient du terme unique qui doit remplacer tous les autres.

Ainsi le polynôme $6a^3 - 2a^3 + a^3$, se réduit à $5a^3$.

De même $5a^2b - 3ab^2 + 8a^2b + ab^2 - 7a^2b$, se réduit à

$$6a^2b - 2ab^2.$$

12. La valeur numérique d'une expression algébrique est le résultat qu'on obtient quand on remplace chaque lettre par le nombre qu'elle représente, et qu'on effectue les opérations indiquées.

Ainsi le monôme $4a^3b^2c$ deviendra

$$4.2^3.1^2.4$$

si $\qquad a = 2, \quad b = 1 \quad$ et $\quad c = 4,$

et sa valeur numérique sera 128.

De même le polynôme $\quad -3ab + 5a^2 + \sqrt{c}$

a pour valeur -1, si $a = 2, \quad b = 4 \quad$ et $\quad c = 9.$

PREMIÈRE PARTIE

CALCUL ALGÉBRIQUE

---

§ I. — Addition.

13. Pour additionner plusieurs quantités algébriques, *il suffit de les écrire les unes à la suite des autres en conservant les signes de leurs termes;* on fait ensuite, s'il y a lieu, la réduction des termes semblables.

1° Addition d'un monôme avec un monôme ou avec un polynôme.

Soit à ajouter le monôme $3ab$ au monôme $6ab^3$, on écrit :

$$6ab^3 + 3ab.$$

Pour ajouter $4a^3b$ à $7a^2b + c$, on écrirait :

$$7a^2b + c + 4a^3b.$$

2° Addition d'un polynôme avec un monôme ou avec un autre polynôme.

Soit à ajouter le polynôme $5a^2 - 3ab$ à $7ab - 2a^2$, on écrira :

$$7ab - 2a^2 + 5a^2 - 3ab.$$

En ajoutant $5a^2$ au binôme $7ab - 2a^2$, on a ajouté $3ab$ de plus qu'il ne fallait; il faut donc retrancher $3ab$ du résultat. C'est ce qui explique le signe — placé devant le terme $3ab$.

La réduction opérée, on trouve pour somme algébrique :

$$4ab + 3a^2.$$

Souvent on se borne à indiquer l'addition de plusieurs polynômes sans l'effectuer immédiatement; pour cela on renferme chaque polynôme dans une parenthèse et on écrit ces parenthèses les unes à la suite des autres en les joignant par le signe +.

Pour indiquer l'addition de $a + b$ avec $c + d - b$ et $-a + d - c$, on écrira :

$$(a + b) + (c + d - b) + (-a + d - c).$$

§ II. — Soustraction.

14. Pour faire la soustraction algébrique *on écrit les deux quantités l'une à la suite de l'autre, en changeant les signes de la quantité à soustraire.*

On fait ensuite, s'il y a lieu, la réduction des termes semblables.

Soit $8a - 5b$ à retrancher de $3a^2$, on écrira :

$$3a^2 - 8a + 5b.$$

En effet, si de $3a^2$ on avait à retrancher $8a$, on aurait écrit :

$$3a^2 - 8a;$$

or, ce n'était pas $8a$ qu'il fallait retrancher de $3a^2$, mais $8a$ diminués de $5b$; en retranchant $8a$ on a donc retranché $5b$ de plus qu'on ne devait, et le résultat est trop petit de $5b$. Pour le rendre ce qu'il doit être, il faut y ajouter $5b$; c'est ce que l'on fait en écrivant :

$$3a^2 - 8a + 5b.$$

On peut remarquer d'ailleurs que si on ajoute à cette différence la quantité retranchée, on trouve $3a^2$, après la réduction des termes semblables.

De même si de a on veut retrancher $b - c$, on écrira :

$$a - b + c;$$

Or, si nous supposons que $b = 0$, le terme à retrancher sera $-c$, et le résultat de la soustraction,

$$a + c.$$

Donc, si de a on retranche $-c$, on trouve pour différence :

$$a + c.$$

On voit, du reste, que cette différence ajoutée à $-c$ donne a, ce qui justifie l'exactitude du procédé.

15. On se borne souvent à indiquer une soustraction sans l'effectuer immédiatement. Pour cela, on renferme dans une parenthèse la quantité à soustraire, et on l'écrit à la suite de celle dont on veut la retrancher, en plaçant le signe — devant la parenthèse.

Une parenthèse précédée du signe — est dite *parenthèse né-*

gative; pour la faire disparaître il faut effectuer la soustraction indiquée.

EXEMPLE. Si de
$$4a^2 + b^2,$$
on veut retrancher
$$5b^2 - 2a^2 + c^2;$$
on indique la soustraction en écrivant :
$$4a^2 + b^2 - (5b^2 - 2a^2 + c^2).$$

Et pour l'effectuer, on supprime la parenthèse et on change les signes des termes qu'elle renferme, en se rappelant que le terme $5b^2$ a le signe $+$ sous-entendu.

On a alors
$$4a^2 + b^2 - 5b^2 + 2a^2 - c^2,$$
et en réduisant :
$$6a^2 - 4b^2 - c^2.$$

16. REMARQUE I. On peut toujours grouper dans une parenthèse plusieurs termes d'un polynôme; si la parenthèse doit être précédée du signe $+$, les termes qu'elle renferme conservent leurs signes; si elle doit être précédée du signe $-$, les termes prennent des signes contraires.

Ainsi le polynôme
$$a + b - c + d + e - f + g,$$
peut s'écrire :
$$(a+b) + (-c+d+e) - (+f-g),$$
car en chassant les parenthèses on retrouve le polynôme proposé. Ces groupements sont d'un fréquent usage.

REMARQUE II. L'addition algébrique ne comporte pas nécessairement l'idée d'augmentation, et la soustraction ne comporte pas non plus celle de diminution. En ajoutant un polynôme à un autre polynôme, il y aura augmentation si la valeur numérique du premier est positive, c'est-à-dire plus grande que zéro; dans le cas contraire il y aura diminution.

De même, en retranchant un polynôme d'un autre polynôme, il y aura diminution si la valeur du premier est positive; au contraire, il y aura augmentation si cette valeur est négative.

17. La *somme algébrique* de plusieurs quantités est l'ensemble des termes qui composent ces quantités, chaque terme étant pris avec son signe.

18. La valeur numérique d'un polynôme étant la différence qui existe entre la somme de ses termes positifs et celle de ses

termes négatifs, si cette différence est un nombre positif, le polynôme a une valeur déterminée; si c'est un nombre négatif, le polynôme a une valeur dont on ne peut se faire une idée bien nette, car nous ne savons pas ce que c'est qu'un nombre négatif. Cependant on a l'habitude de regarder les nombres négatifs comme étant moindres que zéro, et de dire qu'ils sont *d'autant plus petits* que leur valeur, abstraction faite du signe, est plus grande.

On a donc : $\quad 0 > -1 ; \quad -4 > -6 ; \quad -10 > -96.$

§ III. — Multiplication.

19. Dans la multiplication algébrique, nous considèrerons plusieurs cas.

1er CAS. *Multiplication de deux puissances d'une même lettre.*

Soit a^2 à multiplier par a^3.
a^2 est l'abréviation de aa, et a^3 celle de aaa.

Par suite, le produit de a^2 par a^3 sera $aa \times aaa$, ou $aaaaa$, ou enfin a^5.

Mais $2+3=5$, donc *pour multiplier l'une par l'autre deux puissances d'une même lettre, il faut écrire cette lettre avec la somme de ses exposants.*

En général,

$$a^m \times a^n = a^{m \times n}$$

20. 2e CAS. *Multiplication d'un monôme positif par un monôme positif.*

Soit à multiplier $5a^4b^2c$ par $3a^2b$.
Nous aurons,

$$5a^4b^2c \times 3a^2b = 5 \cdot a^4 \cdot b^2 \cdot c \cdot 3 \cdot a^2 \cdot b$$

et, en intervertissant l'ordre des facteurs,

$$5 \cdot 3 \cdot a^4 \cdot a^2 \cdot b^2 \cdot b \cdot c ;$$

effectuant les produits indiqués, on trouve :

$$15a^6b^3c.$$

Donc *pour faire le produit d'un monôme positif par un mo-*

nôme positif, on multiplie les coefficients et on écrit les dif-
férentes lettres avec la somme de leurs exposants. Si une
lettre ne se trouve que dans l'un des facteurs, on l'écrit avec
son exposant.

21. 3ᵉ Cas. *Multiplication d'un polynôme par un monôme positif.*

Soit à multiplier $a+b-c$ par m.

Nous savons que pour multiplier un tout par une quantité, on peut multiplier successivement chacune des parties de ce tout par cette quantité et ajouter les résultats.

D'après cela, il faut répéter a m fois, b m fois, $-c$ m fois, ce qui donne, d'après la règle précédente :

$$am+bm-cm.$$

Donc *pour faire le produit d'un polynôme par un monôme positif, il faut multiplier chaque terme du polynôme par le monôme et ajouter les résultats.*

Remarque. Si on avait à multiplier un monôme positif par un polynôme, on intervertirait l'ordre des facteurs et on tomberait dans le cas précédent.

22. 4ᵉ Cas. *Multiplication d'un polynôme par un polynôme.*

Soit $a-b$ à multiplier par $c-d$.

Multiplions d'abord le polynôme $a-b$ par le monôme c. On a, d'après la règle précédente :

$$ac-bc;$$

or, ce n'était pas par c qu'on devait multiplier $a-b$, mais par c diminué de d; en répétant c fois le polynôme $a-b$, on l'a donc répété d fois de plus qu'il ne fallait; pour avoir la valeur exacte du résultat il faut répéter le multiplicande d fois et retrancher ce produit de $ac-bc$.

$a-b$ répété d fois donne $ad-bd$; retranchant ce produit de $ac-bc$, on trouve :

$$ac-bc-ad+bd.$$

Voici le tableau de l'opération :

$$
\begin{array}{r}
a-b \\
c-d \\
\hline
ac-bc-ad+bd
\end{array}
$$

Ce résultat conduit aux remarques suivantes :

1° Le produit $+ac$ provient de la multiplication de $+a$ par $+c$;
2° Le produit $-bc$ »   »   de $-b$ par $+c$;
3° Le produit $-ad$ »   »   de $+a$ par $-d$;
4° Le produit $+bd$ »   »   de $-b$ par $-d$.

D'où résulte la règle suivante, appelée *règle des signes* :

$+$ multiplié par $+$ donne $+$ au produit.
$-$ » $+$ » $-$ »
$+$ » $-$ » $-$ »
$-$ » $-$ » $+$ »

On énonce plus simplement cette règle en disant : *Le produit de deux termes de même signe est positif, et le produit de deux termes de signes contraires est négatif.*

23. De ce qui précède, il résulte que *pour faire la multiplication d'un polynôme par un polynôme, on multiplie tous les termes du multiplicande par chacun des termes du multiplicateur, en observant la règle des signes.*

24. Appliquons ces règles à l'exemple suivant :

Soit à multiplier $3a^3 - 4a^2b + 2ab^2 - b^3$

par $2a^2 + ab - 3b^2$.

On dispose les calculs comme il suit :

Multiplicande	$3a^3 - 4a^2b + 2ab^2 - b^3$
Multiplicateur	$2a^2 + ab \quad - 3b^2$
1er produit partiel	$6a^5 - 8a^4b + 4a^3b^2 - 2a^2b^3$
2e produit partiel	$+ 3a^4b - 4a^3b^2 + 2a^2b^3 - ab^4$
3e produit partiel	$- 9a^3b^2 + 12a^2b^3 - 6ab^4 + 3b^5$
Produit réduit	$6a^5 - 5a^4b - 9a^3b^2 + 12a^2b^3 - 7ab^4 + 3b^5$.

Après avoir ordonné les deux polynômes et placé le multiplicateur au-dessous du multiplicande, on fait le produit de tous les termes du multiplicande par le 1er terme du multiplicateur, et on dit :

$+3a^3$ multiplié par $+2a^2$ donne $+6a^5$
$-4a^2b$ » $+2a^2$ » $-8a^4b$
$+2ab^2$ » $+2a^2$ » $+4a^3b^2$
$-b^3$ » $+2a^2$ » $-2a^2b^3$

Ayant obtenu le premier produit partiel, on multiplie tous les termes du multiplicande par le deuxième terme du multiplicateur, et on dit :

$$+ 3a^3 \text{ multiplié par } + ab \text{ donne } + 3a^4b\ldots$$

et ainsi de suite ; on obtient le second produit partiel,

$$3a^4b - 4a^3b^2 + 2a^2b^3 - ab^4.$$

On peut l'écrire à la suite du premier, mais il est préférable de placer les termes semblables les uns au-dessous des autres.

On opère de même pour le troisième produit partiel et on obtient :
$$-9a^3b^2 + 12a^2b^3 - 6ab^4 + 3b^5.$$

Le produit total est la somme des produits partiels : si on fait la réduction des termes semblables, on obtient

$$6a^5 - 5a^4b - 9a^3b^2 + 12a^2b^3 - 7ab^4 + 3b^5.$$

C'est pour faciliter cette réduction qu'on ordonne les deux facteurs par rapport aux puissances d'une même lettre.

25. REMARQUE I. Le multiplicande étant un polynôme homogène (n° 9) du 3e degré, et le multiplicateur un polynôme homogène du 2e, le produit est un polynôme homogène du 5e degré. C'est une conséquence de la règle des lettres et de celle des exposants.

26. REMARQUE II. Le multiplicande et le multiplicateur étant ordonnés par rapport aux puissances décroissantes de a, le premier terme $6a^5$ du produit, obtenu en multipliant le premier terme $3a^3$ du multiplicande par le premier terme $2a^2$ du multiplicateur, *n'est semblable à aucun autre ; car il est le produit des deux termes dans lesquels la lettre* a *est affectée du plus fort exposant,* et toute autre combinaison de deux termes donnera un résultat dans lequel la lettre a aura un exposant moindre. Par une raison analogue, le dernier terme $3b^5$ du produit, obtenu en multipliant le dernier terme $-b^3$ du multiplicande par le dernier terme $-3b^2$ du multiplicateur, n'est semblable à aucun autre, car il est le résultat de la multiplication de deux termes dans lesquels la lettre a n'entre pas.

Donc *le premier et le dernier terme du produit ne se réduisent avec aucun autre terme.*

Comme conséquence de cette remarque, on conclut que *le produit de deux polynômes est au moins un binôme.*

Lorsqu'il n'y a pas de réduction possible, *le nombre des termes du produit est égal au produit du nombre des termes des deux facteurs.*

27. Souvent on se borne à indiquer une multiplication algébrique sans l'effectuer immédiatement; pour cela on renferme chacun des facteurs dans une parenthèse, et on les écrit l'un à la suite de l'autre, sans interposition de signe.

Ainsi, pour indiquer la multiplication de $a+b$ par $a-b$, on écrira :

$$(a+b)(a-b).$$

28. Si l'on multiplie $-a$ par $-a$, on aura $+a^2$, deuxième puissance de $-a$; si l'on multiplie $+a^2$ par $-a$, on aura $-a^3$, troisième puissance de $-a$; si l'on multiplie $-a^3$ par $-a$, on aura $+a^4$, quatrième puissance de $-a$; et ainsi de suite. D'où l'on voit que *les puissances paires d'une quantité négative sont positives, et les puissances impaires, négatives.*

Les puissances successives de 1 étant toujours l'unité, il en résulte *qu'on peut toujours donner à $+1$ un exposant quelconque :* ainsi 1, 1^2, 1^3, 1^4..., sont des expressions équivalentes. On peut de même donner à -1 *un exposant impair quelconque,* de sorte que -1^5 est la même chose que -1^3, ou que -1.

29. Il est quelques multiplications remarquables dont il importe de retenir le produit; telles sont les suivantes :

$$
\begin{array}{lll}
a+b & a-b & a+b \\
a+b & a-b & a-b \\
\hline
a^2+ab & a^2-ab & a^2+ab \\
\;\;+ab+b^2 & \;\;-ab+b^2 & \;\;-ab-b^2 \\
\hline
a^2+2ab+b^2. & a^2-2ab+b^2. & a^2-b^2.
\end{array}
$$

Ces résultats s'indiquent ordinairement comme il suit :

$$
\begin{aligned}
(a+b)^2 &= a^2+b^2+2ab & (1)\\
(a-b)^2 &= a^2+b^2-2ab & (2)\\
(a+b)(a-b) &= a^2-b^2. & (3)
\end{aligned}
$$

Voici leur énoncé en langage ordinaire :

Le carré de la somme de deux nombres égale le carré du premier, plus le carré du second, plus deux fois le produit du premier par le second.

Le carré de la différence de deux nombres égale le carré du premier, plus le carré du second, moins deux fois le produit du premier par le second.

Le produit de la somme de deux nombres par la différence de ces mêmes nombres égale le carré du premier moins le carré du second.

30. **Remarque.** En vertu des formules (1), (2) et (3) ci-dessus, on peut remplacer.

$$1^o \qquad a^2+b^2+2ab \qquad \text{par} \qquad (a+b)\,(a+b),$$
$$2^o \qquad x^2+y^2-2xy \qquad \text{par} \qquad (x-y)\,(x-y),$$
$$3^o \qquad m^2-n^2 \qquad \text{par} \qquad (m+n)(m-n).$$

Il est utile aussi de remarquer qu'on peut remplacer

$$(a-b)^2 \qquad \text{par} \qquad (b-a)^2,$$

car dans les deux cas les produits sont :

$$a^2+b^2-2ab.$$

Ces transformations sont fréquemment employées dans le calcul algébrique.

§ IV. — Division.

31. Le dividende d'une division étant un produit dont le diviseur et le quotient sont les facteurs, les règles de la division se déduisent des règles correspondantes de la multiplication.

Dès lors, si un produit *positif* a l'un de ses facteurs *positif*, l'autre facteur sera lui-même *positif*; si le premier facteur est *négatif*, le second doit être aussi *négatif*. Quand le produit est *négatif*, il faut que le diviseur et le quotient aient des signes différents, afin que, multipliés l'un par l'autre, ils donnent un résultat négatif.

Donc   +   divisé par   +   donne   +   au quotient.
      +   »   —   »   —   »
      —   »   +   »   —   »
      —   »   —   »   +   »

En résumé, *le quotient de deux termes de même signe est positif; le quotient de deux termes de signes contraires est négatif.*

32. Dans la division algébrique nous considérerons plusieurs cas.

1er Cas. *Division de deux puissances d'une même lettre.*

Soit à diviser a^5 par a^3.

L'exposant du dividende étant la somme des exposants du diviseur et du quotient, l'exposant du quotient sera la différence des exposants du dividende et du diviseur.

Ainsi $a^5 : a^2$ donne a^3.

Donc *le quotient de deux puissances d'une même lettre est égal à cette lettre ayant pour exposant l'exposant du dividende, moins celui du diviseur.*

En général a^m divisé par a^n donne

$$a^{m-n}$$

En appliquant cette règle, on voit que

$$a^3 \text{ divisé par } a^3 \text{ donne } a^{3-3} \text{ ou } a^0 ;$$

mais une quantité quelconque divisée par elle-même donne pour quotient l'unité; donc a^0 *égale* 1; *et en général, toute quantité affectée de l'exposant zéro représente* 1.

On voit de même que a^3 divisé par a^5 donne a^{3-5} ou a^{-2}. Mais a^3 divisé par a^5 peut se mettre sous la forme

$$\frac{a.a.a}{a.a.a.a.a}$$

et si l'on divise les deux termes de cette fraction par $a.a.a$, il vient : $\dfrac{1}{a^2}$.

Ainsi a^{-2} est la même chose que $\dfrac{1}{a^2}$.

En général a^{-n} équivaut à $\dfrac{1}{a^n}$.

Il suit de là que *toute lettre affectée d'un exposant négatif représente une fraction ayant l'unité pour numérateur, et pour dénominateur cette même lettre avec son exposant positif.*

33. Remarque I. *L'exposant zéro* provient de la division l'une par l'autre de deux puissances égales d'une même lettre; et *l'exposant négatif,* de la division d'une puissance d'une lettre par une puissance supérieure de cette même lettre.

Remarque II. On peut toujours introduire dans un terme une lettre quelconque en lui donnant zéro pour exposant; car un tel symbole représente 1 et ne change pas la valeur du terme.

2e CAS. *Division d'un monôme par un monôme.*

34. Soit à diviser $12a^6b^2c$ par $4a^3b^2$

Nous savons que $12a^6b^2c$ est le produit de $4a^3b^2$ par un facteur tel qu'en le multipliant par $4a^3b^2$ on trouve $12a^6b^2c$.

Or le facteur qui, multiplié par 4 donne 12, est 3;
le facteur qui, multiplié par a^3 donne a^6, est a^3;
le facteur qui, multiplié par b^2 donne b^2, est 1;
enfin le facteur c se trouvant au dividende sans être au diviseur, doit nécessairement se trouver au quotient (n° 20).

Le quotient est donc $3a^3c$.

Et, en effet, $3a^3c$ multiplié par $4a^3b^2$, reproduit le dividende $12a^6b^2c$.

De même, $16a^3b^2$ divisé par $-8ab^2$, donne $-2a^2$.

35. Ainsi, pour obtenir le quotient de deux monômes :
1° *On applique la règle des signes;*
2° *On divise le coefficient du dividende par celui du diviseur;*
3° *On écrit chaque lettre du dividende en lui donnant pour exposant la différence que l'on obtient en retranchant l'exposant du diviseur de celui du dividende. Une lettre qui ne se trouve qu'au dividende se reproduit au quotient avec son exposant, et une lettre qui a le même exposant dans les deux termes ne paraît pas au quotient.*

36. REMARQUE. D'après ce qui précède, la division de deux monômes est impossible, 1° si le coefficient du dividende n'est pas un multiple de celui du diviseur; 2° si une lettre du dividende a un exposant plus petit que celui de la même lettre dans le diviseur; 3° si le diviseur contient une lettre qui ne se trouve pas dans le dividende.

Dans tous ces cas, on indique cependant la division en mettant les deux monômes sous la forme d'une fraction.

3e CAS. *Division d'un polynôme par un monôme.*

37. Soit à diviser $6a^4 - 8a^3 + 4a^2$ par $2a^2$.
Pour trouver le quotient demandé, il faut diviser chaque terme du dividende par $2a^2$. On aura donc :

$$\frac{6a^4}{2a^2} - \frac{8a^3}{2a^2} + \frac{4a^2}{2a^2}.$$

Effectuant ces opérations d'après la règle donnée pour la division de deux monômes, on trouve :

$$3a^2 - 4a + 2.$$

Ce résultat est le quotient cherché, car en le multipliant par $2a^2$ on retrouve le dividende.

REMARQUE. La division d'un polynôme par un monôme est rarement possible ; on se contente alors de l'indiquer en mettant le dividende et le diviseur sous la forme d'une fraction. Quant à la division d'un monôme par un polynôme, elle est toujours impossible ; car le quotient, n'aurait-il qu'un terme, multiplié par le diviseur, donnerait un polynôme.

4ᵉ CAS. *Division d'un polynôme par un autre polynôme.*

38. Soit à diviser $15a^4 - 7a^3b - 6a^2b^2 + 7ab^3 - 3b^4$ par $5a^2 + ab - 3b^2$.

Les polynômes étant ordonnés par rapport aux puissances *décroissantes* d'une même lettre, ce qui peut toujours se faire, on remarquera que le premier terme du dividende *est le produit sans réduction* du premier terme du diviseur par le premier terme du quotient (nᵒ 26) ; on aura donc le premier terme du quotient en divisant $15a^4$ par $5a^2$. On multipliera le diviseur par ce premier terme du quotient et on retranchera le produit du dividende ; on obtiendra ainsi *un reste ordonné* dont le premier terme sera le *produit sans réduction* du premier terme du diviseur par le deuxième terme du quotient ; on aura donc ce deuxième terme en divisant le premier terme du reste par le premier terme du diviseur. On multipliera ensuite le diviseur par ce deuxième terme et on retranchera le produit du premier reste. Et ainsi de suite.

Voici les détails de l'opération :

$$
\begin{array}{l|l}
\begin{array}{ll}
\text{Dividende} & 15a^4 - 7a^3b - 6a^2b^2 + 7ab^3 - 3b^4 \\
 & -15a^4 - 3a^3b + 9a^2b^2 \\
\hline
\text{1ᵉʳ reste} & 0 - 10a^3b + 3a^2b^2 + 7ab^3 - 3b^4 \\
 & +10a^3b + 2a^2b^2 - 6ab^3 \\
\hline
\text{2ᵉ reste} & 0 \quad + 5a^2b^2 + ab^3 - 3b^4 \\
 & \quad\quad -5a^2b^2 - ab^3 + 3b^4 \\
\hline
\text{3ᵉ reste} & \quad\quad\quad\quad\quad 0
\end{array}
&
\begin{array}{l}
5a^2 + ab - 3b^2 \\
\hline
3a^2 - 2ab + b^2
\end{array}
\end{array}
$$

Le dividende et le diviseur étant ordonnés par rapport aux puissances décroissantes de a, on opère comme il suit :

$+15a^4$ divisé par $+5a^2$ donne $+3a^2$, que l'on écrit au quotient.

$+5a^2$ multiplié par $+3a^2$ donne $+15a^4$, et, à cause de la soustraction, $-15a^4$, que l'on écrit au-dessous de $15a^4$.

$+ab$ multiplié par $+3a^2$ donne $+3a^3b$, et, à cause de la soustraction, $-3a^3b$, que l'on écrit à la suite de $-15a^4$.

$-3b^2$ multiplié par $+3a^2$ donne $-9a^2b^2$, et, à cause de la soustraction, $+9a^2b^2$, que l'on écrit à la suite de $-3a^3b$.

La réduction des termes semblables effectuée, il reste :
$$-10a^3b+3a^2b^2+7ab^3-3b^4.$$

On dit ensuite $-10a^3b$ divisé par $+5a^2$ donne $-2ab$ pour quotient.

$+5a^2$ multiplié par $-2ab$ donne $-10a^3b$, et, à cause de la soustraction, $+10a^3b$, qu'on écrit au-dessous de $-10a^3b$.

$+ab$ multiplié par $-2ab$ donne $-2a^2b^2$, et, à cause de la soustraction, $+2a^2b^2$.

$-3b^2$ multiplié par $-2ab$ donne $+6ab^3$, et, à cause de la soustraction, $-6ab^3$.

La réduction des termes semblables opérée, il reste :
$$5a^2b^2+ab^3-3b^4.$$

Enfin on dit : $+5a^2b^2$ divisé par $+5a^2$ donne $+b^2$.

$+5a^2$ multiplié par $+b^2$ donne $+5a^2b^2$, et, à cause de la soustraction, $-5a^2b^2$.

$+ab$ multiplié par $+b^2$ donne $+ab^3$, et, à cause de la soustraction, $-ab^3$.

$-3b^2$ multiplié par $+b^2$ donne $-3b^4$, et, à cause de la soustraction, $+3b^4$.

La réduction des termes semblables opérée, on trouve un reste nul; d'où l'on conclut que $3a^2-2ab+b^2$ est le quotient exact de $15a^4-7a^3b-6a^2b^2+7ab^3-3b^4$, par $5a^2+ab-3b^2$.

REMARQUE. On peut se dispenser, après chaque division partielle, d'écrire à côté du reste les termes du dividende qui n'ont pas été réduits.

39. On reconnaît que la division d'un polynôme par un autre polynôme est impossible :

1° Lorsque les deux polynômes étant ordonnés par rapport aux puissances décroissantes d'une même lettre, le premier terme du dividende n'est pas divisible par le premier terme du diviseur;

2° Lorsque le dernier terme du dividende n'est pas divisible par le dernier terme du diviseur;

3° Lorsque dans le cours de l'opération on arrive à un reste dans lequel l'exposant de la lettre ordonnatrice est d'un degré inférieur à celui de la même lettre dans le diviseur; car alors le premier terme du reste ne sera pas divisible par le premier terme du diviseur.

D'après cela, la division de $7a^4 + a^3b - 6a^2b^2$ par $5a^3 + ab^2$ n'est pas possible, car $7a^4$ n'est pas divisible par $5a^3$.

Il en est de même de la division de $8a^3b - 5a^2b^2 + 4ab^3$ par $4a^3 - 2a^2b$, car le dernier terme $4ab^3$ n'est pas divisible par $-2a^2b$.

Enfin la division suivante est impossible pour deux raisons : la première, parce que l'exposant de a dans le reste est inférieur à celui de cette même lettre dans le diviseur; la seconde, parce que le coefficient du premier terme du second reste n'est pas divisible par le coefficient du premier terme du diviseur.

$$
\begin{array}{l|l}
8a^3 + 2a^2b - 6ab^2 + 2b^3 & \;4a^2 + 3ab - b^2 \\
\underline{-8a^3 - 6a^2b + 2ab^2} & \;\overline{2a - b} \\
\quad 0 - 4a^2b - 4ab^2 + 2b^3 & \\
\quad \underline{+4a^2b + 3ab^2 - b^3} & \\
\qquad\quad 0 \;\; - ab^2 + b^3 &
\end{array}
$$

L'opération montre que si du dividende proposé on retranchait $-ab^2 + b^3$, on aurait un polynôme divisible par

$$4a^2 + 3ab - b^2.$$

40. **Remarque I.** Lorsqu'on ne veut point effectuer une division, soit parce que la division est impossible, soit parce qu'on n'a pas besoin de connaître le quotient, on indique l'opération en mettant le dividende et le diviseur sous la forme d'une fraction.

Remarque II. Quand plusieurs termes renferment un même facteur, il est souvent utile de mettre ce facteur en évidence, c'est-à-dire de le placer en *facteur commun*.

Pour mettre un facteur en évidence, il faut diviser par ce facteur tous les termes qui le contiennent, placer le quotient dans une parenthèse et indiquer la multiplication de cette parenthèse par le facteur commun.

Exemples. $\quad ax - bx + cx \quad$ peut s'écrire $\quad x(a - b + c)$.

$$RS - S \qquad\qquad \text{»} \qquad\qquad S(R - 1).$$

$$\frac{a}{2}\sqrt{5} - \frac{a}{2} \qquad\qquad \text{»} \qquad\qquad \frac{a}{2}(\sqrt{5} - 1).$$

De la divisibilité d'un polynôme par un binôme du 1ᵉʳ degré.

41. Soit à diviser par $x-a$ un polynôme quelconque $x^3+ax^2-a^3$, que nous représenterons par X.

Si le dividende et le diviseur sont ordonnés par rapport aux puissances décroissantes de x, on arrive, dans le cours de l'opération, à un reste qui n'a pas de terme en x, car x dans le diviseur est à la première puissance, et les exposants de x dans les restes successifs de la division vont constamment en diminuant. Alors en appelant Q le quotient trouvé et R le dernier reste, qui n'aura pas de terme en x, on aura : le dividende X égale le diviseur multiplié par le quotient, plus le reste, ou :

$$X=(x-a)Q+R\,;$$

or cette formule est vraie, *quelle que soit la valeur de* x, donc elle sera vraie pour $x=a$. Mais si l'on fait $x=a$, le dividende devient un polynôme dans lequel la lettre x aura été remplacée par la lettre a, le produit $(x-a)Q$ est nul, car $a-a=0$ et la seconde partie de la formule se réduit à R.

Donc *le reste de la division d'un polynôme en* x *par un binôme de la forme* x—a *est égal au dividende dans lequel on a remplacé* x *par* a.

Ainsi la division du polynôme $x^3+ax^2-a^3$ par $x-a$ aura un reste représenté par $a^3+a^3-a^3$ ou a^3; on peut facilement le vérifier.

Mais la division de $x^3-3ax^2+2a^3$ par $x-a$ se fera exactement, car le reste $a^3-3a^3+2a^3$ égale zéro.

42. Si on avait à diviser un polynôme par $x+a$, on mettrait ce diviseur sous la forme

$$x-(-a),$$

alors *on obtiendrait le reste de la division en remplaçant dans le dividende* x *par* (—a).

43. D'après ces considérations, on trouve aisément les résultats suivants :

1° x^m-a^m est toujours divisible par $x-a$, car le reste de la division est a^m-a^m ou zéro;

2° x^m+a^m n'est jamais divisible par $x-a$, car le reste de la division est a^m+a^m ou $2a^m$;

3° x^m-a^m n'est divisible par $x+a$ que si m est pair, car le reste de la division $(-a)^m-a^m$ n'aura son premier terme positif qu'autant que m sera pair (n° 28);

4° $x^m + a^m$ n'est divisible par $x + a$ que si m est impair, car le reste de la division $(-a)^m + a^m$ n'aura son premier terme négatif qu'autant que m sera impair (n° 28).

REMARQUE. Une division telle que $R^n \pm 1$ (prononcez R^n *plus ou moins un*) par $R \pm 1$ se ramène aux cas précédents, car $R^n \pm 1$ égale $R^n \pm 1^n$ (n° 28).

Voici, effectuées, quelques divisions d'un binôme par un binôme :

$$\begin{array}{l|l}
a^4 - b^4 & a - b \\
\underline{-a^4 + a^3 b} & a^3 + a^2 b + ab^2 + b^3 \\
0 + a^3 b - b^4 & \\
\underline{-a^3 b + a^2 b^2} & \\
0 + a^2 b^2 - b^4 & \\
\underline{-a^2 b^2 + ab^3} & \\
0 + ab^3 - b^4 & \\
\underline{-ab^3 + b^4} & \\
0 &
\end{array}$$

$$\begin{array}{l|l}
x^5 - 1 & x + 1 \\
\underline{-x^5 - x^4} & x^4 - x^3 + x^2 - x + 1 \\
0 - x^4 - 1 & \\
\underline{+x^4 + x^3} & \\
0 + x^3 - 1 & \\
\underline{-x^3 - x^2} & \\
0 - x^2 - 1 & \\
\underline{+x^2 + x} & \\
0 + x - 1 & \\
\underline{-x - 1} & \\
-2 &
\end{array}$$

$$\begin{array}{l|l}
x^m - a^m & x - a \\
\underline{-x^m + ax^{m-1}} & x^{m-1} + ax^{m-2} + a^2 x^{m-3} \ldots\ldots a^{m-2} x + a^{m-1} \\
0 + ax^{m-1} - a^m & \\
\underline{-ax^{m-1} + a^2 x^{m-2}} & \\
0 + a^2 x^{m-2} - a^m & \\
\underline{-a^2 x^{m-2} + a^3 x^{m-3}} & \\
0 + a^3 x^{m-3} - a^m & \\
\cdots\cdots\cdots & \\
\cdots\cdots\cdots & \\
a^{m-2} x^2 - a^m & \\
\underline{-a^{m-2} x^2 + a^{m-1} x} & \\
0 + a^{m-1} x - a^m & \\
\underline{-a^{m-1} x + a^m} & \\
0 &
\end{array}$$

44. A l'inspection de ces résultats, on voit :

1° Que les termes du quotient sont tous *positifs si le second terme du diviseur est négatif*, et qu'ils sont alternativement *positifs et négatifs si le second terme du diviseur est positif;*

2º Que *les exposants de la lettre ordonnatrice vont constamment en diminuant, et ceux de la seconde lettre, en augmentant, l'exposant du premier terme du quotient étant inférieur d'une unité à celui de la lettre ordonnatrice dans le dividende.*

D'après cela, on trouve immédiatement pour quotient de $x^5 - a^5$ par $x - a$:

$$x^4 + ax^3 + a^2x^2 + a^3x + a^4 ;$$

et pour celui de $a^4 + 1$ par $a + 1$:

$$a^3 - a^2 + a - 1.$$

§ V. — Fractions.

45. Une fraction algébrique représente le quotient de son numérateur par son dénominateur.

Ainsi les fractions $\frac{a}{b}$ et $\frac{m-n}{3a}$ représentent, la première le quotient de a par b, la seconde le quotient de $m-n$ par $3a$.

Les propriétés des fractions arithmétiques conviennent aussi aux fractions algébriques ; ainsi :

46. *On peut multiplier ou diviser les deux termes d'une fraction par une même quantité sans que cette fraction change de valeur.*

1º Soit $\frac{a}{b}$ une fraction. En désignant par q le quotient de a par b, on aura,

$$\frac{a}{b} = q ; \qquad (1)$$

et par conséquent,

$$a = bq.$$

Multipliant les deux membres de cette dernière égalité par une même quantité m, il vient

$$am = bmq ;$$

divisant les deux membres par bm, on trouve

$$\frac{am}{bm} = q. \qquad (2)$$

D'où l'on voit que $\dfrac{am}{bm}$, comme $\dfrac{a}{b}$, égale q. Donc...

2° Si dans l'égalité (2) on suppose que m soit une fraction et vaille $\dfrac{1}{n}$ par exemple, en remplaçant m par $\dfrac{1}{n}$ il vient :

$$\dfrac{\dfrac{a}{n}}{\dfrac{b}{n}} = q.$$

D'où l'on voit que $\dfrac{a : n}{b : n}$ égale q, aussi bien que $\dfrac{a}{b}$.

Donc on peut multiplier ou diviser les deux termes d'une fraction algébrique par une même quantité sans que cette fraction change de valeur.

Cette double propriété est souvent appliquée pour simplifier les fractions et pour les réduire au même dénominateur.

47. *Pour réduire plusieurs fractions au même dénominateur, il suffit de multiplier les deux termes de chacune par le produit des dénominateurs de toutes les autres.*

On peut aussi, comme en arithmétique, prendre pour dénominateur commun le plus petit commun multiple des dénominateurs.

Ainsi les fractions

$$\frac{a}{b} + \frac{c}{d} - \frac{m}{n},$$

deviennent

$$\frac{adn}{bdn} + \frac{bcn}{bdn} - \frac{bdm}{bdn}.$$

Les fractions n'ont pas changé de valeur, puisqu'on a multiplié par un même nombre les deux termes de chacune.

De même les fractions

$$\frac{a}{a+b} - \frac{b}{5(a-b)} + \frac{c^2}{a^2 - b^2}$$

deviennent

$$\frac{5a(a-b)}{5(a^2 - b^2)} - \frac{b(a+b)}{5(a^2 - b^2)} + \frac{5c^2}{5(a^2 - b^2)}.$$

Le plus petit multiple des dénominateurs, qui deviendra le dénominateur commun, est $5(a^2 - b^2)$, composé des facteurs $5(a+b)(a-b)$. On voit immédiatement, sans même qu'il soit nécessaire d'effectuer la division de $5(a^2-b^2)$ par $a+b$, que les deux termes de la première fraction $\dfrac{a}{a+b}$ doivent être multipliés par $5(a-b)$, que ceux de la deuxième doivent être multipliés par $a+b$, et enfin que ceux de la troisième doivent être multipliés par 5.

48. *Pour additionner ou pour soustraire plusieurs fractions, il faut les réduire au même dénominateur, puis ajouter ou retrancher les numérateurs et donner pour dénominateur au résultat le dénominateur commun.*

Les fractions
$$\frac{a-b}{b}\ ,\quad \frac{a}{a+b}\ ,\quad -\frac{a+b}{a}\ ,$$

réduites au même dénominateur deviennent :
$$\frac{a(a+b)(a-b)}{ab(a+b)}\ ,\quad \frac{a^2b}{ab(a+b)}\ ,\quad -\frac{b(a+b)(a+b)}{ab(a+b)}\ .$$

Si on veut additionner ces fractions, on trouve :
$$\frac{a(a+b)(a-b)+a^2b-b(a+b)(a+b)}{ab(a+b)}\ ,$$

ou, en effectuant les opérations indiquées et simplifiant :
$$\frac{a^3-3ab^2-b^3}{ab(a+b)}\ .$$

Si de la première de ces fractions on veut retrancher les deux autres, on trouve :
$$\frac{a(a+b)(a-b)-a^2b+b(a+b)(a+b)}{ab(a+b)}\ ,$$

ou en simplifiant
$$\frac{a^3+b^3+ab^2}{ab(a+b)}\ ,$$

49. *Pour multiplier deux fractions l'une par l'autre, il faut faire le produit des numérateurs et le produit des dénominateurs, et indiquer la division du premier produit par le second.*

Soit $\dfrac{a}{b}$ à multiplier par $\dfrac{c}{d}$.

Appelons q la valeur de $\dfrac{a}{b}$ et q' celle de $\dfrac{c}{d}$, on aura :
$$\frac{a}{b}\times\frac{c}{d}=qq';$$

mais de $\dfrac{a}{b} = q$ on tire $a = bq$, $\hfill (1)$

et de $\dfrac{c}{d} = q'$ on tire $c = dq'$; $\hfill (2)$

multipliant membre à membre les égalités (1) et (2), il vient :

$$ac = bdqq';$$

divisant les deux membres par bd, on a :

$$\frac{ac}{bd} = qq',$$

d'où l'on voit que $\dfrac{ac}{bd}$ égale qq' aussi bien que $\dfrac{a}{b} \times \dfrac{c}{d}$. Donc...

50. *Pour diviser deux fractions l'une par l'autre, il faut multiplier la fraction dividende par la fraction diviseur renversée.*

Soit $\dfrac{a}{b}$ à diviser par $\dfrac{c}{d}$.

Appelons q la valeur de $\dfrac{a}{b}$ et q' celle de $\dfrac{c}{d}$;
on a

$$\frac{a}{b} : \frac{c}{d} = \frac{q}{q'} ;$$

mais de $\dfrac{a}{b} = q$ on tire $a = bq$, $\hfill (1)$

et de $\dfrac{c}{d} = q'$ on tire $dq' = c$. $\hfill (2)$

Multiplions membre à membre ces égalités,

$$adq' = bcq,$$

d'où, en divisant les deux membres par bcq' et simplifiant,

$$\frac{ad}{bc} = \frac{q}{q'} ;$$

et l'on voit que $\dfrac{a}{b} \times \dfrac{d}{c} = \dfrac{q}{q'}$ aussi bien que $\dfrac{a}{b} : \dfrac{c}{d}$. Donc...

51. Nous avons dit (n° 36) que lorsqu'une division est impossible, on indique l'opération en mettant le dividende et le diviseur sous la forme d'une fraction qu'on peut ordinairement simplifier.

Soit $15a^4b^2c^3$ à diviser par $10a^3bc^4$.

La division ne pouvant se faire exactement nous écrivons :

$$\frac{15a^4b^2c^3}{10a^3bc^4} \cdot$$

En supprimant les facteurs $5a^3bc^3$ communs au numérateur et au dénominateur on trouve :

$$\frac{3ab}{2c}.$$

Soit encore la division indiquée

$$\frac{4a^3b^2 - 8a^4b}{6a^2b^3}.$$

Si nous remarquons que $4a^3b$ est un facteur commun aux deux termes du numérateur, nous pourrons mettre ce facteur en évidence (n° 40), on aura alors :

$$\frac{4a^3b\,(b - 2a)}{6a^2b^3}.$$

Sous cette forme, on voit que le numérateur et le dénominateur ont pour facteur commun $2a^2b$; supprimant ce facteur, on trouve pour expression simplifiée :

$$\frac{2a\,(b - 2a)}{3b^2}.$$

Soit enfin la division indiquée

$$\frac{6a^3b^3 - 3a^3b^2}{12a^3b^3 - 9a^3b}.$$

En mettant en facteur commun $3a^3b^2$ au numérateur et $3a^3b$ au dénominateur, cette fraction devient :

$$\frac{3a^3b^2\,(2b - 1)}{3a^3b\,(4b^2 - 3)},$$

et en supprimant le facteur $3a^3b$ commun aux deux termes on trouve

$$\frac{b\,(2b - 1)}{4b^2 - 3}.$$

52. Remarque. Quand tous les termes d'une expression fractionnaire ont un facteur commun, on peut simplifier cette expression en supprimant ce facteur.

Ainsi on simplifiera l'expression

$$\frac{4a^2b^3 - 8a^3b^3}{12a^2b^4 + 4a^4b^4},$$

en supprimant le facteur $4a^2b^3$ commun à tous les termes, on aura :

$$\frac{1 - 2a}{3b + a^2b}.$$

Observons que tous les facteurs du terme $4a^2b^3$ ayant été supprimés, ce facteur s'est réduit à 1, car en divisant une quantité par elle-même on trouve pour quotient l'unité.

§ VI. — Rapports.

53. On appelle *rapport géométrique*, ou simplement rapport, le résultat de la comparaison, par division, de deux grandeurs de même nature.

Ainsi le rapport de m à n est $\dfrac{m}{n}$.

Les rapports se représentent par deux termes comme les fractions ; ces deux termes sont les deux grandeurs que l'on compare.

Toutes les propriétés des fractions conviennent aux rapports.

54. On appelle *proportion* l'égalité de deux rapports.

Si $\dfrac{a}{b}$ donne le même quotient que $\dfrac{c}{d}$, on aura l'égalité suivante ou proportion :

$$\frac{a}{b} = \frac{c}{d},$$

a et d sont les *extrêmes* de la proportion, b et c en sont *les moyens*.

Chacun des quatre termes d'une proportion est une *quatrième proportionnelle* par rapport aux trois autres.

Lorsque le deuxième et le troisième terme d'une proportion sont égaux, chacun d'eux est une *moyenne proportionnelle*.

Si une proportion renferme une moyenne proportionnelle chacun des deux autres termes est une *troisième proportionnelle*.

Voici quelques propriétés des rapports égaux ou proportions.

55. *Deux rapports égaux peuvent être mis sous la forme de deux produits égaux.*

En effet, les rapports égaux $\dfrac{a}{b} = \dfrac{c}{d}$, multipliés chacun par bd, deviennent

$$\frac{abd}{b} = \frac{bcd}{d},$$

et en simplifiant,

$$ad = bc.$$

On énonce ordinairement cette *propriété fondamentale* en disant que *le produit des extrêmes égale le produit des moyens.*

56. Réciproquement. *Deux produits égaux peuvent être mis sous la forme de deux rapports égaux et former une proportion.*

En effet, les produits égaux $ad = bc$ deviennent, en divisant les deux membres par bd et simplifiant,

$$\frac{ad}{bd} = \frac{bc}{bd}, \quad \text{ou} \quad \frac{a}{b} = \frac{c}{d}.$$

57. Quand on a deux rapports égaux on peut : 1° *intervertir l'ordre des extrêmes;* 2° *intervertir l'ordre des moyens;* 3° *mettre les extrêmes à la place des moyens,* et, dans chacun de ces cas, on a encore deux rapports égaux.

Soient les rapports égaux

$$\frac{a}{b} = \frac{c}{d},$$

On peut écrire :

$$\frac{d}{b} = \frac{c}{a} \;; \quad \frac{a}{c} = \frac{b}{d} \;; \quad \frac{c}{d} = \frac{a}{b} \;; \quad \frac{b}{a} = \frac{d}{c}$$

car sous toutes ces formes, on a toujours deux produits égaux $ad = bc$, ou une proportion (n° 56).

La dernière forme, comparée aux rapports donnés $\frac{a}{b} = \frac{c}{d}$, prouve que, *lorsqu'on a deux rapports égaux, on peut les renverser et on a encore des rapports égaux.*

58. Quand on a deux rapports égaux *on peut augmenter ou diminuer chaque numérateur de son dénominateur et on a encore des rapports égaux.*

En effet, si

$$\frac{a}{b} = \frac{c}{d},$$

on obtient, en ajoutant ou retranchant 1 aux deux membres :

$$\frac{a}{b} \pm 1 = \frac{c}{d} \pm 1,$$

ou, en réduisant en une seule fraction chacun des deux membres,

$$\frac{a \pm b}{b} = \frac{c \pm d}{d}.$$

Donc...

59. *Deux rapports égaux multipliés ou divisés respective-*
ment par deux autres rapports égaux donnent encore deux
rapports égaux.

1° Soient $\dfrac{a}{b} = \dfrac{c}{d}$ et $\dfrac{m}{n} = \dfrac{r}{s}$.

Appelons q la valeur commune de chacun des rapports égaux
$\dfrac{m}{n}$ et $\dfrac{r}{s}$, et posons

$$\frac{m}{n} = \frac{r}{s} = q.$$

Les rapports $\dfrac{a}{b}$ et $\dfrac{c}{d}$ étant égaux, le seront encore après
qu'on les aura multipliés par une même quantité q.

Donc... $\qquad \dfrac{a}{b} q = \dfrac{c}{d} q,$

et en remplaçant q par sa valeur

$$\frac{am}{bn} = \frac{cr}{ds} \quad \text{ou} \quad \frac{a}{b} \times \frac{m}{n} = \frac{c}{d} \times \frac{r}{s}. \quad \text{Donc...}$$

2° Soient $\dfrac{a}{b} = \dfrac{c}{d}$ et $\dfrac{m}{n} = \dfrac{r}{s}$.

En divisant membre à membre ces égalités on a encore une
égalité. Donc...

$$\frac{\dfrac{a}{b}}{\dfrac{m}{n}} = \frac{\dfrac{c}{d}}{\dfrac{r}{s}}$$

60. *Quand on a plusieurs rapports égaux, la somme ou la*
différence des numérateurs et la somme ou la différence des
dénominateurs forment un nouveau rapport égal à chacun des
premiers.

En effet, les rapports $\dfrac{a}{b} = \dfrac{c}{d} = \dfrac{m}{n}$ étant égaux, on peut
supposer que la valeur de chacun d'eux soit q et écrire :

$$\frac{a}{b} = q ; \quad \frac{c}{d} = q ; \quad \frac{m}{n} = q ;$$

d'où on tire :

$$a = bq,$$
$$c = dq,$$
$$m = nq.$$

ajoutant membre à membre ces trois égalités, on a :

$$a+c+m=bq+dq+nq \quad \text{ou} \quad q(b+d+n);$$

divisant les deux membres par $b+d+n$, il vient :

$$\frac{a+c+m}{b+d+n}=q=\frac{a}{b}=\frac{c}{d}=\frac{m}{n}.$$

Si au lieu d'ajouter membre à membre les trois égalités on avait retranché les deux dernières de la première, on aurait trouvé :

$$\frac{a-c-m}{b-d-n}=q=\frac{a}{b}=\frac{c}{d}=\frac{m}{n}.$$

61. *Lorsqu'on a deux rapports égaux, la somme des numérateurs divisée par la somme des dénominateurs égale la différence des numérateurs divisée par la différence des dénominateurs.*

Si

$$\frac{a}{b}=\frac{c}{d},$$

on a (nᵒ 60)

$$\frac{a+c}{b+d}=\frac{a}{b} \quad \text{et} \quad \frac{a-c}{b-d}=\frac{a}{b}.$$

Deux quantités égales chacune à une troisième étant égales entre elles, on peut écrire :

$$\frac{a+c}{b+d}=\frac{a-c}{b-d}. \quad \text{Donc...}$$

62. *Lorsqu'on a plusieurs rapports égaux, la racine carrée de la somme des carrés des numérateurs et la racine carrée de la somme des carrés des dénominateurs forment un nouveau rapport égal à chacun des premiers.*

Soient

$$\frac{a}{b}=\frac{c}{d}=\frac{m}{n}.$$

Ces rapports étant égaux, leurs carrés seront aussi égaux, et on aura :

$$\frac{a^2}{b^2}=\frac{c^2}{d^2}=\frac{m^2}{n^2};$$

appliquant à ces rapports égaux la propriété du nᵒ 60, il vient

$$\frac{a^2+c^2+m^2}{b^2+d^2+n^2}=\frac{a^2}{b^2}=\frac{c^2}{d^2},$$

d'où en prenant la racine carrée

$$\frac{\sqrt{a^2+c^2+m^2}}{\sqrt{b^2+d^2+n^2}}=\frac{a}{b}=\frac{c}{d}.$$

63. Il est bon de remarquer qu'en algèbre on représente :

1° Un *nombre pair quelconque* par $2n$; car, quelle que soit la valeur de n supposée entière, $2n$ sera toujours un multiple de 2;

2° Un *nombre impair* par $2n+1$, n étant en entier;

3° Une *quantité essentiellement positive* par $+k^2$; car, quelle que soit la valeur de k, son carré sera toujours positif;

4° Une *quantité essentiellement négative* par $-k^2$.

64. Une quantité essentiellement positive est appelée en algèbre *un carré*, attendu que sa racine existe, et que, s'il n'est pas possible de la trouver exactement, on peut cependant l'obtenir avec telle approximation qu'on voudra.

Applications.

1° *Diviser* $\quad 1+\dfrac{a^3}{x^3} \quad$ par $\quad \dfrac{1}{x^2}+\dfrac{a}{x^3}$;

réduisons ces fractions au même dénominateur

$$\frac{x^3+a^3}{x^3} \quad \text{à diviser par} \quad \frac{x+a}{x^3} ;$$

multiplions la fraction dividende par la fraction diviseur renversée

$$\frac{(x^3+a^3)\,x^3}{x^3(x+a)};$$

supprimons le facteur x^3 commun aux deux termes

$$\frac{x^3+a^3}{x+a}.$$

La division de x^3+a^3 par $x+a$ aura un reste représenté par $(-a)^3+a^3$, ou zéro (n° 43, 4°).

Effectuant la division, on trouve pour quotient :

$$x^2-ax+a^2.$$

2° *Simplifier l'expression*

$$\frac{3a^3b^2-6a^2b^2+3ab^2}{a^3b^2-ab^2} ;$$

divisons les cinq termes par ab^2,

$$\frac{3a^2-6a+3}{a^2-1} ;$$

mettons 3 en facteur commun au numérateur,

$$\frac{3(a^2-2a+1)}{a^2-1}.$$

Le trinôme a^2-2a+1 est le carré de $a-1$, et le binôme a^2-1 est le produit de $(a+1)(a-1)$ (n° 30).

On peut donc écrire

$$\frac{3(a-1)(a-1)}{(a+1)(a-1)};$$

divisons les deux termes par $a-1$, on trouve :

$$\frac{3(a-1)}{a+1}.$$

3° *Simplifier l'expression*

$$\frac{b^3-2a^2b+ab^2}{(b-a)(b+2a)};$$

on peut écrire :

$$\frac{b^3-a^2b-a^2b+ab^2}{(b-a)(b+2a)}, \quad \text{car} \quad -2a^2b = -a^2b - a^2b;$$

mettons en facteur commun b pour les deux premiers termes du numérateur et ab pour les deux derniers,

$$\frac{b(b^2-a^2)+ab(b-a)}{(b-a)(b+2a)};$$

remplaçons b^2-a^2 par $(b+a)(b-a)$,

$$\frac{b(b+a)(b-a)+ab(b-a)}{(b-a)(b+2a)};$$

divisons le numérateur et le dénominateur par $b-a$,

$$\frac{b(b+a)+ab}{b+2a};$$

chassons la parenthèse,

$$\frac{b^2+ab+ab}{b+2a}, \quad \text{ou} \quad \frac{b^2+2ab}{b+2a}, \quad \text{ou} \quad \frac{b(b+2a)}{b+2a};$$

divisant tout par $b+2a$ on trouve b pour réponse;

4° *Démontrer que l'expression* n^3-n *sera divisible par* 24 *toutes les fois que* n *représentera un nombre impair.*

$$n^3-n \quad \text{est la même chose que} \quad n(n^2-1);$$

or

$$n^2-1 = (n+1)(n-1),$$

donc

$$n^3-n = n(n+1)(n-1);$$

Mais puisque n est impair, $n-1$, n, $n+1$ représentent trois nombres consécutifs dont le premier et le dernier sont pairs ; et l'on sait que si on a trois nombres consécutifs dont celui du milieu est impair, un de ces nombres est toujours divisible par 2, un autre l'est par 4 et le nombre impair est divisible par 3, ou, s'il ne l'est pas, un des deux nombres pairs est divisible par 6. Donc n^3-n est divisible au moins par $2\times3\times4$ ou par 24.

5° *Faire voir que si un nombre pair est la somme de 2 carrés sa moitié est aussi la somme de 2 carrés* (proposé dans l'arithmétique de Joseph Bertrand).

Soit $2n$ un nombre pair ;
Soient aussi m et $m+d$ deux nombres dont la somme des carrés $m^2+(m+d)^2$ égale $2n$, on pourra écrire :

$$2n = m^2 + m^2 + d^2 + 2dm ,$$

$$2n = 2m^2 + 2dm + \frac{2d^2}{2} ;$$

prenons la moitié des deux membres

$$n = m^2 + dm + \frac{2d^2}{4} ,$$

ou
$$n = \left(m^2 + dm + \frac{d^2}{4} \right) + \frac{d^2}{4} ;$$

or $m^2 + dm + \frac{d^2}{4}$ est le carré de $m+\frac{d}{2}$, et $\frac{d^2}{2}$ celui de $\frac{d}{2}$;

Donc
$$n = \left(m+\frac{d}{2} \right)^2 + \left(\frac{d}{2} \right)^2 .$$

Ainsi n, moitié de $2n$, égale la somme de 2 carrés.

Si l'on remarque que d est la différence des deux nombres $m+d$ et m, on pourra dire que n est la somme des carrés de deux nombres dont l'un est la demi-différence des nombres dont le carré est donné, et l'autre égale le plus petit de ces mêmes nombres augmenté de leur demi-différence.

EXEMPLE. 34 est la somme des carrés 5^2 et 3^2 ;

17 sera la somme des carrés de $\frac{1}{2}(5-3)$ ou 1, et de $3+1$ ou 4.

EXERCICES SUR LA PREMIÈRE PARTIE

Trouver la valeur numérique des quantités suivantes :

1. $a^2+2ab+b^2$,   si $a=4$, $b=3$.

2. $a^2+b^2+c^2-2ab+2ac-2bc$,   si $a=5$, $b=2$, $c=3$.

3. $a^5+5a^4b+10a^3b^2+10a^2b^3+5ab^4+b^5$,   si $a=5$ et $b=-1$.

4. $a^4-4a^3b+6a^2b^2-4ab^3+b^4$,   si $a=4$, $b=\frac{1}{2}$.

5. $a^3-3a^2b+3ab^2-b^3$,   si $a=2$ et $b=\frac{1}{4}$.

6. $\dfrac{a^2}{4}+b^2+\dfrac{c^2}{9}+ab-\dfrac{ac}{3}-\dfrac{2bc}{3}$,   si $a=2$, $b=3$, $c=1$.

7. $(a+b-c)(a+b+c)(a-b+c)$,   si $a=1$, $b=2$, $c=-3$.

8. $(3a+4b)(3a-4b)-6ab^2$,   si $a=\frac{1}{3}$, $b=\frac{1}{2}$.

9. $(1+2a-3b)(1+2a+3b)-18a^2b^6$,   si $a=\frac{1}{2}$, $b=3$.

10. $\dfrac{1}{4}a^2b^2-\dfrac{3}{8}a^3b+\dfrac{1}{16}a^4+b^4$,   si $a=-16$, $b=20$.

11. $\dfrac{\pi h}{3}(R^2+r^2+Rr)$,   si $\pi=3.1416$; $h=1$, $R=8$, $r=6$.

12. $\pi d\left(\dfrac{d^2}{6}+\dfrac{R^2+r^2}{2}\right)$,   si $\pi=3.1416$; $d=\frac{1}{4}$, $R=5$, $r=3$.

13. $\dfrac{h}{3}(a^2+b^2+\sqrt{ab})$,   si $h=15$, $a=8$, $b=2$.

14. $\sqrt{a^2+b^2-2bm}$,   si $a=20$, $b=25$, $m=18$.

15. $R\sqrt{2-\sqrt{3}}-R\sqrt{2-\sqrt{2}}$,   si $R=16$.

16. $\dfrac{-b+\sqrt{b^2-4ac}}{2ac}$,   si $a=2$, $b=8$, $c=3$.

17. $\dfrac{\sqrt{a^2+2b^2}-\sqrt{a^2-2b^2}}{2}$,   si $a=12$, $b=3$.

18. $\dfrac{R}{2}(\sqrt{5}-1)-\dfrac{R}{2}\sqrt{10-2\sqrt{5}}$,   si $R=16$.

19. $\sqrt{p(p-a)(p-b)(p-c)}$,   si $p=42$, $a=26$, $b=28$, $c=30$.

20. $a-\sqrt{a+1}-2\,\dfrac{-a-\sqrt[3]{a}}{\sqrt{a-4}}$,   si $a=8$.

Additionner les polynômes suivants et opérer ensuite la réduction des termes semblables.

21. $8a^2b - 5ab^2,\ c - 4a^2b - ab^2.$

22. $a^2 + b^2 + 2ab,\ a^2 + b^2 - 2ab,\ a^2 - b^2.$

23. $4a^3 + 2a^2b - 3ab^2,\ 6a^2b + 2ab^2 - 4a^3,\ a^3 - 7a^2b + 6ab^2.$

24. $a^2 - \dfrac{ab}{4} + b^2,\ b^2 + ab - \dfrac{a^2}{4},\ ab - a^2 - \dfrac{b^2}{4}.$

25. $\dfrac{3}{4}a^2 + a^2b^2,\ \dfrac{4}{5}a^2 - 3a^2b^2,\ 7a^2b^2 - \dfrac{1}{10}a^2.$

26. $6a^2 - 4a + 3b - 4,\ -1 + b - 3a + 12a^2.$

27. $18a^4b - c^2,\ 16a^3b^2 - 4c^2,\ -2a^4b + 8a^3b^2.$

28. $\dfrac{2}{3}a^3b - 5a^2b^2,\ \dfrac{3}{4}a^2b^5 - 4a^3b,\ -\dfrac{1}{6}a^3b + c^4 - 3a^2b^5.$

29. $a^3 + a^2b - ab^2,\ +2b^4 - a^2b,\ +ab^2 - b^4 - 2a^3.$

30. $\dfrac{3}{4}a^2b^3c^4 - \dfrac{4}{5}a^3b^2c,\ \dfrac{2}{5}a^3b^2c - \dfrac{4}{3}a^2b^3c^4,\ \dfrac{2}{5}a^3b^2c.$

*Chercher la valeur numérique des polynômes précédents,
en supposant $a = 5$, $b = \dfrac{1}{2}$ et $c = -1$.*

31.   De $a^2 - b^2$ retranchez $a^2 + b^2 - 2ab.$

32.   De $aq + aq^2 + aq^3 + aq^4$ ôtez $a + aq + aq^2 + aq^3.$

33.   De $a^3 + 3a^2b + 3ab^2 + b^3$ ôtez $a^3 - 3a^2b + 3ab^2 - b^3.$

34.   De $5a^4b - 3a^3b^2 - a^2b^3$ ôtez $-4a^3b^2 + 2a^2b^3 - a^4b.$

35.   De $12a^2 - 1 + 3a + b$ ôtez $6a^2 - 4 - 4a + 3b.$

36.   De $\dfrac{1}{3}a^2b + \dfrac{1}{4}ab^2 + \dfrac{1}{6}a^3$ ôtez $\dfrac{1}{6}a^2b - \dfrac{1}{3}ab^2 + \dfrac{1}{4}a^3.$

37.   De $6a^2b + b^2 - a^2$ ôtez $2a^2b - b^2 + 3a.$

38.   Chassez les parenthèses de l'expression suivante :

$$a^2 - (b^2 - c^2) + b^2 - (a^2 + c^2) - c^2 - (a^2 - b^2).$$

39.   Faire disparaître les parenthèses des expressions

$$\frac{p^2}{4} - \left(\frac{p^2}{4} - q\right); \qquad \frac{p}{2}\left(\sqrt{5} - \frac{p}{2}\right); \qquad q - q^2 - (q - \sqrt{5})$$

40.   Faire disparaître les parenthèses de l'expression suivante :

$$\frac{R}{2}\left(\sqrt{5} - \frac{R}{2}\right) + R - \left(\frac{R}{2} - \sqrt{5}\right) - 6 - (\sqrt{5} + R) - 6\sqrt{5}$$

41.   Multipliez $a + b - c$ par $a - b + c.$

42.   « $x + y - 2z$ par $x - y + 2z.$

43.   « $a^4 + a^3b + a^2b^2$ par $a - b.$

44. Multipliez $\quad a^2-b^2-c^2 \quad$ par $\quad b^2+c^2-a^2$.

45. «$\qquad 1+2a+3b+4c \quad$ par $\quad 1+2a-3b-4c$.

46. «$\qquad x^2-2ax+a^2 \quad$ par $\quad a-x$.

47. «$\qquad a^3-3a^2x+3ax^2-x^3 \quad$ par $\quad a-x$.

48. «$\qquad 5a^2+ab-3b^2 \quad$ par $\quad 3a^2-2ab+b^2$.

49. «$\qquad x^3-ax^2+a^2x-a^3 \quad$ par $\quad a+x$.

50. «$\qquad a^4+a^3x+a^2x^2+ax^3+x^4 \quad$ par $\quad x-a$.

51. «$\qquad x^5-ax^4+a^2x^3-a^3x^2+a^4x-x^5 \quad$ par $\quad x+a$.

52. «$\ 8a^4-7a^3b-6a^2b^2-5ab^3+4b^4 \quad$ par $\quad 3a^2-2ab-b^2$.

53. «$\qquad 3a^2+2ab+b^2 \quad$ par $\quad a^3-5a^2b-6ab^2+4b^3$.

54. «$\qquad a^2+b^2+c^2-ab-ac-bc \quad$ par $\quad a+b+c$.

55. «$\qquad ax+a^2x^2+a^3x^3 \quad$ par $\quad 1-ax$.

56. «$\qquad (a+b)+(c-d) \quad$ par $\quad (a+b)-(c+d)$.

57. «$\qquad \dfrac{5}{2}a^2+3ax-\dfrac{7}{3}a^2 \quad$ par $\quad 2x^2-ax-\dfrac{1}{2}a^2$.

58. Effectuer les opérations indiquées ci-dessous.
$$(a+b-c-d)^2-(c+d-a-b)^2$$

59. $\qquad (a+b)^3-(a-b)^3-2b^3$

60. $\qquad (1+2a-3b)^2-(3b-2a-1)^2$

61. Divisez $\quad 15a^4b-12a^3b^2-9a^3b^3+6a^4b^2 \quad$ par $\quad 3ab$.

62. «$\qquad 8a^4b^2-6a^3b^3+4a^2b^4-2a^2b^2 \quad$ par $\quad -2a^2b^2$.

63. «$\qquad a^5-5a^4b+10a^3b^2-10a^2b^3+5ab^4-b^5 \quad$ par $\quad a-b$.

64. «$\qquad a^3+3a^2+3a+1 \quad$ par $\quad a+1$.

65. «$\qquad a^4+8a^3+24a^2+32a+16 \quad$ par $\quad a+2$.

66. «$\qquad a^2+b^2+c^2-2ab-2ac+2bc \quad$ par $\quad a-b-c$.

67. «$\ 5a^7b+8a^6b^2-13a^5b^3+38a^4b^4-26a^3b^5+24a^2b^6$
$\qquad\qquad$ par $\quad 5a^2b-2ab^2+6b^3$.

68. «$\ a^5-a^4b-4a^3b^2-a^3+4a^2b^3+3a^2b-a^2-2ab^2-$
$\qquad\qquad 2ab+1 \quad$ par $\quad a^2+2ab-1$.

69. «$\ 4a^4+b^2+9c^2+4a^2b-12a^2c-6bc$
$\qquad\qquad$ par $\quad 2a^2+b-3c$.

70. «$\ 25x^4+16y^4+9z^2+4v^2-40x^2y^2+30x^2z-20x^2v-$
$\qquad 24y^2z+16y^2v-12zv \quad$ par $\quad 5x^2-4y^2+3z-2v$.

71. «$\ 10a^5b-21a^4b^2-56ab^5-3a^2b^4-10a^3b^3$
$\qquad\qquad$ par $\quad 8b^3-3ab^2+5a^2b$. $\qquad$ (Baccalauréat.)

72. «$\qquad a^4+b^4 \qquad$ par $\quad a-b$.

73. «$\qquad a^5-1 \qquad$ par $\quad a-1$.

74.   Divisez $R^8 - 1$ par $R + 1$.

75.   « $x^9 + 1$ par $x^3 - 1$.

76.   « $81x^4 - 16$ par. $3x - 2$.

77.   « $x^8 - a^8$ par $x^2 + a^2$.

78.   « $a^{16} - b^{16}$ par $a^4 - b^4$.

79.   « $32x^5 + 243$ par $2x + 3$.   (Baccalauréat.)

80.   Déterminer sans chercher le quotient, le reste des divisions suivantes :

$$3a^3 + 5a^2 - 6a \qquad \text{par} \quad a - 1.$$
$$6a^4 - 3a^3b + 2a^2b^2 - 4ab^3 + b^3 \quad \text{par} \quad a + b.$$
$$a^3 + 1 \quad \text{par} \quad a - 1; \quad x^5 + 1 \quad \text{par} \quad x - 1.$$

81.   Simplifier l'expression $\dfrac{ax^2 - a}{x - 1}$.

82.   Simplifier $\dfrac{a^3 - b^3}{a^2 - b^2}$.

83.   « $\dfrac{a^3 + b^3}{(a - b)^2 + ab}$.

84.   « $\dfrac{x^3 - a^3 + ax(x - a)}{a(x^2 - a^2)}$.

85.   « $\dfrac{(x^5 + 1) - (x^3 + 1)}{x^2 - 1}$.

86.   « $\dfrac{x^2 - 1}{(1 + ax)^2 - (x + a)^2}$.

87.   « $\dfrac{a^8 - 1}{(a^4 + 1)(a^2 - 1)}$.

88.   « $\dfrac{6a^2b^2 - 3a^3b - 3ab^3}{ab^3 - a^3b}$.

89.   « $\dfrac{a^3 + a^2 - 4a - 4}{4(a^2 - a - 2)}$.

90.   « $\dfrac{a}{a - 1} - \dfrac{a}{a + 1} + \dfrac{2a^2}{a^2 - 1}$.

91.   « $(a^2 - 1)\left(\dfrac{a}{a + 1} + \dfrac{a}{a - 1} - 1\right)$.

92.   « $\dfrac{(a - c)(a + c) - b(b - 2c)}{(a + b - c)(a - b + c)}$.

93.   « $\dfrac{ax - a}{x + 1} - \dfrac{ax + a}{x - 1}$.

94.   « $\dfrac{-a - 2b}{a + b} + \dfrac{2b - a}{a - b} + 1$.

95.   « $\dfrac{(a + b + c)(a - b - c)}{(a + b)(a - b) - c(2b + c)}$.

96.   Simplifier $\dfrac{a-1}{a+1}+\dfrac{a+1}{a-1}-\dfrac{a^2+1}{a^2-1}$.

97.   « $\dfrac{3}{1-4x}-\dfrac{16x}{1-16x^2}-\dfrac{2}{1+4x}$.

98.   « $\dfrac{b(a+b)(a-b)+ab(a-b)}{(a-b)(b+2a)}$.

99.   « $\dfrac{a-b}{3}+\dfrac{b-a}{5}+\dfrac{8ab}{15(a-b)}$.

100.   « $\dfrac{1}{x+y}+\dfrac{1}{x-y}-\dfrac{x-y}{x^2-y^2}$.

101.   « $\dfrac{3}{1-4a}-\dfrac{2}{1+4a}-\dfrac{24a}{1-16a^2}$.

102.   « $\dfrac{2+a}{3+a}+\dfrac{3a^2-a+12}{9-a^2}-\dfrac{a+3}{3-a}$.

103.   « $\dfrac{30a}{9a^2-1}+\dfrac{4}{3a-1}-\dfrac{5}{3a+1}$.

104.   « $\dfrac{5}{1+5a}-\dfrac{3}{1-5a}+\dfrac{10(5a^2+2a)}{1-25a^2}$.

105.   « $\dfrac{a^2-c^2+b(2c-b)}{(a+b-c)(a-b+c)}-\dfrac{(a+b)(a-b)-c(c-2b)}{(c-a-b)(b-a-c}$.

106.   « $\dfrac{(a-x)^3-(a+x)^3}{9a^4-x^4}$.

107.   « $1+\dfrac{b^2+c^2-a^2}{2bc}$,   sachant que $a+b+c=2p$.

108.   « $1-\dfrac{(b^2+c^2-a^2)}{2bc}$,   sachant que $a+b+c=2p$.

109.   « $\sqrt{p(p-a)(p-b)(p-c)}$ si $p=\dfrac{a+b+c}{2}$ et $b^2+c^2=a^2$.

110.   « $\dfrac{m(m+n)-2n(m+n)}{mn(m+n)-3mn^2}$.

111.   « $\dfrac{c-b\left(\dfrac{ac'-ca'}{ab'-ba'}\right)}{a}$.

112.   « $\dfrac{ab(x^2+y^2)+xy(a^2+b^2)}{ab(x^2-y^2)+xy(a^2-b^2)}$ (Baccalauréat.)

113. Démontrer que la somme de deux nombres impairs est toujours divisible par 2.

114. Démontrer que la différence de deux nombres impairs est toujours divisible par 2.

115. Un polygone a n côtés, établir la formule qui donne le nombre de ses diagonales.

116. Étant données n droites non parallèles, trouver la formule qui donne en combien de points elles se coupent.

117. Démontrer que la différence des carrés de deux nombres consécutifs est toujours un nombre impair.

118. Démontrer que tout nombre impair carré parfait devient divisible par 8 si on le diminue de un.

119. Démontrer que la différence des carrés de 2 nombres impairs quelconques est toujours divisible par 8.

120. Démontrer que la différence des carrés de 2 nombres entiers qui diffèrent de 2 unités est toujours divisible par 4.

121. Démontrer que tout multiple de 4 est la différence de deux carrés.

122. Démontrer que la différence et la somme des cubes de deux nombres pairs consécutifs est toujours divisible par 8.

123. Démontrer que la différence des cubes de deux nombres impairs consécutifs est toujours divisible par 2 et jamais par 4.

124. Démontrer que l'expression $n^4 - 1$ est divisible par 16 si n est impair.

125. Démontrer que l'expression $n(n+1)(n+2)$ est divisible par 6, si n est impair, et par 24, si n est pair.

126. Démontrer que la somme de 3 nombres consécutifs est divisible par 3 si le plus petit est pair, et par 6 si le plus petit est impair.

127. Démontrer que le produit de 4 nombres entiers consécutifs est divisible par 24.

128. Démontrer que la somme de 5 nombres consécutifs est divisible par 5 si le plus petit est impair, et par 10, si le plus petit est pair.

129. Démontrer que si un nombre quelconque est la somme de deux carrés, son double est aussi la somme de 2 carrés.

130. Démontrer que si a est un nombre impair, l'expression $a^4 - 3^4 + 18(3^2 - a^2)$ est divisible par 64.

131. Si l'on divise deux nombres inégaux par leur différence, on obtient deux quotients qui diffèrent entre eux d'une unité, et les restes sont les mêmes.

132. Le produit de 3 nombres pairs consécutifs est toujours divisible par 48.

133. Tout nombre premier plus grand que 3 est un multiple de 6, si on l'augmente ou si on le diminue de 1.

134. Le carré d'un nombre entier, diminué de 1, est divisible par le nombre qui précède immédiatement ce nombre entier, et par celui qui le suit

135. Si plusieurs nombres a, b, c, d..., l sont placés par ordre de grandeur, la somme des différences d, d', d''... de chacun d'eux à celui qui le suit immédiatement est égale à la différence des extrêmes.

DEUXIÈME PARTIE

ÉQUATIONS DU PREMIER DEGRÉ

§ I. — Définitions.

65. Une *égalité* est l'expression de deux quantités qui ont même valeur.

EXEMPLE. $\qquad\qquad 8 = 5 + 3.$

Une *identité* est une égalité indépendante de la valeur qu'on donne aux lettres.

Ainsi $\qquad\qquad m + n = m + n$
et $\qquad\qquad a^2 - b^2 = (a + b)(a - b)$

sont des identités, parce que, dans les deux exemples, l'égalité subsiste, quelque valeur qu'on donne aux lettres m, n, a, b.

66. Une *équation* est une égalité dans laquelle se trouvent une ou plusieurs lettres représentant des quantités inconnues. Une telle égalité n'est vérifiée que par quelques valeurs particulières des inconnues.

Les égalités $\qquad\qquad 3x + 12 = 5x - 8$
$$y^2 + 5 = 6y - 3$$

dans lesquelles x et y représentent des quantités inconnues sont des équations ; la première n'est vérifiée que par une seule valeur, $x = 10$; la seconde l'est par deux valeurs, $y = 4$ et $y = 2$.

67. Une équation est *littérale* lorsque les quantités connues qui la composent sont représentées par des lettres ; elle est *numérique* lorsque ces mêmes quantités sont représentées par des nombres.

Des deux équations
$$5x + 8 = 7x$$
$$ax - ab = bx,$$

la première est numérique, la seconde est littérale.

Une équation est à *une*, *deux*, *trois*, etc., inconnues suivant qu'elle renferme *une*, *deux*, *trois*, etc., lettres représentant chacune une quantité inconnue.

Le degré d'une équation est donné par la plus forte somme des exposants des inconnues dans un même terme.

Les équations
$$x + y = 15$$
$$a^2 - bx = x^2 - ab$$
$$ab^2 - ax^2 = xy^2$$

sont l'une du 1er degré, à deux inconnues; l'autre, du 2e degré, à une inconnue; la dernière, du 3e degré, à deux inconnues.

68. Résoudre une équation, c'est trouver, pour les inconnues, des valeurs qui rendent ses deux membres identiques; ces valeurs sont les *racines* ou les *solutions* de l'équation.

Des équations sont équivalentes lorsqu'elles ont les mêmes solutions.

69. Par *système d'équations* on entend un ensemble d'équations qui sont vérifiées par les mêmes valeurs de leurs inconnues.

Ces équations qui entrent dans un même système sont dites *simultanées*.

Principes généraux sur les équations.

70. Il est évident que si l'on fait la même opération sur deux quantités égales, les résultats obtenus sont encore égaux. Appliquant cet axiome à la résolution d'une équation, nous pouvons formuler les deux principes suivants :

1er PRINCIPE. *On peut, sans changer les solutions d'une équation, augmenter ou diminuer ses deux membres d'une même quantité.*

2e PRINCIPE. *On peut, sans changer les solutions d'une équation, multiplier ou diviser ses deux membres par une quantité finie* (1) *ne renfermant aucune inconnue.*

71. Il résulte du premier principe, que *pour faire passer un terme quelconque d'un membre d'une équation dans un autre, il suffit de le supprimer dans le membre où il se trouve et de l'écrire dans l'autre avec un signe contraire.*

______

(1) Une quantité est dite *finie*, lorsqu'elle n'est ni nulle ni infinie.

Soit l'équation $5x - 4 = x + 12$.

Pour faire passer le terme -4 du premier membre dans le second, ajoutons 4 aux deux membres ce qui donne

$$5x - 4 + 4 = x + 12 + 4$$

ou
$$5x = x + 12 + 4.$$

On fait souvent passer tous les termes d'une équation dans le premier membre ; le second est alors zéro.

L'équation ci-dessus peut donc s'écrire :

$$5x - x - 12 - 4 = 0.$$

72. Il résulte du second principe que *pour faire disparaître les dénominateurs d'une équation, il suffit de multiplier ses deux membres par le produit de tous les dénominateurs ou par leur plus petit multiple.*

Ainsi l'équation
$$\frac{3x}{2} - 7 = \frac{4x}{5}$$

devient

$$\frac{3x \times 5 \times 2}{2} - 7 \times 5 \times 2 = \frac{4x \times 5 \times 2}{5},$$

quand on multiplie ses deux membres par 5×2, produit des dénominateurs. Les calculs effectués, on trouve :

$$15x - 70 = 8x,$$

équation équivalente à la première et qui n'a plus de dénominateurs.

On peut changer en signes contraires les signes de tous les termes d'une équation ; *car cela revient à multiplier par* -1 *les deux membres de cette équation.*

L'équation $\quad 3x - 4 = 60 - 5x$
peut donc s'écrire :

$$-3x + 4 = -60 + 5x.$$

73. Lorsqu'on multiplie les deux membres d'une équation par une quantité renfermant l'inconnue, l'équation résultante contient une ou plusieurs solutions qui ne conviennent pas à la première.

Soit l'équation $3x = 45$ ou $3x - 45 = 0$.

En multipliant ses deux membres par $x - 4$, on obtient une nouvelle équation

$$(x - 4)(3x - 45) = 0$$

qui, indépendamment de la racine de la première, contient la solution $x=4$; car pour $x=4$, le premier facteur devient zéro, et le produit de $3x-45$ par zéro est nul.

De même, si l'on divisait les deux membres d'une équation par une quantité renfermant l'inconnue, on pourrait supprimer quelques solutions.

Ainsi, quand on multiplie les deux membres d'une équation par une quantité renfermant l'inconnue, on introduit des racines étrangères qu'il faut rejeter, pour ne conserver que celles qui vérifient l'équation primitive.

Cette remarque est très-importante.

74. En général, lorsqu'on a plusieurs équations simultanées, on peut les ajouter ou les retrancher, les multiplier ou les diviser membre à membre, et on a encore une nouvelle équation; car, par ces différentes opérations, l'on augmente ou l'on diminue les deux membres d'une même quantité, ou bien l'on multiplie ou l'on divise les deux membres par une même quantité.

§ II. — Résolution d'une équation du 1er degré à une inconnue.

75. Proposons-nous de résoudre l'équation

$$\frac{3(x-8)}{2}=\frac{x}{5}+1.$$

Faisons d'abord disparaître les dénominateurs; pour cela, multiplions tous les termes par 10, produit de 2 par 5.

L'équation devient

$$\frac{30(x-8)}{2}=\frac{10x}{5}+10$$

ou

$$15(x-8)=2x+10;$$

chassons la parenthèse en multipliant $x-8$ par 15

$$15x-120=2x+10;$$

transposons, c'est-à-dire faisons passer les termes inconnus dans le premier membre et les termes connus dans le second.

$$15x-2x=10+120;$$

réduisons les termes semblables

$$13x=130,$$

d'où

$$x=\frac{130}{13}=10.$$

La solution cherchée est 10, et cette valeur, mise à la place de x, rend les deux membres de l'équation proposée égaux chacun à 3.

76. Soit à résoudre l'équation littérale :

$$\frac{x+a}{b} - b = \frac{b-x}{a+b};$$

multiplions tous les termes par $b(a+b)$ produit des dénominateurs.

$$ax + a^2 + bx + ab - ab - b^2 = b^2 - bx;$$

réduisons les termes semblables et transposons

$$ax + 2bx = 2b^2 - a^2;$$

mettons x en facteur commun

$$x(a+2b) = 2b^2 - a^2;$$

divisons les deux membres par $a+2b$, coefficient de x

$$x = \frac{2b^2 - a^2}{a+2b}.$$

77. D'après ces exemples, on voit que, pour résoudre une équation du premier degré à une inconnue, il faut : 1° *faire disparaître les dénominateurs et les parenthèses s'il y en a ; 2° faire passer dans un des membres tous les termes renfermant l'inconnue et dans l'autre tous les termes connus ; 3° réduire les termes semblables ; 4° mettre l'inconnue en facteur commun si l'équation est littérale ; 5° enfin diviser les deux membres par le coefficient de l'inconnue.*

78. Pour mettre un problème en équation, on peut adopter la marche suivante : *on suppose la réponse trouvée, et l'on indique, à l'aide des signes algébriques, les opérations à effectuer pour vérifier l'exactitude de cette réponse.*

EXEMPLES. I. *Quel est le nombre qui, augmenté de 16, devient triple de ce qu'il était d'abord ?*

Soit x ce nombre.

D'après l'énoncé, en ajoutant 16 à x on doit avoir 3 fois le nombre x, ou $3x$; de là l'équation :

$$x + 16 = 3x$$
$$16 = 2x,$$

d'où $\qquad x = 8.$

II. *Partager* 100 *fr. entre trois personnes, de manière que la deuxième ait* 10 *fr. de plus que la première, et la troisième* 20 *fr. de plus que la deuxième.*

Appelons x la part de la première.

La part de la deuxième sera $x + 10$
et celle de la troisième $x + 10 + 20$.

En ajoutant les 3 parts, on devra trouver 100 ; donc

$$x + x + 10 + x + 10 + 20 = 100 ;$$

transposons $x + x + x = 100 - 10 - 10 - 20$

$$3x = 60$$
$$x = 20.$$

Ainsi, la part de la première est 20 fr., celle de la deuxième sera $20 + 10$ ou 30, et celle de la troisième $30 + 20$ ou 50 fr.

III. *Un ouvrier n'avait plus que* 12 *fr. lorsqu'on lui paie* 6 *jours de travail ; il achète alors un habit qui lui coûte les* $\frac{2}{3}$ *de son avoir ; mais après* 8 *jours de travail on le paie, et il se trouve possesseur de* 49 *fr. : trouver le prix de sa journée.*

Soit x le prix de la journée.

Après la première paie, l'ouvrier a $12 + 6x$.

Il dépense les $\frac{2}{3}$ de cette somme, il lui reste donc le $\frac{1}{3}$ de

$12 + 6x$ ou $\dfrac{12 + 6x}{3}$.

Après la seconde paie, il a $\dfrac{12 + 6x}{3} + 8x$; alors il possède 49 fr. ; de là l'équation :

$$\frac{12 + 6x}{3} + 8x = 49.$$

Au lieu de chasser le dénominateur 3 par le procédé ordinaire, on peut ici diviser le deux termes de la fraction $\dfrac{12 + 6x}{3}$ par 3, ce qui ne change pas sa valeur, et on a :

$$4 + 2x + 8x = 49$$
$$10x = 49 - 4$$
$$x = \frac{45}{10} = 4 \text{ fr. } 50.$$

IV. *Un bassin est alimenté par 2 robinets ; l'un peut le remplir en 5 heures, et l'autre en 3 ; on ouvre les deux robinets et on demande en combien de temps le bassin sera plein.*

Représentons par x le temps cherché et par 1 la capacité du bassin.

En 1 heure le premier robinet remplira $\frac{1}{5}$ du bassin ; dans le même temps le second remplira $\frac{1}{3}$ du bassin.

Les deux robinets rempliront donc en 1 heure $\frac{1}{5}+\frac{1}{3}$ du bassin, et en x heures ils rempliront x fois plus ou $\left(\frac{1}{4}+\frac{1}{3}\right)x$, alors le bassin sera plein ; donc :

$$\left(\frac{1}{5}+\frac{1}{3}\right)x=1$$
$$\frac{x}{5}+\frac{x}{3}=1$$
$$3x+5x=15$$
$$8x=15$$
$$x=\frac{15}{8} \quad \text{ou} \quad 1 \text{ heure} \frac{7}{8}.$$

Généralisons cette question, c'est-à-dire rendons-la indépendante des nombres 3 et 5. Pour cela énonçons le problème comme il suit :

Un bassin est muni de deux robinets ; l'un peut le remplir en t heures, l'autre en t' heures ; on ouvre les deux robinets, et on demande en combien de temps le bassin sera plein.

En une heure, le premier robinet remplira $\frac{1}{t}$ du bassin, et le second $\frac{1}{t'}$; en tout $\frac{1}{t}+\frac{1}{t'}$; en x heures ils rempliront x fois $\frac{1}{t}+\frac{1}{t'}$, alors le bassin sera plein, et on aura l'équation :

$$\left(\frac{1}{t}+\frac{1}{t'}\right)x=1$$
$$\frac{x}{t}+\frac{x}{t'}=1$$
$$t'x+tx=tt'$$
$$x(t+t')=tt'$$
$$x=\frac{tt'}{t+t'}.$$

L'expression $x = \dfrac{tt'}{t+t'}$ est une formule; elle peut s'appliquer à tous les problèmes analogues à celui que nous venons de résoudre.

Si on l'applique au problème précédent, on trouve, en remplaçant t par 5 et t' par 3,

$$x = \frac{3 \times 5}{5+3} = 1 \text{ heure } \frac{7}{8}, \quad \text{comme ci-dessus.}$$

V. *Dans un triangle dont la base et la hauteur ont respectivement 64 mèt. et 36 mèt., inscrire un carré s'appuyant sur la base.*

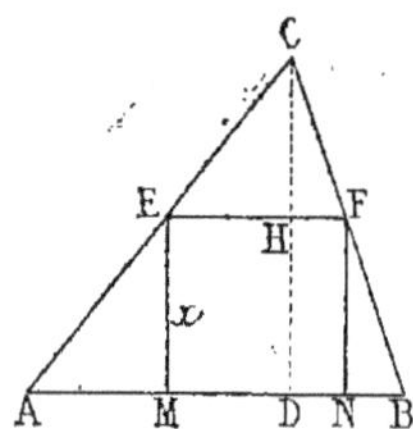

Si nous connaissions le côté du carré, il suffirait de porter sa longueur sur DC, de D en H, puis de mener HEF parallèle à AB, enfin d'abaisser EM, FN perpendiculaires sur AB.

Supposons donc le problème résolu, et soit EFNM le carré demandé; appelons x le côté de ce carré.

Les triangles semblables CEF, CAB donnent:

$$\frac{EF}{AB} = \frac{CH}{CD} \quad \text{ou} \quad \frac{x}{64} = \frac{36-x}{36}.$$

Résolvant cette équation, on trouve successivement:

$$36x = 2\,304 - 64x$$
$$100x = 2\,304 \quad \text{ou} \quad x = 23^{\mathrm{m}},04.$$

Généralisons cette question, que nous énoncerons comme il suit:

Dans un triangle dont la base est b *et la hauteur* h, *inscrire un carré s'appuyant sur la base* b.

Nous aurons:

$$\frac{x}{b} = \frac{h-x}{h}$$

ou

$$hx = bh - bx$$
$$hx + bx = bh$$
$$x(h+b) = bh$$

d'où

$$x = \frac{bh}{h+b}.$$

En donnant à b la valeur 64 et à h la valeur 36, on trouve $x = 23^m,04$, comme ci-dessus.

VI. *Dans un triangle dont la base est* b *et la hauteur* h, *inscrire un rectangle s'appuyant sur* b *et ayant* d *mèt. de différence entre ses deux dimensions* (voir la figure précédente).

En appelant x la base MN ou FE, la hauteur HD sera $x - d$.

Les triangles semblables CEF, CAB, donnent :

$$\frac{EF}{AB} = \frac{CH}{CD};$$

or   CH = CD — HD   ou $h - (x - d)$;   on aura donc :

$$\frac{x}{b} = \frac{h - x + d}{h}$$

$$hx = bh - bx + bd$$

$$hx + bx = bh + bd$$

$$(h + b)x = b(h + d)$$

$$x = \frac{b(h + d)}{h + b}.$$

La hauteur HD $= x - d$ s'obtiendra en remplaçant dans cette expression x par sa valeur, et on aura

$$HD = \frac{b(h + d)}{h + b} - d;$$

réduisons $-d$ au même dénominateur que le terme qui le précède; pour cela, multiplions et divisons $-d$ par $h + b$.

$$HD = \frac{b(h + d)}{h + b} - \frac{d(h + b)}{h + b}$$

$$HD = \frac{bh + bd - dh - bd}{h + b}$$

$$HD = \frac{bh - dh}{h + b} \quad \text{ou} \quad \frac{h(b - d)}{h + b}.$$

Les deux dimensions sont donc

$$\frac{b(h + d)}{h + b} \quad \text{et} \quad \frac{h(b - d)}{h + b}.$$

En faisant dans ces formules $b = 64$, $h = 36$ et $d = 14$, on trouve

$$x = 32 \quad \text{et} \quad HD = 18.$$

On peut remarquer que le problème V n'est qu'un cas particulier du problème VI; car si, dans ce dernier, on suppose que d est nul, auquel cas le rectangle est un carré, les formules précédentes deviennent l'une et l'autre $\dfrac{bh}{b+h}$, comme au problème V.

VII. *Calculer l'intérêt* i *que rapporte un capital* c, *placé au taux* t, *pendant un temps* n.

100 fr. rapportant t fr., 1 fr. rapportera $\dfrac{t}{100}$ et c fr. rapporteront c fois plus ou $\dfrac{t.c}{100}$, et cela en un an; en n années le capital rapportera n fois plus ou $\dfrac{t.c.n}{100}$; on aura donc l'égalité :

$$i = \frac{c.n.t}{100} \cdot$$

Dans cette formule, on peut regarder comme connues trois des quantités i, c, n, t, et se proposer de calculer la quatrième. Si nous isolons successivement c, n, t, il vient :

$$c = \frac{100i}{nt}, \qquad n = \frac{100i}{ct}; \qquad t = \frac{100i}{cn} \cdot$$

Ces trois formules et la précédente permettent de résoudre la plupart des questions d'intérêt simple et d'escompte. En les employant, il faut se rappeler que si le temps est exprimé en mois, n représentera des *douzièmes;* s'il est donné en jours, n représentera des *trois cent soixantièmes* ou *des trois cent soixante-cinquièmes.*

§ III. — Résolution de deux équations du 1ᵉʳ degré à deux inconnues.

79. Pour résoudre un système de deux équations à deux inconnues, il faut *éliminer* une des inconnues, c'est-à-dire la faire disparaître, de manière à n'avoir plus qu'une équation à une inconnue, qu'on résout par le procédé ordinaire.

Il y a plusieurs méthodes d'élimination :

1° Élimination par substitution.

L'élimination par substitution consiste à tirer d'une des deux équations la valeur d'une inconnue en regardant l'autre comme connue, et à porter cette valeur dans la seconde équation.

Soit le système des deux équations.

$$3x + y = 15 \qquad (1)$$
$$5x - 4y = 8. \qquad (2)$$

L'équation (1) résolue par rapport à x donne :

$$x = \frac{15 - y}{3} ; \qquad (3)$$

Portons cette valeur à la place de x dans l'équation (2)

$$5\left(\frac{15 - y}{3}\right) - 4y = 8 ;$$

Résolvant cette équation, on trouve successivement :

$$75 - 5y - 12y = 24$$
$$-17y = -51 ,$$

d'où
$$y = 3.$$

Si dans l'équation (3) nous remplaçons y par 3, on trouve :

$$x = \frac{15 - 3}{3} \quad \text{ou} \quad 4.$$

Les valeurs des inconnues sont donc : $x = 4$ et $y = 3$.

Appliquons cette méthode à la résolution du problème suivant :

Trouver deux nombres, connaissant leur somme s *et leur quotient* q.

En appelant x le plus grand des deux nombres et y le plus petit, les équations seront :

$$x + y = s \qquad (1)$$
$$\frac{x}{y} = q. \qquad (2)$$

Si on isole y, c'est-à-dire si on tire la valeur de cette inconnue dans la première équation, on trouve

$$y = s - x ; \qquad (3)$$

Portons cette valeur à la place de y dans l'équation (2)

$$\frac{x}{s-x}=q, \quad \text{ou} \quad x=sq-qx.$$

Cette dernière équation résolue par les moyens ordinaires donne :

$$x+qx=sq$$
$$x(1+q)=sq$$
$$x=\frac{sq}{q+1}.$$

Mettons cette valeur à la place de x dans l'équation (3)

$$y=s-\frac{sq}{q+1}.$$

Multiplions et divisons s par $q+1$ afin de réduire ce terme au même dénominateur que le suivant.

$$y=\frac{sq+s-sq}{q+1} \quad \text{ou} \quad y=\frac{s}{q+1}.$$

Les valeurs des inconnues sont donc :

$$x=\frac{sq}{q+1} \quad \text{et} \quad y=\frac{s}{q+1}.$$

REMARQUE. La méthode par substitution s'emploie avantageusement lorsqu'une des équations donne facilement la valeur de l'inconnue à éliminer, tandis que l'autre équation est compliquée.

2° Élimination par comparaison.

80. L'élimination par comparaison consiste à tirer la valeur d'une même inconnue dans les deux équations, et à égaler ces valeurs.

Soit le système des deux équations :

$$4x-y=-5 \tag{1}$$
$$5y+8x=32. \tag{2}$$

Si nous isolons x dans chacune d'elles, on trouve :

$$x=\frac{-5+y}{4} \quad (3) \quad \text{et} \quad x=\frac{32-5y}{8}. \tag{4}$$

La valeur de x étant la même dans les deux équations, on a :

$$\frac{-5+y}{4}=\frac{32-5y}{8}.$$

Cette équation à une inconnue, résolue par le procédé ordinaire, donne $y = 6.$

Portant cette valeur de y dans l'une des équations (3) et (4), on trouve $$x = \frac{1}{4}.$$

Les inconnues sont donc $x = \frac{1}{4}$ et $y = 6.$

Appliquons cette méthode à la résolution du problème suivant :

Trouver le périmètre d'un triangle, connaissant la différence d *de deux côtés, et les deux segments* m *et* n *que fait sur le troisième côté la bissectrice de l'angle compris par les deux premiers.*

Soient x et y les côtés inconnus, les équations du problème seront (voir *Géométrie*, par F. P. B., nº 184) :

$$x - y = d \qquad (1)$$

$$\frac{x}{y} = \frac{m}{n} \qquad (2)$$

Isolons x dans chacune de ces équations :

$$x = d + y \qquad (3)$$

$$x = \frac{my}{n}. \qquad (4)$$

En égalant ces deux valeurs de x on trouve :

$$d + y = \frac{my}{n}$$

$$dn + ny = my$$

$$dn = y(m - n) ;$$

d'où $$y = \frac{dn}{m - n}.$$

Portons cette valeur dans l'équation (3)

$$x = d + \frac{dn}{m - n}.$$

En réduisant les termes du second membre au même dénominateur, on trouve :

$$x = \frac{dm - dn + dn}{m - n}, \qquad \text{ou} \qquad x = \frac{dm}{m - n}.$$

Les côtés sont donc $\dfrac{dm}{m - n}$ et $\dfrac{dn}{m - n},$

et le périmètre demandé sera :

$$\frac{dm+dn}{m-n}+m+n,$$

ou en réduisant m et n au même dénominateur que les termes précédents

$$\frac{dm+dn+m^2+mn-mn-n^2}{m-n}$$

$$\frac{dm+dn+m^2-n^2}{m-n}.$$

3° Élimination par réduction, appelée aussi élimination par addition ou par soustraction.

81. L'élimination par réduction consiste d'abord à ramener au même coefficient la même inconnue dans les deux équations ; puis :

1° Si l'inconnue choisie a des *signes contraires* dans les deux termes qui la contiennent, on *additionne* membre à membre les deux équations ;

2° Si l'inconnue a des *signes semblables*, on *retranche* une équation de l'autre. De cette manière, on n'a plus qu'une équation à une inconnue, qu'on résout par le procédé ordinaire.

Soit le système des deux équations :

$$5x - y = 5 \qquad\qquad (1)$$

$$3y - 2x = 11. \qquad\qquad (2)$$

Pour éliminer x, multiplions les deux membres de la première par 2 et ceux de la seconde par 5 ; ces équations deviennent :

$$10x - 2y = 10$$

$$15y - 10x = 55 ;$$

les termes qui contiennent x ayant des signes contraires, additionnons ces deux équations ; il vient :

$$13y = 65$$

d'où $\qquad\qquad\qquad y = 5.$

Mettant cette valeur à la place de y dans l'une des équations (1) et (2), on trouve :

$$5x - 5 = 5, \qquad \text{d'où} \quad x = 2,$$

ou $\qquad\qquad 15 - 2x = 11, \qquad \text{d'où} \quad x = 2.$

REMARQUE. La méthode par réduction est plus rapide que les précédentes lorsque les coefficients d'une inconnue sont les mêmes dans les deux équations, ou lorsqu'on peut, par une seule opération, rendre ces coefficients égaux ; dans tous les cas, elle offre l'avantage de ne point introduire de dénominateurs.

Soient, par exemple, les équations :

$$5x - 4y = 30$$
$$8y + 5x = 90.$$

En retranchant la première de la seconde on trouve immédiatement :

$$12y = 60,$$

d'où

$$y = 5.$$

Cette valeur mise à la place de y dans la première équation donne

$$x = 10.$$

Soient encore les équations :

$$6x - 5y = 8 \qquad (1)$$
$$7y - 2x = 8. \qquad (2)$$

Multiplions les deux membres de la seconde par 3, elle devient :

$$21y - 6x = 24. \qquad (3)$$

Ajoutons ensemble les équations (1) et (3), les termes en x disparaissent et on a :

$$16y = 32$$

d'où

$$y = 2,$$

et par suite

$$x = 3.$$

Appliquons cette méthode à la résolution du problème suivant :

Connaissant s *la somme de deux nombres, et* d *leur différence, trouver ces deux nombres.*

En appelant x le grand nombre et y le petit, on a :

$$x + y = s$$
$$x - y = d ;$$

additionnons ces deux équations, il vient :

$$2x = s + d,$$

d'où

$$x = \frac{s + d}{2}.$$

retranchons la seconde de la première

$$2y = s - d,$$

d'où
$$y = \frac{s-d}{2}.$$

82. On voit, par les formules trouvées, que lorsqu'on connaît la somme de deux nombres et leur différence, on obtient le grand nombre en prenant la moitié de *la somme augmentée de la différence*, et le petit, en prenant la moitié de *la somme diminuée de la différence*.

§ IV. — Résolution d'un nombre quelconque n d'équations du 1ᵉʳ degré à n inconnues.

83. Pour résoudre trois équations à trois inconnues, on tire la valeur d'une inconnue dans l'une des équations et on la substitue dans les deux autres. On a ainsi deux équations à deux inconnues, que l'on résout par les procédés ordinaires.

On peut aussi tirer la valeur d'une même inconnue dans les trois équations et égaler ces valeurs deux à deux.

En général, *si on a n équations à n inconnues, on peut tirer la valeur d'une inconnue dans une équation et substituer cette valeur dans toutes les autres. Par ce moyen, on a n—1 équations à n—1 inconnues. On tire ensuite la valeur d'une inconnue dans l'une quelconque de ces n—1 équations et on la substitue dans les autres ; on a alors n—2 équations à n—2 inconnues.*

En continuant de la même manière, on arrive à une équation à une inconnue. Cette inconnue trouvée, on porte sa valeur dans l'une des équations à deux inconnues et l'on obtient ainsi la valeur d'une deuxième inconnue ; les valeurs de ces inconnues, portées dans l'une des équations à trois inconnues, font trouver la valeur d'une troisième inconnue, et ainsi de suite, en remontant jusqu'à l'une des premières équations.

Dans la résolution de n équations à n inconnues, les méthodes d'élimination par comparaison et par réduction peuvent s'employer aussi bien que la méthode par substitution.

Soit à résoudre le système des trois équations :

$$5x - y + 2z = 2 \qquad (1)$$
$$3y - x + z = 15 \qquad (2)$$
$$3x + 2y - z = -2. \qquad (3)$$

Tirons la valeur de x dans l'une des équations, la deuxième par exemple, où cette inconnue a pour coefficient -1. On a :

$$x = -15 + 3y + z\,;$$

Portant cette valeur à la place de x dans les deux autres équations, on obtient le système :

$$5(-15 + 3y + z) - y + 2z = 2$$
$$3(-15 + 3y + z) + 2y - z = -2.$$

Ces équations simplifiées deviennent :

$$14y + 7z = 77$$
$$11y + 2z = 43.$$

En les résolvant par une des méthodes connues, on trouve :

$$y = 3 \quad \text{et} \quad z = 5.$$

Ces valeurs de y et de z mises dans l'une des équations (1), (2) ou (3) donnent :

$$x = -1.$$

Soit encore le système des trois équations :

$$2x + 3y + 4z = 20 \qquad\qquad (1)$$
$$3x + 2z + 4y = 17 \qquad\qquad (2)$$
$$4x + 3z + 2y = 17. \qquad\qquad (3)$$

Isolons x dans les trois équations :

$$x = \frac{20 - 3y - 4z}{2}$$
$$x = \frac{17 - 2z - 4y}{3}$$
$$x = \frac{17 - 3z - 2y}{4}.$$

Égalons la première de ces valeurs d'abord à la deuxième, puis à la troisième :

$$\frac{20 - 3y - 4z}{2} = \frac{17 - 2z - 4y}{3}.$$
$$\frac{20 - 3y - 4z}{2} = \frac{17 - 3z - 2y}{4}.$$

Ces équations simplifiées deviennent :

$$y + 8z = 26$$
$$8y + 10z = 46.$$

En les résolvant par une des méthodes connues, on trouve :

$$y = 2 \quad \text{et} \quad z = 3.$$

Ces valeurs mises à la place de y et de z dans l'une des équations (1), (2) ou (3), donnent

$$x = 1.$$

Soient enfin les quatre équations :

$$x + 2y - 3z + 4v = 31 \qquad (1)$$
$$3x - 4z + 3y - v = 8 \qquad (2)$$
$$2x + 3v - 5z - y = 13 \qquad (3)$$
$$2x + v - z + 2y = 17. \qquad (4)$$

Isolons x dans chacune d'elles :

$$x = 31 - 2y + 3z - 4v \qquad (5)$$
$$x = \frac{8 + 4z - 3y + v}{3} \qquad (6)$$
$$x = \frac{13 - 3v + 5z + y}{2} \qquad (7)$$
$$x = \frac{17 - v + z - 2y}{2}. \qquad (8)$$

Égalons la première valeur de x à chacune des trois autres :

$$31 - 2y + 3z - 4v = \frac{8 + 4z - 3y + v}{3}$$
$$31 - 2y + 3z - 4v = \frac{13 - 3v + 5z + y}{2}$$
$$31 - 2y + 3z - 4v = \frac{17 - v + z - 2y}{2}.$$

Ces équations simplifiées deviennent :

$$3y - 5z + 13v = 85$$
$$5y - z + 5v = 49$$
$$2y - 5z + 7v = 45.$$

En résolvant ces trois équations comme nous avons résolu celles de l'exemple précédent, on trouve :

$$y = 4, \quad z = 1 \quad \text{et} \quad v = 6.$$

Ces valeurs mises à la place de y, de z et de v dans l'une des équations (5), (6), (7) et (8), donnent :

$$x = 2.$$

84. REMARQUE. Lorsqu'on a à résoudre un système d'équations du premier degré à plusieurs inconnues, on peut souvent s'affranchir des règles que nous avons données pour l'élimination et arriver plus rapidement au résultat. Pour cela on emploie certains artifices de calculs qui consistent soit dans le choix convenable des inconnues à éliminer, soit dans la combinaison entre elles de plusieurs équations, soit dans d'autres moyens qu'une longue pratique fait trouver.

Voici quelques exemples de ces simplifications :

I. *Deux joueurs conviennent que celui qui perdra doublera l'argent de l'autre; ils jouent deux parties, en perdent chacun une et se retirent l'un et l'autre avec a francs : combien avaient-ils en commençant?*

Soient x l'avoir du premier et y celui du second. Le premier, qui a perdu, ne possède plus que $x-y$, tandis que le second a $2y$.

Le second qui perd ensuite, n'a plus que $2y-(x-y)$, alors que le premier a $2(x-y)$.

D'après l'énoncé, on aura les équations :

$$2(x-y)=a$$
$$2y-(x-y)=a.$$

La première équation divisée par 2 donne $\quad x-y=\dfrac{a}{2}.$

En remplaçant dans la seconde $x-y$ par $\dfrac{a}{2}$, il vient :

$$2y-\frac{a}{2}=a,$$

d'où
$$y=\frac{3a}{4},$$

et par suite
$$x=\frac{5a}{4}.$$

II. *Trouver les deux dimensions d'un rectangle dont le périmètre a 420 mèt., sachant qu'il est semblable à un second rectangle ayant 40 mèt. de base et 30 de hauteur.*

En appelant x et y les dimensions cherchées, on aura, puisque les rectangles sont semblables :

$$x+y=210$$
$$\frac{x}{40}=\frac{y}{30}.$$

La seconde équation étant formée de deux rapports égaux,

ajoutons lés numérateurs entre eux et les dénominateurs aussi entre eux, et nous aurons un nouveau rapport égal à chacun des premiers (n° 60) :

$$\frac{x+y}{70} = \frac{x}{40} = \frac{y}{30} \, ;$$

or $x+y=210$,

donc

$$\frac{210}{70} = \frac{x}{40} = \frac{y}{30}.$$

En égalant le premier rapport à chacun des deux autres, on trouve immédiatement :

$$x = 120 \quad \text{et} \quad y = 90.$$

III. *Décrire des sommets d'un triangle comme centres, trois circonférences tangentes entre elles extérieurement.*

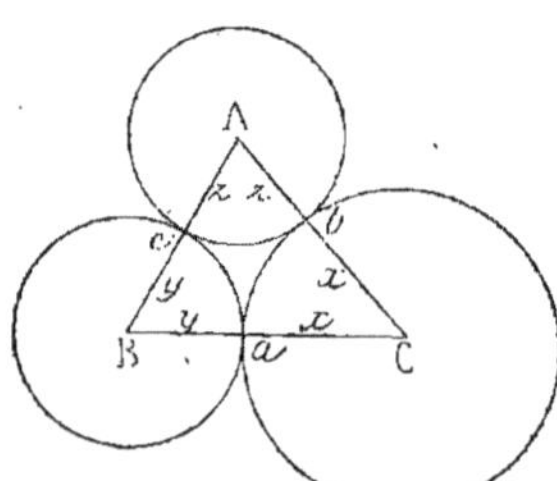

Supposons le problème résolu et soient A, B, C les trois circonférences.

Apppelons x, y, z, leurs rayons, a, b, c, les côtés du triangle et p le demi-périmètre, on aura :

$$x+y=a$$
$$x+z=b$$
$$y+z=c.$$

Additionnons ces trois équations, on trouve :

$$2x+2y+2z = a+b+c \quad \text{ou} \quad 2p.$$

Divisons les deux membres par 2

$$x+y+z=p.$$

Si de cette dernière équation on retranche successivement chacune des trois premières, on trouve :

$$z=p-a, \quad y=p-b, \quad x=p-c.$$

§ V. — Des inégalités.

85. Une *inégalité* est l'expression de deux quantités dont l'une est plus grande que l'autre.

EXEMPLE. $5x+4 > 4x+2$

Le premier membre d'une inégalité est la quantité placée à gauche du signe $>$ ou $<$; le second, la quantité placée à droite.

On peut faire sur les inégalités la plupart des transformations qu'on fait subir aux équations.

1° On peut, sans troubler une inégalité, augmenter ou diminuer ses deux membres d'une même quantité.

En effet, si on a $\qquad m > n,$
on aura aussi

$$m + p > n + p, \quad \text{et} \quad m - p > n - p,$$

car la différence qu'il y a entre m et n existera encore lorsqu'on aura augmenté ou diminué de p ses deux membres.

Il résulte de là qu'on peut faire passer un terme d'un des membres d'une inégalité dans l'autre, en ayant soin de changer son signe. Cependant on ne peut changer les signes de tous les termes d'une inégalité qu'autant qu'on change le sens de cette inégalité.

Soit l'inégalité $\qquad 9 > 4,$

Si nous changeons les signes, les deux termes deviennent négatifs, et on sait (n° 18) qu'un nombre négatif est d'autant plus petit que sa valeur, abstraction faite du signe, est plus grande ;
il faut donc écrire : $\qquad -9 < -4.$

2° On peut, sans troubler une inégalité, multiplier ou diviser tous ses termes par un même nombre positif ; car si deux quantités sont inégales, leur double, leur triple, leur moitié, leur dixième, etc., sont inégaux.

Mais si l'on multiplie ou si l'on divise tous les termes d'une inégalité par un nombre *négatif*, il faut avoir soin de changer le sens de l'inégalité.

3° On peut additionner membre à membre plusieurs inégalités de même sens, et on a encore une inégalité de même sens que celles sur lesquelles on a opéré ; car les membres de gauche étant, par exemple, plus grands que les membres de droite, la somme des premiers sera encore plus grande que celle des derniers.

Mais si l'on additionne des inégalités de sens contraire, on ne peut pas savoir de quel sens sera l'inégalité résultante, ni même si le résultat exprimera une inégalité.

On ne peut pas non plus soustraire l'une de l'autre deux inégalités de même sens.

4° On peut élever au carré les deux membres d'une inégalité ou en extraire la racine carrée, lorsque ces membres sont essentiellement positifs ; car si le premier membre est plus grand que le second, son carré sera aussi plus grand que celui du second ; il en sera de même de sa racine carrée.

I. *Trouver un nombre entier tel que ses $\frac{3}{5}$ diminués de 12, soient plus grands que sa moitié augmentée de 2.*

Soit x ce nombre. On aura d'après l'énoncé :

$$\frac{3x}{5} - 12 > \frac{x}{2} + 2 ;$$

chassons les dénominateurs :

$$6x - 120 > 5x + 20$$

ou
$$x > 140.$$

Ainsi tous les nombres entiers plus grands que 140 satisfont à l'énoncé.

II. *Quels sont les nombres entiers, positifs ou négatifs, qui peuvent satisfaire aux deux inégalités suivantes :*

$$5x - 6 > 3x - 14$$

$$\frac{7x + 6}{2} < x + 12.$$

De la première, on tire : $x > -4$

et de la seconde, $x < \frac{18}{5}$ ou $3 + \frac{3}{5}$.

Les nombres demandés seront donc :

$$-3 - 2 - 1 \, . \, 0 \, . \, 1 \, . \, 2 \, . \, 3 \, .$$

car ils sont tous compris entre -4 et $+3\frac{3}{5}$.

§ VI. — Interprétation des valeurs négatives trouvées dans la résolution d'un problème.

86. La résolution d'un problème conduit quelquefois à une valeur négative ; on peut dire alors, d'une manière générale, qu'il y a incompatibilité entre les conditions de l'énoncé, et que le problème est impossible. Cependant il est certaines grandeurs, la durée, l'espace, les degrés de température, etc., *qui sont susceptibles d'être comptées dans deux sens inverses l'un de l'autre ;* dans ces cas, une solution négative indique que la va-

leur trouvée pour réponse doit être prise dans un sens inverse de celui dans lequel on l'avait considérée, sauf le cas où la question posée ne comporte pas une solution de ce genre.

On sait par exemple que le zéro de l'échelle des thermomètres usités en France correspond à la température de la glace fondante, et que les divisions placées au-dessus du zéro, sur l'échelle, indiquent des températures supérieures, tandis que celles marquées au-dessous désignent des températures inférieures. Une valeur négative, telle que —6°, trouvée pour un problème, signifie donc qu'il faut prendre 6 divisions *au-dessous* du zéro et non au-dessus. De même, s'il s'agit de la durée, et que la solution d'un problème ait donné une réponse négative, —14 ans par exemple, il faudra compter 14 ans avant l'époque prise pour origine dans l'évaluation de la durée.

87. L'espace aussi peut être compté dans les deux sens; si l'on convient de regarder comme *positives* les distances parcourues de *gauche à droite* sur une ligne indéfinie xy, à partir d'un point 0 pris pour origine, on regardera comme *négatives* les distances parcourues de *droite à gauche*, à partir de ce même point.

$$x \text{————————} \underset{0}{|} \text{————————} y$$

88. Il faut aussi se rappeler que les signes $+$ ou $-$ indiquant une addition ou une soustraction à effectuer, ce n'est que par extension qu'on a appelé positive une quantité précédée du signe $+$, et négative une quantité précédée du signe $-$. Il est donc nécessaire de distinguer dans une quantité algébrique la valeur absolue et la valeur relative. La valeur absolue est la quantité prise en elle-même, sans tenir compte de son signe; la valeur relative est la quantité prise avec son signe. Ainsi —4 a pour valeur absolue 4 unités, et pour valeur relative 4 unités qu'il faut retrancher; de même $+m$ a pour valeur absolue m qui peut être positive ou négative, suivant que cette lettre représente un nombre positif ou un nombre négatif, et sa valeur relative est m à ajouter.

Nous allons résoudre quelques problèmes donnant lieu à des solutions négatives.

I. *Un bassin est muni de 3 robinets; le premier le remplirait seul en 8 heures, le deuxième le remplirait seul aussi en*

12 heures, mais le troisième le viderait en 3 heures : on ouvre les 3 robinets à la fois et on demande en combien de temps le bassin sera plein.

Représentons par x le temps cherché et par 1 la capacité du bassin.

Le 1er robinet remplira en 1 heure $\dfrac{1}{8}$ du bassin.

Le 2e remplira dans le même temps $\dfrac{1}{12}$ »

Le 3e videra en 1 heure $\dfrac{1}{3}$ »

Retranchant la 3e fraction de la somme des deux autres, on aura :

$$\frac{1}{8}+\frac{1}{12}-\frac{1}{3}$$

pour la partie du bassin remplie en 1 heure. En multipliant ce résultat par x, on obtiendra l'équation :

$$\left(\frac{1}{8}+\frac{1}{12}-\frac{1}{3}\right)x=1,$$

ou
$$(3+2-8)x=24$$
$$-3x=24$$
$$x=\frac{24}{-3}=-8 \text{ heures.}$$

Cette solution négative indique que le problème est impossible. Il existe, en effet, une incompatibilité dans les conditions de l'énoncé, car la somme des deux fractions $\dfrac{1}{8}+\dfrac{1}{12}$ ou $\dfrac{5}{24}$, est moindre que $\dfrac{1}{3}$ ou $\dfrac{8}{24}$: ainsi le bassin ne se remplira jamais, les deux premiers robinets donnant moins de liquide que n'en peut laisser écouler le troisième.

Le problème deviendra possible si on en modifie l'énoncé comme il suit :

Un bassin est muni de 3 robinets ; le premier le remplirait seul en 8 heures, le deuxième le remplirait en 12 heures, mais le troisième le viderait en 3 heures. On demande dans combien de temps le bassin supposé plein sera vide.

L'équation est alors :

$$\left(\frac{1}{3} - \frac{1}{8} - \frac{1}{12}\right) x = 1 ,$$

d'où on tire

$$x = 8 \text{ heures.}$$

II. *Un père a 39 ans et son fils en a 15 : dans combien de temps l'âge du père sera-t-il triple de celui de son fils ?*

Soit x le temps cherché ; après x années l'âge du père sera $39 + x$, et celui du fils $15 + x$.

Donc :
$$39 + x = 3(15 + x)$$
$$39 + x = 45 + 3x$$
$$- 6 = 2x$$
$$x = - 3 \text{ ans.}$$

Ici la réponse négative — 3 ans indique que le temps demandé ne se trouvera pas dans l'avenir, mais qu'il faut le chercher dans le passé. En effet, il y a 3 ans que le père avait 3 fois l'âge du fils ; car à cette époque le premier avait 36 ans et le second 12.

L'énoncé, modifié comme il suit, fournit une solution positive.

Un père a 39 ans et son fils 15 : combien y a-t-il de temps que l'âge du premier était le triple de celui du second ?

En posant
$$39 - x = 3(15 - x),$$
on trouve
$$x = 3 \text{ ans.}$$

III. *Deux voyageurs dont l'un fait 18 kilom. à l'heure, et l'autre 12, partent en même temps, le premier de Paris, le second d'Orléans, se rendant à Toulouse : à quelle distance de Limoges se rencontreront-ils, sachant que de Paris à Orléans il y a 120 kilom., et que d'Orléans à Limoges on en compte 280 ?*

Appelons x cette distance que nous supposerons située au delà de Limoges, sur la route de Toulouse, et soit R le point de rencontre.

```
P        120        O         280         L    x    R        T
|------------------|---------------------|----------|--------|
```

Le courrier qui part de Paris fera
$$120 + 280 + x \text{ kilom.}$$
celui qui part d'Orléans fera
$$280 + x \text{ kilom.}$$

Le temps employé par le premier courrier sera

$$\frac{120+280+x}{18}$$

et celui employé par le second,

$$\frac{280+x}{12};$$

Or ces temps sont égaux, puisque les courriers partent à la même heure ; on aura donc l'équation :

$$\frac{120+280+x}{18}=\frac{280+x}{12};$$

d'où $\qquad\qquad x=-40$ kilomètres.

Cette réponse négative indique que les courriers se rencontreront 40 kilomètres en deçà de Limoges et non au delà.

L'énoncé du problème, modifié comme il suit, donnera une solution positive :

Deux voyageurs, dont l'un fait 18 *kilom. à l'heure et l'autre* 12, *partent en même temps, le premier de Paris, le second d'Orléans, se rendant à Toulouse : à quelle distance en avant de Limoges se rencontreront-ils, sachant que de Paris à Orléans il y a* 120 *kilom., et que d'Orléans à Limoges on en compte* 280 ?

L'équation sera :

$$\frac{120+280-x}{15}=\frac{280-x}{12},$$

de laquelle on tire $\qquad\qquad x=40$ kilomètres.

89. **Remarque.** Les exemples qui précèdent suffisent pour montrer : 1º qu'une solution négative indique souvent que la grandeur trouvée doit être prise dans un sens inverse de celui dans lequel on l'avait prise dans l'énoncé de la question ; 2º qu'une solution négative peut aussi indiquer l'impossibilité de satisfaire à l'énoncé d'un problème qui renferme des conditions incompatibles.

90. **En général**, lorsqu'on a obtenu une réponse négative pour la solution d'un problème, il faut :

1º *Regarder si la grandeur trouvée peut être comptée dans un sens contraire à celui dans lequel on l'a considérée dans la mise en équation ;*

2° S'assurer que l'on n'a point fait d'hypothèse douteuse, et, si on en avait fait, rectifier l'équation ;

3° Voir enfin si l'énoncé du problème ne renferme pas quelque incompatibilité dans le sens des conditions données.

Dans ce dernier cas, on change, dans l'équation, les signes de l'inconnue dont la valeur a été trouvée négative, et on fait un nouvel énoncé en tenant compte de ce changement. Cet énoncé donne lieu à une équation différant très-peu de la première, mais dans laquelle l'inconnue aura une valeur positive.

§ VII. — De divers cas d'impossibilité.

91. Une impossibilité dans la résolution d'un problème n'est pas toujours indiquée par une réponse négative ; elle peut souvent se présenter sous d'autres formes qu'il est bon de faire connaître.

EXEMPLE. *Trouver un nombre tel que sa moitié, augmentée de 6, égale deux fois son quart augmenté de 4.*

Soit x ce nombre ; on a d'après l'énoncé :

$$\frac{x}{2} + 6 = 2\left(\frac{x}{4} + 4\right) \qquad (1)$$

$$\frac{x}{2} + 6 = \frac{x}{2} + 8 \qquad (2)$$

$$x + 12 = x + 16$$

$$x - x = 4 \quad \text{ou} \quad x(1 - 1) = 4,$$

ou enfin
$$0 \times x = 4. \qquad (3)$$

Ici l'impossibilité est manifeste, car il n'y a pas de nombre qui, multiplié par zéro, donne 4. Cette impossibilité apparaissait déjà dans l'équation (2). En effet, si dans cette équation nous retranchons $\frac{x}{2}$ des deux membres, on trouve $6 = 8$, ce qui est absurde.

92. REMARQUE. L'équation (3) peut s'écrire

$$x = \frac{4}{0} ;$$

or, lorsqu'une quantité finie est divisée successivement par des nombres de plus en plus petits, les quotients obtenus sont de plus en plus grands; donc, en divisant une quantité par zéro, qui est l'infiniment petit, on aura un quotient infiniment grand.

L'expression $x = \dfrac{4}{0}$ indique donc l'*infiniment grand* et se représente par le symbole ∞.

AUTRE EXEMPLE. *Trouver deux nombres tels que deux fois le premier moins 3 fois le second égale* 15, *et que* 4 *fois le premier moins* 6 *fois le second égale* 42.

On a d'après l'énoncé :

$$2x - 3y = 15$$
$$4x - 6y = 42.$$

De la première équation on tire

$$x = \frac{15 + 3y}{2}.$$

Cette valeur portée à la place de x dans la seconde équation donne

$$\frac{4(15 + 3y)}{2} - 6y = 42,$$

d'où

$$30 = 42, \quad \text{résultat absurde.}$$

Les équations du problème sont, en effet, incompatibles; car si l'on prend la moitié de la seconde il vient :

$$2x - 3y = 21 ;$$

cette équation et la première ont les premiers membres égaux, tandis que les seconds ne le sont pas.

§ VIII. — De l'indétermination.

93. Un problème est *déterminé* lorsque son énoncé fournit *autant d'équations différentes* qu'il renferme d'inconnues; s'il fournit moins d'équations qu'il n'a d'inconnues, il est *indéterminé*.

Soit à résoudre la question suivante :

Trouver deux nombres tels que la différence entre le double du premier et le triple du second soit 40.

En appelant x et y les nombres demandés, on a l'équation :

$$2x - 3y = 40,$$

d'où

$$x = \frac{40 + 3y}{2}.$$

Si l'on donne à y des valeurs quelconques 1, 2, 3, 4..., on trouve successivement

$$x = \frac{43}{2}, \quad x = 23, \quad x = \frac{49}{2}, \quad x = 26...$$

Il y a donc une infinité de solutions, et le problème est indéterminé.

94. Il est cependant certains problèmes indéterminés dont les conditions de l'énoncé sont telles que le nombre des solutions est restreint; tel est le suivant :

Faire la longueur du mètre en ajoutant les unes à la suite des autres des pièces de 10 centimes et de 5 centimes, les diamètres de ces pièces étant 30 et 25 millimètres.

En appelant x le nombre des pièces de 10 centimes et y celui des pièces de 5 centimes, on a l'équation :

$$30x + 25y = 1000$$

ou, en divisant les deux membres par 5,

$$6x + 5y = 200. \tag{1}$$

De cette équation on tire :

$$x = \frac{200 - 5y}{6}; \tag{2}$$

La nature de la question exige que x et y ne soient pas nuls, et, de plus, que les valeurs de ces inconnues soient entières; le nombre des solutions est donc restreint. Pour trouver ces solutions, mettons l'équation (2) sous la forme

$$x = \frac{200}{6} - \frac{5y}{6}, \quad \text{ou} \quad x = 33 + \frac{2}{6} - \frac{5y}{6}; \tag{3}$$

or la valeur de x ne sera entière qu'autant que l'expression $\frac{2 - 5y}{6}$ le sera; posons donc :

$$\frac{2 - 5y}{6} = v, \quad v \text{ étant un nombre entier.}$$

L'équation (3) peut alors s'écrire :

$$x = 33 + v. \tag{4}$$

L'équation $\dfrac{2-5y}{6}=v$, résolue par rapport à y donne

$$y=\frac{2-6v}{5}=-v+\frac{2}{5}-\frac{v}{5}. \qquad (5)$$

La valeur de y devant être entière, il faut que l'expression $\dfrac{2-v}{5}$ le soit aussi ; écrivons donc

$$\frac{2-v}{5}=t, \quad t \text{ étant un nombre entier.}$$

Et l'équation (5) devient :

$$y=-v+t. \qquad (6)$$

L'équation $\dfrac{2-v}{5}=t$ résolue par rapport à v donne :

$$v=2-5t, \text{ expression entière.}$$

Cette valeur de v, portée dans les équations (4) et (6) donne :

$$x=33+2-5t=35-5t \qquad (7)$$
$$y=-2+5t+t=6t-2. \qquad (8)$$

Puisque x et y doivent être plus grands que 0, posons :

$$35-5t>0 ; \quad \text{d'où} \quad t<7,$$
$$6t-2>0 ; \quad \text{d'où} \quad t>\frac{1}{3}.$$

Ainsi t devant être un nombre entier plus grand que $\dfrac{1}{3}$ et plus petit que 7, vaudra 1, 2, 3, 4, 5 et 6.

Portant ces valeurs dans chacune des équations (7) et (8), on trouve :

Pour $t=$	1	2	3	4	5	6,
$x=$	30	25	20	15	10	5,
$y=$	4	10	16	22	28	34.

On peut vérifier que les valeurs correspondantes de x et de y fournissent une solution de la question. Et le problème, bien qu'étant indéterminé, n'a que 6 solutions.

95. L'indétermination ne se manifeste pas seulement lorsque l'énoncé d'un problème fournit moins d'équations qu'il ne renferme d'inconnues ; elle peut encore avoir lieu lorsqu'on a trouvé autant d'équations que l'énoncé a d'inconnues. Exemple :

Quel est le nombre qui, étant diminué de sa moitié et de 8, égale 4 fois son huitième diminué de 2?

On a d'après l'énoncé :

$$x - \frac{x}{2} - 8 = 4\left(\frac{x}{8} - 2\right).$$

Résolvant cette équation on trouve :

$$8x - 4x - 64 = 4x - 64 \qquad (1)$$
$$8x - 8x = 64 - 64 \qquad (2)$$
$$0 \times x = 0$$
$$x = \frac{0}{0}.$$

Ces formes $0 \times x = 0$, $0 = 0$, $x = \frac{0}{0}$, sont celles de l'*indétermination* ; car un nombre quelconque, multiplié par zéro, donne zéro ; le problème proposé a donc une infinité de solutions. On ne sera pas étonné d'un tel résultat si on remarque, comme le montre l'équation (2), que l'égalité fournie par l'énoncé est *une identité*.

96. **Remarque.** **I.** Lorsque dans la résolution de 2 ou 3 etc. équations à 2 ou 3 inconnues, on arrive à ce symbole $x \times 0 = 0$ ou $x = \frac{0}{0}$, on peut être certain qu'une des équations se reproduit deux fois sous deux formes différentes.

Exemple. *Trouver deux nombres tels que 2 fois le premier moins 3 fois le second donne 5, et que 10 fois le premier, moins 25, égale 15 fois le second.*

On a :

$$2x - 3y = 5$$
$$10x - 25 = 15y.$$

Isolons x dans la première équation :

$$x = \frac{5 + 3y}{2}.$$

Cette valeur de x portée dans la seconde donne

$$\frac{10(5 + 3y)}{2} - 25 = 15y$$
$$50 + 30y - 50 = 30y$$
$$0 = 0.$$

Il y a indétermination. On voit, en effet, que la seconde équation qu'on peut écrire : $10x - 15y = 25$, n'est autre que la première qui a été multipliée par 5.

97. II. Le symbole $x = \dfrac{0}{0}$, ou $0 = 0$ n'indique pas tou-jours une indétermination absolue, car il peut arriver qu'une expression fractionnaire prenne cette forme pour *certaines va-leurs de l'inconnue* et non pour d'autres, et cela parce qu'il y a au numérateur et au dénominateur un facteur commun qui devient nul pour les valeurs en question. En supprimant ce facteur, on lève l'indétermination.

Soit la fraction $$x = \frac{3y - 6}{4y - 8};$$

elle devient $x = \dfrac{0}{0}$ quand on fait $y = 2$.

Mais cette fraction peut s'écrire :
$$x = \frac{3(y-2)}{4(y-2)}.$$

Si l'on supprime le facteur $y - 2$, commun aux deux termes, on trouve $$x = \frac{3}{4}.$$

Soit encore la fraction $y = \dfrac{5x - 15}{(x-3)^2}$,

elle devient $y = \dfrac{0}{0}$, pour $x = 3$.

Mais on peut la mettre sous la forme :
$$y = \frac{5(x-3)}{(x-3)^2},$$

alors en supprimant le facteur $x - 3$ commun aux deux termes, on trouve $$y = \frac{5}{x - 3}$$

qui devient infinie pour $x = 3$.

§ IX. — Discussion de l'équation générale et des problèmes du premier degré à une inconnue.

98. Une équation du premier degré à une inconnue peut tou-jours être ramenée à la forme :
$$ax = b, \quad \text{d'où} \quad x = \frac{b}{a},$$

dans laquelle les lettres a et b tiennent la place de valeurs connues, positives ou négatives, ou même nulles; chacune d'elles pouvant d'ailleurs représenter un polynôme. C'est cette valeur de x que nous allons discuter.

1° Supposons le quotient $\dfrac{b}{a}$ *positif*. Alors si a et b ne sont pas nuls, on a pour x une valeur et une seule qui satisfait l'équation.

Si b est nul sans que a le soit, on a $x = \dfrac{0}{a} = 0$. Cette valeur satisfait l'équation.

Si a est nul sans que b le soit, on a $x = \dfrac{b}{0} = \infty$ ou l'infini (n° 92). Dans ce cas l'équation n'est satisfaite par aucune valeur finie, et les conditions de l'énoncé sont généralement incompatibles. Cependant, en géométrie, comme nous le verrons bientôt, ce symbole indique le *parallélisme*.

Enfin, si a et b sont nuls en même temps, on a $x = \dfrac{0}{0}$; il y a indétermination, et l'équation est généralement satisfaite par toutes les valeurs que l'on voudra (n° 95);

2° Supposons le quotient $\dfrac{b}{a}$ *négatif*. Alors l'équation est satisfaite par la valeur trouvée; mais le problème est généralement impossible, à moins qu'il ne s'agisse de grandeurs susceptibles d'être comptées dans les deux sens, auquel cas on fera comme il a été dit au n° 90.

PROBLÈMES. I. *On donne deux cercles dans lesquels on mène deux rayons parallèles* R *et* r *de même sens et dans une direction quelconque; les extrémités* C *et* D *de ces rayons étant jointes par une droite* CD, *trouver à quelle distance du point* A *cette droite rencontrera la ligne des centres, sachant que la longueur* AB = a.

Appelons x la longueur AP; les triangles semblables ADP, BCP donnent :

$$\frac{R}{r} = \frac{x}{x-a},$$

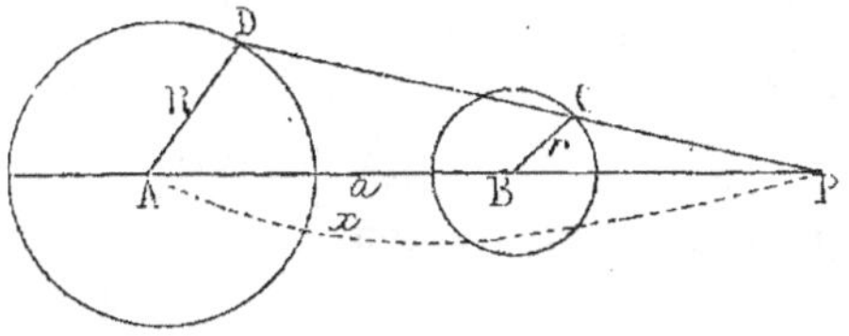

d'où

$$x = \frac{aR}{R-r}.$$

Discutons cette formule.

Remarquons d'abord que, pour deux circonférences données

de grandeur et de position, la rencontre se fera toujours à la même distance du point **A**, quelle que soit la direction des deux rayons; car, les quantités a, r et R étant invariables, le quotient $\dfrac{a\mathrm{R}}{\mathrm{R}-r}$ aura toujours la même valeur.

Supposons maintenant que a, r et R puissent varier.

Si on a $\mathrm{R} > r$, la valeur de x sera positive, et la rencontre se fera à droite du point **A**.

Si on a $\mathrm{R} = r$, $x = \dfrac{a\mathrm{R}}{0} = \infty$ et la droite DC ne rencontrera pas la ligne des centres. On voit ici que le symbole ∞ indique le parallélisme.

Si on a $\mathrm{R} < r$, la valeur de x est négative, et la rencontre se fait à gauche du point **A**.

Si $a = 0$, le produit $a\mathrm{R}$ est nul, et $x = \dfrac{0}{\mathrm{R}-r} = 0$, alors la rencontre a lieu au point **A**. En effet les deux cercles sont concentriques, et les rayons, étant parallèles, sont placés l'un sur l'autre.

Enfin si on a $\mathrm{R} = 0$ et $r = 0$, la valeur de x prend la forme $\dfrac{0}{0}$ et le problème est indéterminé : résultat qu'on pouvait prévoir, car les rayons étant nuls, la droite qui joint leurs extrémités n'est autre que la ligne des centres; la rencontre a donc lieu sur tous les points de cette ligne.

II. *On a un lingot d'argent pesant* n *grammes au titre* t ; *on demande combien il faudra y ajouter de grammes d'un second lingot au titre* t', *pour que l'alliage obtenu soit au titre* t".

Appelons x le poids demandé; $t'x$ sera l'argent pur contenu dans les x grammes enlevés au deuxième lingot, nt sera l'argent pur contenu dans le premier lingot, $n + x$ exprimera le poids total du lingot obtenu, et l'argent pur de ce lingot sera $(n+x)t''$.

Or, cet argent doit égaler celui qui est contenu dans le premier lingot, plus celui qui est contenu dans la partie enlevée du second; on aura donc l'équation :

$$t'x + nt = (n+x)t''.$$

En la résolvant, on trouve :

$$x = \frac{(t-t'')n}{t''-t'}.$$

Discussion. En général le problème ne sera possible que si la valeur de x est positive, ce qui exige que le titre nouveau t'' soit intermédiaire entre les titres t et t' des lingots. Cette condition étant remplie, t peut être plus grand ou plus petit que t'. Dans le premier cas, le numérateur et le dénominateur sont positifs; dans le second, le numérateur et le dénominateur sont négatifs, mais le quotient est toujours positif.

Si on a $t = t'$, t'' étant intermédiaire entre les deux titres, vaudra t ou t'; le numérateur et le dénominateur étant nuls, la valeur de x prendra la forme $x = \dfrac{0}{0}$; il y aura indétermination.

Ce résultat était facile à prévoir; car, si les titres sont les mêmes, on peut prendre telle fraction qu'on voudra de chacun des deux lingots, et l'alliage obtenu aura toujours le même titre.

Si on a $t'' = t$, la valeur de x est $\dfrac{0}{t'' - t'}$ ou zéro; ce qui indique qu'il ne faudra rien prendre du second lingot.

Enfin, si on a $t'' = t'$, $x = \dfrac{(t - t'')n}{0} = \infty$, le problème est impossible.

III. *Un père partage son bien entre ses enfants de la manière suivante : il donne au premier* a *francs plus les* $\dfrac{n}{m}$ *du reste; il donne au second* 2a *fr. plus les* $\dfrac{n}{m}$ *du reste; au troisième* 3a *fr. plus les* $\dfrac{n}{m}$ *du reste, et ainsi de suite. En supposant les parts égales, on demande : 1° la valeur du bien ; 2° la part de chaque enfant; 3° le nombre d'enfants.*

Soit x le bien.
Le premier enfant aura :

$$a + (x - a)\frac{n}{m}.$$

Le second aura : $2a$ plus les $\dfrac{n}{m}$ du reste; or le reste sera évidemment :

$$x - a - (x - a)\frac{n}{m} - 2a$$

ou

$$x - 3a - \frac{nx}{m} + \frac{an}{m};$$

les $\dfrac{n}{m}$ du reste seront :

$$\frac{nx}{m} - \frac{3an}{m} - \frac{n^2 x}{m^2} + \frac{an^2}{m^2},$$

la part du second sera donc :

$$2a + \frac{nx}{m} - \frac{3an}{m} - \frac{n^2 x}{m^2} + \frac{an^2}{m^2}.$$

Puisque les parts sont égales, on aura l'équation :

$$a + (x-a)\frac{n}{m} = 2a + \frac{nx}{m} - \frac{3an}{m} - \frac{n^2 x}{m^2} + \frac{an^2}{m^2};$$

chassons les parenthèses et les dénominateurs

$$am^2 + mnx - amn = 2am^2 + mnx - 3amn - n^2 x + an^2,$$

d'où

$$x = \frac{a}{n^2}(m^2 + n^2 - 2mn) = a\left(\frac{m-n}{n}\right)^2. \qquad (1)$$

Le bien étant connu, on obtiendra la part d'un enfant en remplaçant x par sa valeur dans l'expression

$$a + (x-a)\frac{n}{m}.$$

On trouve successivement :

$$a + \frac{nx}{m} - \frac{an}{m}$$

$$a + \frac{an}{m}\left(\frac{m-n}{n}\right)^2 - \frac{an}{m}$$

$$a + \frac{an}{m}\left(\frac{m^2 + n^2 - 2mn}{n^2}\right) - \frac{an}{m}$$

$$\frac{amn + am^2 + an^2 - 2amn - an^2}{mn}$$

$$\frac{am^2 - amn}{mn} \qquad \text{ou} \qquad \frac{a(m-n)}{n}. \qquad (2)$$

Enfin, le nombre d'enfants s'obtiendra en divisant le bien par la portion de chaque enfant; on aura donc

$$\frac{a\left(\dfrac{m-n}{n}\right)^2}{a\left(\dfrac{m-n}{n}\right)};$$

si l'on supprime le facteur $a\left(\dfrac{m-n}{n}\right)$ commun au numérateur et au dénominateur, on trouve $\dfrac{m-n}{n}$. $\hspace{2em}$ (3)

DISCUSSION. La formule (3) indiquant le nombre d'enfants est nécessairement positive et entière; mettons-la sous la forme

$$\frac{m}{n}-\frac{n}{n} \quad \text{ou} \quad \frac{m}{n}-1.$$

Cette expression ne sera entière et positive que si m est un multiple de n. Nous pouvons donc conclure que la quantité $\dfrac{m}{n}$ réduite à sa plus simple expression aura l'unité pour dénominateur.

Avec cette condition, et en représentant $\dfrac{m}{n}$ par n', les formules (1), (2) et (3) deviennent

$$a(n'-1)^2; \quad a(n'-1); \quad n'-1.$$

§ X. — Formules générales pour la résolution de deux équations du 1er degré à deux inconnues.

99. Deux équations du premier degré à deux inconnues peuvent toujours être ramenées à la forme

$$ax + by = c \hspace{4em} (1)$$
$$a'x + b'y = c'. \hspace{4em} (2)$$

les quantités a, b, c, a', b', c', représentant des valeurs connues positives ou négatives, ou même nulles.

Multiplions les deux membres de la première par b' et ceux de la seconde par b, on obtient en retranchant la seconde de la première :

$$ab'x + bb'y - a'bx - bb'y = cb' - bc',$$

d'où

$$x = \frac{cb' - bc'}{ab' - ba'}. \hspace{3em} (3)$$

Multiplions encore les deux membres de la première par a' et ceux de la seconde par a, et retranchons la première de la seconde :

$$aa'x + ab'y - aa'x - a'by = ac' - ca',$$

d'où

$$y = \frac{ac' - ca'}{ab' - ba'}. \tag{4}$$

100. En examinant les formules (3) et (4), on voit que pour former le dénominateur, qui est le même dans les deux cas, *on permute les deux lettres* a *et* b *et on obtient* áb, ba; *on met le signe moins entre les deux termes et on accentue la dernière lettre de chaque terme.* Pour former le numérateur de x, *on remplace, dans le dénominateur,* a *et* a′, *coefficients de* x, *par* c *et* c′, *quantités connues.*

Pour former le numérateur de y, *on remplace, dans le dénominateur,* b *et* b′, *coefficients de* y, *par* c *et* c′, *quantités connues.*

101. Discussion. 1° *Le dénominateur n'est pas nul.*

Alors il y a toujours pour x et pour y une valeur, et une seule, qui est nulle si le numérateur est zéro.

2° *Le dénominateur est nul sans qu'aucune des quantités* a, a′, b, b′, c, c′, *le soient.*

alors de $$ab' - ba' = 0$$
on tire

$$a' = \frac{ab'}{b}.$$

Cette valeur, mise à la place de a' dans le numérateur de l'équation (4), donne

$$ac' - \frac{cab'}{b} \quad \text{ou} \quad \frac{abc' - cab'}{b}$$

ou

$$\frac{a}{b}(bc' - cb'),$$

et en changeant les signes des deux facteurs

$$-\frac{a}{b}(cb' - bc').$$

D'où l'on voit que ce numérateur est égal à celui de l'équation (3) multiplié par $-\frac{a}{b}$. Si donc le numérateur de la troisième est nul, il en sera de même de celui de la quatrième; s'il n'est pas nul, celui de la quatrième ne le sera pas non plus.

Donc, *lorsque le dénominateur est nul, les numérateurs ne sont nuls ni l'un ni l'autre ou sont nuls tous les deux en même temps.* Dans le premier cas, les valeurs de x et de y prennent la forme $x = \dfrac{A}{0}$, $y = \dfrac{B}{0}$, et il y a impossibilité; les équations proposées sont en effet incompatibles, car la valeur $a' = \dfrac{ab'}{b}$ mise à la place de a' dans l'équation (2) donne

$$\frac{ab'x}{b} + b'y = c',$$

d'où

$$ax + by = \frac{bc'}{b'};$$

cette équation et l'équation (1) ayant les premiers membres identiques sans que les seconds le soient, *sont incompatibles.*

Dans le second cas, les valeurs de x et de y prennent la forme :

$$x = \frac{0}{0}, \qquad y = \frac{0}{0},$$

et il y a indétermination.

Mais les conditions $ab' - ba' = 0$, ou $ab' = ba'$ donnent

$$\frac{a}{a'} = \frac{b}{b'};$$

et $\qquad cb' - bc' = 0$, ou $cb' = bc'$ donnent aussi

$$\frac{c}{c'} = \frac{b}{b'},$$

d'où

$$\frac{a}{a'} = \frac{b}{b'} = \frac{c}{c'} = k,$$

k étant la valeur des rapports égaux.

On tire de là $a = a'k$, $b = b'k$, $c = c'k$; portant ces valeurs dans l'équation (1), il vient :

$$a'kx + b'ky = c'k,$$

d'où

$$k(a'x + b'y) = kc'.$$

Les deux équations rentrent donc l'une dans l'autre, car la seconde n'est autre que la première multipliée par une quantité constante k. C'est ce qui explique l'indétermination.

Les rapports $\dfrac{a}{a'} = \dfrac{b}{b'} = \dfrac{c}{c'} = k$ prouvent que *lorsqu'il y a indétermination, les coefficients de* x *et de* y *et les termes connus forment une suite de rapports égaux.*

3° *Un des numérateurs, celui de* x *par exemple, est nul, sans que l'autre numérateur ni le dénominateur commun le soient.*

Dans ce cas $x = \dfrac{0}{ab' - ba'}$, ou zéro; mais la valeur

$$c' = \dfrac{cb'}{b},$$

tirée de la supposition $cb' - bc' = 0$, mise à la place de c' dans l'équation (4), donne pour son numérateur :

$$\dfrac{acb'}{b} - ca' \quad \text{ou} \quad \dfrac{c}{b}(ab' - ba'),$$

et la valeur de y sera :

$$y = \dfrac{c}{b}\left(\dfrac{ab' - ba'}{ab' - ba'}\right) = \dfrac{c}{b}.$$

Si la quantité c était nulle, la valeur de y serait zéro, comme celle de x; mais la valeur $c = 0$, mise dans l'expression $c' = \dfrac{cb'}{b}$, donne aussi $c' = 0$.

Donc, *lorsqu'un des numérateurs est nul, une seule inconnue,* x *par exemple, a une valeur nulle; l'autre inconnue est égale à* $\dfrac{c}{b}$. *Elle serait elle-même nulle si de plus* c *ou* c' *était égal à zéro; car* c *et* c' *sont nuls en même temps.*

Faisons une application des formules générales.

I. *On a du blé de deux qualités; quand on mêle 4 mesures de la première et 2 de la seconde, la mesure vaut 22 fr., et quand on mêle 2 mesures de la première et 4 de la seconde, la mesure vaut 20 fr. : trouver le prix de ces deux qualités de blé.*

Soient x le prix de la première qualité et y celui de la deuxième, on a :

$$4x + 2y = 6 \times 22 \quad \text{ou} \quad 132,$$
$$2x + 4y = 6 \times 20 \quad \text{ou} \quad 120.$$

Si nous appliquons les formules générales, il faut remplacer dans ces formules a par 4, b par 2, c par 132, a' par 2, b' par 4, c' par 120; on trouve :

$$x = \frac{132 \times 4 - 2 \times 120}{4 \times 4 - 2 \times 2} = 24 \text{ francs.}$$

$$y = \frac{4 \times 120 - 132 \times 2}{4 \times 4 - 2 \times 2} = 18 \text{ francs.}$$

II. *Trouver une fraction telle que si l'on ajoute 10 à son numérateur et 6 à son dénominateur sa valeur devienne égale à 1, et que si l'on retranche 6 de son numérateur et qu'on ajoute 10 à son dénominateur sa valeur devienne $\frac{1}{5}$.*

Appelons x et y le numérateur et le dénominateur, on aura :

$$\frac{x+10}{y+6} = 1 \quad \text{et} \quad \frac{x-6}{y+10} = \frac{1}{5}.$$

Faisons disparaître les dénominateurs et simplifions.

$$x - y = -4,$$

$$5x - y = 40.$$

Sous cette forme, nous pouvons appliquer les formules générales. En remplaçant dans ces formules a par 1, b par —1, c par —4, a' par 5, b' par —1 et c' par 40, on trouve :

$$x = \frac{-4(-1) - (-1)40}{1(-1) - (-1)5} = 11,$$

$$y = \frac{1 \times 40 - (-4)5}{1(-1) - (-1)5} = 15.$$

La fraction est donc $\frac{11}{15}$.

REMARQUE. Les exercices qui précèdent, le second surtout, montrent que l'emploi de la formule générale ne conduit pas plus rapidement à la solution d'un problème que la résolution directe des équations.

EXERCICES SUR LA DEUXIÈME PARTIE

1. $3x + 10 = 5x - 70.$ 2. $18x + 4 = 34x - 4.$

3. $\dfrac{3x - 16}{x} = \dfrac{5}{3}.$ 4. $\dfrac{5x - 5}{x + 1} = 3.$

5. $\dfrac{x}{2} + \dfrac{3x}{4} - \dfrac{5x}{7} = 20.$ 6. $\dfrac{x}{2} + \dfrac{x}{3} + \dfrac{x}{4} - \dfrac{x}{5} = x - 7.$

7. $\dfrac{x - 2}{3} - \dfrac{12 - x}{2} = \dfrac{5x - 36}{4} - 1.$

8. $\dfrac{5x - 2}{3} - \dfrac{x - 8}{4} = \dfrac{x + 14}{2} - 2.$

9. $3x - \left(\dfrac{x}{3} + \dfrac{5a}{6} \right) = \dfrac{2a}{5} - \dfrac{a}{3} - \left(\dfrac{a}{2} - \dfrac{5x}{3} \right).$

10. $x - \dfrac{a}{5} - \left(2x - \dfrac{a}{10} \right) = 3x - \dfrac{a}{4} + \left(4x - \dfrac{37a}{20} \right).$

11. $\dfrac{x + a}{a} - \dfrac{x + b}{b} = 1.$ 12. $\dfrac{x + m}{n} - \dfrac{x - n}{m} = 2.$

13. $\dfrac{x + 1}{x + a + b} = \dfrac{x - 1}{x + a - b}.$ 14. $\dfrac{a + b - c}{x - 1} = \dfrac{a - b + c}{x + 1}.$

15. $\dfrac{x + a - b}{a} - \dfrac{x + b - a}{b} = \dfrac{b^2 - a^2}{ab}.$

16. $\dfrac{x - 1}{x + a - b} = \dfrac{1 - x}{x - a + b} + 2.$

17. $\dfrac{x + a + b}{x + a} = \dfrac{x + a - b}{x - a} - \dfrac{a^2 + b^2}{x^2 - a^2}.$

18. $\dfrac{b - a}{x + a} + \dfrac{a}{x + b} = \dfrac{b}{x - 1}.$

19. $\dfrac{x + a^2}{(a + b - c)(a - b + c)} + \dfrac{x - b^2 - c^2}{(c - a - b)(b - a - c)} = 1.$

20. $\dfrac{\dfrac{x + 1}{x - 1} - \dfrac{x - 1}{x + 1}}{1 + \dfrac{x + 1}{x - 1}} = \dfrac{1}{2}.$

21. $\begin{aligned} 3x - y &= 1 \\ 2y - x &= 8 \end{aligned}$ 22. $\begin{aligned} 5x - 2y &= 11 \\ 3y + x &= 9 \end{aligned}$

23.
$$6x + 5y = 16$$
$$5x - 12y = -19$$

24.
$$20x - y = 5$$
$$3y - 8x = 11$$

25.
$$4x + y = 9$$
$$y - 4x = 7$$

26.
$$10x + 4y = 3$$
$$20y - 5x = 4$$

27.
$$15x - 12y = 27$$
$$12x - y = 56$$

28.
$$x - y = 1$$
$$\frac{2x}{5} + \frac{3y}{4} = 5$$

29.
$$x - 3y = 1$$
$$\frac{3x}{4} - y = 2$$

30.
$$\frac{x}{y} = \frac{3}{4}$$
$$5x - 4y = -3$$

31.
$$\frac{2x}{3y} = \frac{1}{2}$$
$$3x - 2y = 3$$

32.
$$\frac{x}{3} + \frac{y}{2} = \frac{4}{3}$$
$$\frac{x}{y} - \frac{1}{2} = 0$$

33.
$$\frac{x+y}{4} + \frac{x-y}{2} = 3$$
$$\frac{12x - 7y}{13} = 3$$

34.
$$\frac{x+y}{5} = \frac{x-y}{3}$$
$$\frac{x}{2} = y + 2$$

35.
$$\frac{1}{x} + \frac{1}{y} = \frac{20}{xy}$$
$$\frac{x-y}{8} = 2 - \frac{3}{2}$$

36.
$$\frac{x}{a} + \frac{y}{b} = 1$$
$$\frac{x}{b} - \frac{y}{a} = 1$$

37.
$$\frac{x}{a} + \frac{y}{b} = 4$$
$$\frac{x}{b} - \frac{y}{a} = \frac{1}{4}$$

38.
$$x - y = a$$
$$\frac{x+y}{2} + \frac{x-y}{3} = 6a$$

39.
$$x - y = 2b$$
$$\frac{x-y}{a} - \frac{x+y}{b} = 2$$

40.
$$\frac{x}{a+b} - \frac{y}{a-b} = \frac{4ab}{b^2 - a^2}$$
$$\frac{x+y}{a+b} - \frac{x-y}{a-b} = \frac{2(a^2 + b^2)}{a^2 - b^2}$$

41.
$$x + y + z = 11$$
$$2x - y + z = 5$$
$$3x + 2y + z = 24$$

42.
$$x - y + z = 2$$
$$3x + y - z = 2$$
$$5y + 3z - x = 18$$

43.
$$x + 4y - 8z = -8$$
$$4x + 8y - z = 76$$
$$8x - y - 4z = 110$$

44.
$$2x - y + z = 15$$
$$y - x + 4z = 65$$
$$5x - y + 2z = 45$$

45.
$$x + y - 6z = 9$$
$$x - y + 4z = 5$$
$$3y - 2x - z = 4$$

46.
$$3x + 2y + z = 23$$
$$2x - y + z = 6$$
$$4y - x - 2z = 4$$

47.
$$x - y + z = 7$$
$$x + y - z = 1$$
$$y + z - x = 3$$

48.
$$x + 2y - 3z = 8$$
$$2x - y + 3z = 22$$
$$3y + x - 2z = 18$$

$$49. \quad \begin{cases} 3x - 2y - z = 18 \\ 3y - 2x + z = -3 \\ 3z + 2x - y = 21 \end{cases} \qquad 50. \quad \begin{cases} 2x + y - 4z = 14 \\ 5y - x - z = 1 \\ 2x - 4y + 5z = 13 \end{cases}$$

$$51. \quad \begin{cases} x + y + z = a + b \\ x + y - z = 3a - b \\ x - y + z = 3b - a \end{cases} \qquad 52. \quad \begin{cases} x + y - z = 3a - b - c \\ x - y + z = 3b - a - c \\ y + z - x = 3c - b - a \end{cases}$$

$$53. \quad \begin{cases} \dfrac{1}{x} + \dfrac{1}{y} = a \\[2mm] \dfrac{1}{y} + \dfrac{1}{z} = b \\[2mm] \dfrac{1}{x} + \dfrac{1}{z} = c \end{cases} \qquad 54. \quad \begin{cases} 2x - y + z = 5a - b \\ x + y - 2z = -3 \\ y - 2x + z = 3(b - a) \end{cases}$$

$$55. \quad \begin{cases} cx + az = b \\ ax + by = c \\ bz + cy = a \end{cases} \qquad 56. \quad \begin{cases} \dfrac{x}{a} = \dfrac{y}{b} = \dfrac{z}{c} \\[2mm] mx + ny + pz = s \end{cases}$$

$$57. \quad \begin{cases} ax + by + cz = d \\ a'x + b'y + c'z = d' \\ a''x + b''y + c''z = d'' \end{cases} \qquad 58. \quad \begin{cases} \dfrac{x}{a} = \dfrac{y}{b} = \dfrac{z}{c} = \dfrac{v}{d} \\[2mm] ax + by + cz + dv = \dfrac{a}{b} \end{cases}$$

$$59. \quad \begin{cases} x + y + z + v = 10 \\ x - y + 4z - v = 7 \\ 3x - y - z + v = 2 \\ x + 3y - z + 2v = 12 \end{cases} \qquad 60. \quad \begin{cases} x + y + z = a \\ x + y + v = b \\ x + z + v = c \\ y + z + v = d \end{cases}$$

61. Partager 100 fr. entre trois personnes de manière que la première ait 5 fr. de plus que la seconde et que celle-ci ait 10 fr. de plus que la troisième.

62. Partager 90 fr. entre trois personnes de manière que la troisième ait 5 fr. de moins que la seconde et celle-ci 10 fr. de plus que la troisième.

63. Trois personnes ont ensemble 100 ans : trouver l'âge de chacune, sachant que la cadette a 10 ans de plus que la plus jeune, et que l'aînée a autant d'âge que les deux autres.

64. Une mère et ses deux enfants ont ensemble soixante ans : trouver l'âge de chacun des enfants, sachant que l'aîné a trois fois l'âge de son frère, et que la mère a le double de l'âge de ses fils.

65. Partager 140 fr. entre deux personnes de manière que la part de la première soit d'un tiers plus forte que celle de la seconde.

66. Trouver un nombre tel que son tiers et son quart aient pour somme 42.

67. Quel est le nombre dont les $3/4$ diminués de 8 et la moitié augmentée de 5 donnent 122.

68. Quel est le nombre dont les $5/8$ augmentés de 5 égalent les $3/4$ diminués de 20.

69. On a vendu le $1/3$, le $1/4$ et le $1/6$ d'une pièce de drap dont il reste encore 15 mètres; trouver la longueur de la pièce.

70. Deux particuliers ont acheté le premier le $1/5$, le second les $2/3$ d'une pièce d'étoffe ; ce dernier a eu 14 mèt. de plus que l'autre : trouver la longueur de la pièce.

71. On veut vendre une voiture, un cheval et ses harnais 960 fr. ; le cheval vaut 5 fois ses harnais, et la voiture, 2 fois le cheval : trouver les prix respectifs.

72. En trois jours une maison de banque a reçu 16 800 fr. : trouver la recette journalière, sachant que chaque jour on a reçu le $1/4$ de ce qu'on avait reçu la veille.

73. En trois mois, une manufacture d'armes a fourni 55 200 fusils : trouver la fourniture mensuelle si chaque mois on livrait les $17/10$ du nombre d'armes qu'on avait livré le mois précédent.

74. Cinq personnes se sont partagé 8 591 fr. : trouver la part de chacune, sachant que la deuxième a reçu les trois quarts de ce qu'a reçu la première, la troisième les trois quarts de ce qu'a reçu la seconde, et ainsi de suite.

75. Décomposer 176 en deux parties qui soient entre elles comme 5 est à 6.

76. Décomposer un nombre a en deux parties qui soient entre elles comme m est à n.

77. Trouver deux nombres tels que leur différence soit 30 et qui soient entre eux comme 3 est à 5

78. Deux propriétés ont coûté 33 000 fr. : trouver la valeur de chacune, sachant que le tiers et le quart du prix de la première égalent les sept dixièmes du prix de la seconde.

79. Trouver deux nombres tels que leur différence soit 15, et le quotient du plus petit par le plus grand augmenté de la différence soit $6/7$.

80. Partager le nombre 200 en deux parties telles qu'en divisant la première par 16 et la seconde par 10, la différence des quotients soit 6.

81. Partager le nombre m en deux parties telles que la première divisée par a, moins la seconde divisée par b, donne d.

82. Le quotient de deux nombres est 4 et le reste de leur division 60 : trouver ces deux nombres, sachant que leur différence est 495.

83. Un marchand qui a vendu les $3/5$ d'un panier de pommes dit que s'il ajoutait 51 pommes à celles qui lui restent, la contenance primitive du panier serait augmentée d'un quart : combien avait-il de pommes ?

84. Un voyageur a parcouru le premier jour de son voyage le $1/3$ de son chemin ; le deuxième jour les $5/8$ du reste ; enfin le troisième jour il a terminé son voyage en faisant 24 lieues : quelle est la longueur de la route parcourue ?

85. Un lièvre qui fait 2 mèt. $1/3$ par seconde a déjà fait 30 mèt. $1/4$ lorsqu'un chien qui fait 5 mèt $1/2$ par seconde se met à sa poursuite : dans combien de secondes l'aura-t-il atteint ?

86. Un marchand a du vin à 50 centimes le litre ; il y verse de l'eau de telle sorte que 75 lit. de mélange ne valent plus que 33 fr. 75 : dire la quantité d'eau contenue dans un litre de mélange.

87. On a 45 litres de vin à 40 centimes : combien faut-il y mêler d'eau pour que le mélange ne revienne plus qu'à 30 centimes?

88. On a du vin à 0 fr. 50 le litre, on veut le vendre 0 fr. 40 sans rien perdre ni rien gagner : combien doit-on y ajouter d'eau?

89. Avec des haricots à 30 fr. et à 25 fr. on veut faire un mélange de 140 hectolit. qu'on puisse donner à 28 fr. : combien doit-on en mettre de chaque prix?

90. Un maître propose 16 problèmes à un élève et lui promet 5 points pour chacun des problèmes qu'il réussira, à condition que l'élève lui donnera 3 points pour chacun de ceux qu'il ne réussira pas : or il arrive que le maître et l'élève ne se doivent rien : dire le nombre de problèmes réussis?

91. A un jeu de tir, on a 25 coups à tirer; on paie 0 fr. 40 par coups manqués et on reçoit 1 fr. par coups heureux; or il arrive que le ti-reur doit 10 fr. au maître du tir : trouver le nombre de coups heureux.

92. Un légiste entre dans une étude de notaire; on lui promet pour 5 ans de travail 2 600 fr. et la remise d'une créance. Au bout de 3 ans 3 mois le légiste quitte l'étude et reçoit avec sa créance 850 fr. : à combien se montait cette créance?

93. Un père a 27 ans, et son fils en a 3 : dans combien de temps l'âge du fils sera-t-il le quart de celui du père?

94. Un père a 40 ans alors que son fils en a 12 : combien y a-t-il d'années que l'âge du père était 5 fois celui du fils?

95. On a acheté 36 chapeaux à raison de 8 fr. la pièce : combien faut-il vendre le chapeau pour gagner sur le tout une somme égale au prix de vente de 4 chapeaux?

96. On a acheté une pièce de ruban à raison de 7 fr. les 5 mètres, et on la revend 16 fr. les 11 mèt., à ce marché on gagne 24 fr. : trou-ver la longueur de la pièce.

97. Quarante kilogr. d'eau salée contiennent 36 kilogr. 6 d'eau pure : quel poids d'eau pure faut-il ajouter pour que 40 kilogr. de mélange ne contiennent que 2 kilogr. de sel?

98. Trouver cinq nombres entiers consécutifs dont la somme soit 595.

99. Un rentier a placé le tiers de son capital à 5 p. % et le reste à 4 p. %, et il retire annuellement 600 fr. de plus pour cette partie que pour la première : trouver ce capital.

100. Deux sommes sont payables la première dans un an, et la se-conde, qui surpasse la première de 45 000 fr., dans 18 mois; en payant comptant on obtient un escompte de 4,5 p. % par an : on demande la valeur de chaque somme, la diminution totale étant de 4 108 fr. 50.

101. Quel nombre faut-il ajouter aux deux termes de la fraction 23/40 pour qu'elle devienne égale à 2/3?

102. Quel nombre faut-il retrancher aux deux termes de la fraction 5/11 pour qu'elle devienne égale à 1/7?

103. On a deux tonneaux dont l'un contient 1/5 de plus que l'autre, on retranche 1/8 du petit et 162 lit. 1/2 du plus grand, et alors les deux tonneaux contiennent autant l'un que l'autre : quelle était la con-tenance de chacun?

104. Un père disait à son fils : Aujourd'hui ton âge est le 1/5 du mien, et il y a 5 ans, il n'en était que le 1/9 ; quel âge avons-nous l'un et l'autre ?

105. On a deux nombres dont le plus petit est 12 et dont la différence multipliée par le quotient du plus petit par le plus grand donne 9,60 : quels sont ces deux nombres ?

106. On a ajouté 13 à un nombre et on en a fait le carré ; on a retranché 13 à ce même nombre et on en a encore fait le carré, la différence des deux résultats est 780 : quel est ce nombre ?

107. Un banquier escompte deux billets, l'un de 8 000 fr. payable dans 10 mois, l'autre de 5 000 fr. payable dans 6 mois ; il retient 187 fr. 50 de plus pour le premier que pour le second : trouver le taux de l'escompte, qui est le même pour les 2 billets.

108. Trouver une fraction telle que si l'on ajoute 2 à ses deux termes elle devienne égale à 3/4, et que si l'on retranche 3 à ses deux termes elle devienne égale à 2/3.

109. On a 360 grammes d'argent au titre de 0,820 ; on demande combien il faudra y ajouter de grammes d'un second lingot au titre 0,500 pour que l'alliage nouveau soit au titre 0,700 ?

110. Un officier laisse à un premier poste la moitié de ses soldats plus la moitié d'un homme ; à un second poste il laisse la moitié du reste plus la moitié d'un homme ; à un troisième poste il laisse encore la moitié du second reste plus la moitié d'un homme, alors il n'a plus de soldats : combien en avait-il d'abord ?

111. Une marchande d'œufs vend d'abord les 2/3 de son panier plus les 2/3 d'un œuf ; elle vend ensuite les 3/4 du reste plus les 3/4 d'un œuf, alors elle a encore 2 œufs : combien en contenait son panier ?

112. Un élève qui avait un certain nombre de pommes les distribue de la manière suivante. A un de ses condisciples il donne le 1/4 du nombre total, plus une pomme 1/2 ; à un autre les 2/7 du nombre total plus 6/7 de pomme ; à un troisième le 1/8 du nombre total plus 3/4 de pomme, et alors il lui en reste 3 : combien avait-il de pommes et combien chaque élève en a-t-il reçu ?

113. Un père partage son bien de la manière suivante : à l'aîné de ses fils il donne 1 000 fr. plus le 1/7 du reste ; au cadet, 2 000 fr. plus le 1/7 du reste ; au troisième 3 000 fr. plus le 1/7 du reste, et ainsi de suite : trouver le nombre d'enfants, la valeur du bien et la part de chacun, sachant que les parts ont été égales.

114. Deux personnes doivent ensemble 70 fr. ; il manque à la première la moitié de ce que possède la seconde pour payer toute cette dette ; et à la seconde il manque le quart de ce qu'a la première pour payer aussi cette somme : combien ont-elles chacune ?

115. Un marchand achète du vin à 30 fr. l'hectolit. ; il le revend, la 1/2 à 35 fr., le 1/3 à 29 fr. et le reste à 32 fr., et réalise un bénéfice de 1 815 fr. : dire combien il a acheté d'hectolitres.

116. Deux armées, la veille d'une bataille, étaient entre elles comme

5 est à 6; la première perd 14 000 hommes et la deuxième 6 000, alors elles sont dans le rapport de 2 à 3 : trouver de combien d'hommes elles étaient composées.

117. Un enfant dit à son camarade : Donne-moi 5 de tes billes, et nous en aurons autant l'un que l'autre; celui-ci répond : Donne m'en 10 des tiennes, et j'en aurai deux fois plus qu'il ne t'en restera : dire combien chacun avait de billes.

118. Un capitaine distribue une somme d'argent à un certain nombre de ses soldats : quand chaque soldat prenait 8 fr. il manquait 3 fr., et quand chaque soldat prenait 6 fr. il y avait 27 fr. de reste : trouver la somme à distribuer et le nombre de soldats.

119. Un marchand a du vin de deux qualités; quand il les mélange dans le rapport de 4 à 5, l'hectolitre vaut 50 fr.; quand il les mélange dans le rapport de 3 à 2, l'hectolitre ne vaut plus que 48 fr. 60 : trouver le prix de l'hectolitre de chaque qualité.

120. Un banquier escompte deux billets, l'un de 1 000 fr. pour 8 mois, l'autre de 9 000 fr. pour 6 mois, et il remet pour le premier 87 fr. de plus que pour le second : trouver le taux de l'escompte, qui est le même dans les deux cas.

121. On a du froment de deux qualités; quand on mêle a mesures de la première avec b mesures de la seconde, la mesure vaut d francs; et quand on mélange b mesures de la première avec a mesures de la seconde, la mesure vaut d' fr. : trouver le prix de chaque qualité de ce froment.

122. Un nombre est formé de deux chiffres dont la somme des valeurs absolues est 9; quand on le renverse, il donne un nombre 4 fois plus grand que le premier et encore 9 : quel est ce nombre?

123. Un nombre est formé de deux chiffres dont la somme des valeurs absolues est 10; quand on le renverse, on obtient un second nombre qui n'est que les $23/32$ du premier : quel est ce nombre?

124. Partager 8 600 fr. entre trois personnes de manière que la part de la première soit à celle de la seconde comme 2 est à 3, et que celle de la seconde soit à celle de la troisième comme 5 est à 6.

125. Un oncle laisse à ses neveux une somme de 39 300 fr. qu'ils doivent se partager de telle sorte que les portions soient en raison inverse de leurs âges : trouver ce que chacun aura, sachant que l'aîné à 8 ans, le cadet 7 et le plus jeune 5.

126. Un lingot composé d'or et d'argent pèse 1 320 grammes : quel est le poids de chacun des deux métaux, sachant que le prix de l'argent contenu dans le lingot est le même que celui de l'or?

127. On a quatre billets payables dans un an et qui sont entre eux comme les nombres 1, 2, 3 et 4; escomptés en dehors et à 5 p. $^0/_0$, ces billets ont leur valeur totale réduite à 1 368 fr. : trouver le montant de chacun.

128. Il est midi; dans combien de temps les aiguilles de la pendule seront-elles sur le prolongement l'une de l'autre?

129. Trois joueurs conviennent que celui qui perdra doublera l'argent de chacun des deux autres; ils jouent trois parties, en perdent

chacun une et se retirent avec 16 fr. chacun : combien avaient-ils en commençant ?

130. On a un rectangle dont les côtés sont 30 mèt. et 20 mèt. : trouver les dimensions d'un second rectangle semblable au premier et dont le périmètre serait 360 mètres.

131. Trouver les dimensions d'un rectangle dont la diagonale a 75 mèt., sachant qu'il est semblable à un second rectangle dont les sont côtés 36 et 48 mèt.

132. On a un rectangle dont les côtés sont a et b ; trouver les côtés x et y d'un rectangle semblable au premier et ayant d mèt. de différence entre ses deux dimensions.

133. Les bases d'un trapèze sont b et a et sa hauteur est h : trouver la hauteur du triangle formé en prolongeant les côtés non parallèles du trapèze, le triangle ayant pour base la grande base b du trapèze.

134. Partager une droite de 60 mèt. en deux parties qui soient inversement proportionnelles à b et a.

135. Les trois côtés d'un triangle sont 15, 18 et 24 mèt. : trouver les côtés d'un autre triangle semblable au premier et ayant 342 mèt. de périmètre.

136. Dans un triangle dont la base et la hauteur sont respectivement 32 et 18 mèt., inscrire un rectangle ayant 50 mèt. de périmètre.

137. On a un rectangle dont les côtés sont 15 mèt. et 8 mèt. : trouver les côtés d'un second rectangle semblable au premier et ayant 24 mèt. de différence entre la somme de ses dimensions et l'hypoténuse.

138. Dans un cercle de rayon R, inscrire un triangle isocèle semblable à un autre triangle ayant 8 mèt. de base et 12 de hauteur, et dont la somme de la base et de la hauteur soit 3R.

139. Quelle est la base d'un triangle isocèle inscrit dans un cercle de 15 mèt. de rayon, si les côtés égaux ont chacun 24 mèt.

140. Une laitière s'est fait confectionner un vase en fer-blanc de 1 mèt. de circonférence et pouvant contenir pour 3 fr. 60 de lait : on demande quelle est la profondeur de ce vase, qui est cylindrique, sachant qu'un litre de lait vaut 0 fr. 20.

141. Trouver les valeurs entières de x qui peuvent satisfaire l'inégalité

$$3x - \frac{1}{4} > 20 - \frac{2x}{3}.$$

142. Trouver les valeurs de x, positives ou négatives, mais entières, qui vérifient l'inégalité $\quad \dfrac{2x}{5} - 23 < 2x - 16.$

143. Déterminer les valeurs de x qui peuvent satisfaire l'inégalité

$$5x - \frac{3}{4} < \frac{8x}{3} - 1.$$

144. Trouver les valeurs de x, positives ou négatives, mais entières qui satisfont les inégalités $\quad 6x + \dfrac{5}{7} > 4x + 7 ; \quad \dfrac{8x + 3}{2} < 2x + 25$

145. Déterminer les valeurs entières de x qui peuvent vérifier les inégalités $\dfrac{7x}{5}+1 > x+9$; $\quad 1-5x < 8x+73$.

146. Quelles sont les valeurs entières de x qui vérifient les inégalités $15x-2 > 2x+\dfrac{1}{3}$; $\quad 2(x-4) < \dfrac{3x-14}{2}$.

147. Quelles sont les valeurs entières de x qui conviennent aux inégalités $5x-6 > 3x-14$; $\quad \dfrac{7x+6}{4} < \dfrac{x+12}{2}$.

148. Trouver pour quelles valeurs entières de x sont satisfaites les inégalités $8x-5 > \dfrac{15x-8}{2}$; $\quad 2(2x-3) > 5x-\dfrac{3}{4}$.

149. Quelles sont les valeurs entières et positives de x qui vérifient les inégalités $\dfrac{2x-3}{4} < x-6$, et $-2x > \dfrac{15}{2}-x$.

150. Quelles sont les valeurs entières et négatives de x qui vérifient les inégalités $\dfrac{4x-5}{7} < x+3$; $\quad \dfrac{3x+8}{4} > 2x-5$.

151. Trouver deux nombres dont la somme et le produit soient exprimés par le même nombre.

152. Trouver les deux dimensions d'un rectangle sachant que ces dimensions sont entières et que l'expression du périmètre est la même que celle de l'aire du rectangle.

153. Trouver deux nombres tels que leur différence soit exprimée par le même nombre que leur produit.

154. Faire la longueur du mètre en ajoutant les unes à la suite des autres des pièces de 5 centimes et de 2 centimes, les diamètres de ces pièces étant 25 et 20 millimètres.

155. Partager le nombre 1 000 en deux parties respectivement divisibles l'une par 11 et l'autre par 17.

156. Faire la longueur du mètre en ajoutant les uns à la suite des autres des jetons ayant pour diamètres respectifs 21 et 26 millimètres.

157. De combien de manières peut-on payer une somme de 89 fr. en donnant des pièces de 5 fr. et en recevant des pièces de 2 fr.

158. On a acheté 100 pièces de gibier pour 100 fr. : les lièvres coûtaient 5 fr., les cailles 1 fr. et les alouettes 0 fr. 05 : combien en a-t-on eu de chaque espèce ?

159. Partager la fraction $^{62}/_{63}$ en deux autres ayant respectivement pour dénominateurs 7 et 9.

160. Une femme a deux sacs de café : le premier contient 7 kilog. de Moka, 3 de Java et 8 de la Martinique, et coûte 91 fr. ; le second renferme 8 kilog. de Moka, 6 de Java et 9 de la Martinique, et coûte 119 fr. : quel est le prix du kilog. de chacune de ces qualités, sachant que ces prix sont exprimés par des nombres entiers de francs.

TROISIÈME PARTIE

ÉQUATIONS DU SECOND DEGRÉ

§ I. — Des radicaux du second degré.

102. Le carré ou deuxième puissance d'une quantité est le produit de deux facteurs égaux à cette quantité.

Le carré de $+2ab^2$ est $(2ab^2)(2ab^2)$ ou $+4a^2b^4$.

Celui de $-2ab^2$ est aussi $(-2ab^2)(-2ab^2)$ ou $+4a^2b^4$, et celui de $a+b$ est $(a+b)(a+b)$ ou a^2+b^2+2ab.

On voit par ces exemples :

1° *Que le carré d'un monôme est toujours positif et s'obtient en élevant au carré son coefficient et en doublant les exposants de toutes ses lettres ;*

2° *Que le carré d'un binôme est un trinôme.*

En général, la $m^{\text{ème}}$ puissance d'une quantité est le produit de m facteurs égaux à cette quantité.

103. Pour qu'un monôme soit un carré parfait, il faut :
1° *Qu'il soit positif ;*
2° *Que son coefficient soit un carré ;*
3° *Que ses exposants soient pairs.*
Le monôme $16a^4b^4c^6$ est un carré parfait.

104. *Un binôme n'est jamais un carré parfait ;* car le carré d'un monôme est un monôme, et le carré d'un binôme est un trinôme.

105. On obtient le carré d'une fraction en élevant ses deux termes au carré.

Le carré de $\dfrac{3a}{2b^2}$ est $\dfrac{9a^2}{4b^4}$

cela résulte de la règle de la multiplication des fractions.

106. La racine carrée d'une quantité est une autre quantité qui, multipliée par elle-même, reproduit la première.

La racine carrée de $4a^2b^4$ est $2ab^2$; car cette dernière quantité, multipliée par elle-même, donne $4a^2b^4$.

Ainsi *la racine carrée d'un monôme s'obtient en prenant la racine carrée de son coefficient et en divisant par 2 les exposants de toutes ses lettres.*

En général, on trouve la racine $m^{\text{ème}}$ d'un monôme en prenant la racine $m^{\text{ème}}$ de son coefficient et en divisant par m les exposants de toutes ses lettres.

Le signe $\sqrt[2]{\ }$, ou simplement $\sqrt{\ }$ (n° 2), se nomme *radical du second degré.*

107. REMARQUE I. Par convention, la racine carrée d'une quantité quelconque a est représentée par $\sqrt{a}$. Il s'ensuit que le carré de $\sqrt{a}$ est a.

Ainsi *le carré d'une quantité affectée d'un radical du second degré s'obtient en supprimant le radical.*

Par convention aussi, la racine $m^{\text{ème}}$ d'une quantité quelconque a est représentée par $\sqrt[m]{a}$. Il suit de là que la $m^{\text{ème}}$ puissance de $\sqrt[m]{a}$ est a.

REMARQUE II. Si dans une expression telle que $\sqrt{b}$, on donne à b une valeur positive quelconque, 2 par exemple, la racine carrée de 2 ou $1{,}41421...$ est la *valeur arithmétique du radical.*

108. *La racine carrée d'un produit est égale au produit de la racine carrée de chacun de ses facteurs.*

Ainsi la racine carrée de abc est $\sqrt{a}\sqrt{b}\sqrt{c}$, ou $\sqrt{abc}$.

En effet, chacune des quantités $\sqrt{a}\sqrt{b}\sqrt{c}$ et $\sqrt{abc}$ étant élevée au carré, donne abc (n° 107).

109. *La racine carrée d'une fraction égale le quotient de la racine carrée de chacun de ses termes.*

La fraction $\dfrac{a}{b}$ a pour racine carrée $\dfrac{\sqrt{a}}{\sqrt{b}}$ ou $\sqrt{\dfrac{a}{b}}$; car ces deux expressions, élevées au carré, donnent l'une et l'autre $\dfrac{a}{b}$.

En général, la racine $m^{\text{ème}}$ d'une fraction $\dfrac{a}{b}$ est $\dfrac{\sqrt[m]{a}}{\sqrt[m]{b}}$

ou $\quad \sqrt[m]{\dfrac{a}{b}}.$

110. *Pour faire sortir du radical un facteur carré, il faut extraire la racine carrée de ce facteur et écrire cette racine devant le radical.*

Soit l'expression $\qquad \sqrt{a^2 b}$;

on a : $\qquad\qquad \sqrt{a^2 b} = a\sqrt{b}$,

car la racine carrée du produit $a^2 b$ est $\sqrt{a^2}\sqrt{b}$ ou $a\sqrt{b}$.

De même l'expression $\quad \sqrt{c(a-b)^2}$
peut s'écrire :

$$(a-b)\sqrt{c}.$$

En général, $\qquad \sqrt[n]{a^n b} = a\sqrt[n]{b}.$

111. *Pour faire passer un facteur sous un radical, il faut multiplier par le carré de ce facteur la quantité soumise au radical.*

Ainsi $\quad a\sqrt{b} = \sqrt{a^2 b}, \quad$ et $\quad (a+b)\sqrt{c} = \sqrt{(a+b)^2 c}.$

D'une manière générale,

$$a\sqrt[n]{b} = \sqrt[n]{a^n b}.$$

Remarque. L'opération qui consiste à faire passer un facteur sous un radical est très-utile lorsque les fractions sont numériques et qu'on veut avoir une approximation déterminée dans le résultat.

112. On peut souvent simplifier un radical ; il suffit pour cela de faire sortir de ce radical tous les facteurs carrés qu'il renferme.

$\sqrt{5a^2 b^4 c^2} \qquad$ devient $\quad ab^2 c\sqrt{5}.$

$\sqrt{8a^2 b^3} \qquad$ devient $\quad \sqrt{4.2a^2 b^2 b}$ ou $2ab\sqrt{2b}.$

$\sqrt{18a^4 b^5 - 9a^2 b^4} \qquad$ devient $\quad \sqrt{9.2a^2 a^2 b^4 b - 9a^2 b^4}.$

ou $\quad \sqrt{9a^2 b^4(2a^2 b - 1)}, \qquad$ ou $\quad 3ab^2\sqrt{2a^2 b - 1}.$

113. Des radicaux sont semblables lorsqu'ils sont de même indice et que les quantités placées sous le radical sont les mêmes ; tels sont les radicaux :

$$6\sqrt{a}, \quad -b\sqrt{a}, \quad -ab\sqrt{a}, \quad -\sqrt{a}.$$

Ces radicaux étant semblables, on peut les réduire en un seul, et écrire :

$$6\sqrt{a}-b\sqrt{a}-ab\sqrt{a}-\sqrt{a}=(5-b-ab)\sqrt{a}.$$

Dans certains cas, on ne s'aperçoit que les radicaux sont semblables que lorsqu'on les a simplifiés :

Ainsi les radicaux :

$$a\sqrt{48}, \quad -b\sqrt{27}, \quad +\sqrt{12}.$$

deviennent

$$a\sqrt{16.3}-b\sqrt{9.3}+\sqrt{4.3}$$

ou

$$4a\sqrt{3}-3b\sqrt{3}+2\sqrt{3} ;$$

ils sont donc semblables.

114. *Un radical du second degré a deux valeurs égales et de signes contraires, et il n'en a que deux.*

1° Soit $$x=\sqrt{4},$$

x a une valeur telle que son carré est 4 ; mais les nombres $+2$ et -2 élevés au carré, donnent $+4$.

On écrira donc $$x=\sqrt{4}=\pm 2.$$

En général, la racine carrée d'une quantité quelconque A est

$$\pm\sqrt{A}.$$

2° Soit le radical $\sqrt{m^2}$, dans lequel m^2 est une quantité positive (n° 63).

En appelant x la valeur de ce radical, on aura :

$$x=\sqrt{m^2} ;$$

élevons les deux membres au carré, il vient :

$$x^2=m^2 \quad \text{ou} \quad x^2-m^2=0 ;$$

x^2-m^2 étant la différence de deux carrés, on peut écrire :

$$(x-m)(x+m)=0 ;$$

or, pour qu'un produit soit nul, il suffit qu'un de ses facteurs le soit ; on aura donc :

$$x-m=0, \quad \text{d'où} \quad x=m,$$
$$x+m=0, \quad \text{d'où} \quad x=-m.$$

Comme il n'y a pas un troisième moyen d'annuler le produit $(x-m)(x+m)$, il s'ensuit qu'un radical du second degré n'a que deux valeurs, et ces valeurs sont égales et de signes contraires.

Calcul des radicaux.

115. Les règles que nous avons données pour le calcul des quantités algébriques s'appliquent aux radicaux.

Ainsi les radicaux

$$5\sqrt{b}, \quad -8\sqrt{2}, \quad +2\sqrt{b} \quad \text{et} \quad 5\sqrt{2}, \quad -\sqrt{b},$$

étant ajoutés deviennent

$$5\sqrt{b}-8\sqrt{2}+2\sqrt{b}+5\sqrt{2}-\sqrt{b},$$

et, après avoir fait la réduction,

$$6\sqrt{b}-3\sqrt{2}.$$

De même, en ajoutant $a\sqrt{a+b}+b\sqrt{a-b}$ à $2a\sqrt{a+b}-5b\sqrt{a-b}$, on trouve :

$$3a\sqrt{a+b}-4b\sqrt{a-b}.$$

116. Si l'on retranche $5\sqrt{2}-\sqrt{b}$ de $3\sqrt{2}+2\sqrt{b}-\sqrt{a}$, on obtient

$$3\sqrt{2}+2\sqrt{b}-\sqrt{a}-5\sqrt{2}+\sqrt{b}$$

et, après réduction,

$$-2\sqrt{2}+3\sqrt{b}-\sqrt{a}.$$

De même les radicaux $a\sqrt{3b}-b\sqrt{cd}$ étant retranchés de $(a-b)\sqrt{3b}-2b\sqrt{cd}$ deviennent

$$(a-b)\sqrt{3b}-2b\sqrt{cd}-a\sqrt{3b}+b\sqrt{cd}$$

ou $\quad -b\sqrt{3b}-b\sqrt{cd}, \quad$ ou encore $\quad -b(\sqrt{3b}+\sqrt{cd}).$

117. Le produit de $\sqrt{a}$ par $\sqrt{b}$ par $\sqrt{c}$ est $\sqrt{abc}$; car les expressions $\sqrt{a}\times\sqrt{b}\times\sqrt{c}$ et $\sqrt{abc}$ élevées au carré donnent également abc (n° 107).

D'une manière générale :

$$\sqrt[n]{a}\sqrt[n]{b}\sqrt[n]{c}=\sqrt[n]{abc}.$$

Donc, *le produit de plusieurs radicaux de même indice* n *égale la racine* nème *du produit des quantités placées sous le radical.*

118. Le quotient de $\sqrt{a}$ par $\sqrt{b}$ est $\sqrt{\dfrac{a}{b}}$; car les expressions $\dfrac{\sqrt{a}}{\sqrt{b}}$ et $\sqrt{\dfrac{a}{b}}$ élevées au carré donnent également $\dfrac{a}{b}$.

En général,
$$\frac{\sqrt[n]{a}}{\sqrt[n]{b}}=\sqrt[n]{\frac{a}{b}}.$$

Donc, *le quotient de deux radicaux de même indice* n *égale la racine* nème *du quotient des quantités placées sous le radical.*

119. La troisième puissance du radical $\sqrt{a}$ est $\sqrt{a}\times\sqrt{a}\times\sqrt{a}$ ou $\sqrt{a^3}$ (no 117).

Sa $n$ème puissance sera $\sqrt{a^n}$.

En général,
$$\left(\sqrt[m]{a}\right)^n=\sqrt[m]{a^n}.$$

Donc, *on élève un radical à une certaine puissance* n *en élevant à la puissance* n *la quantité placée sous le radical.*

120. Soit à extraire la racine carrée de $\sqrt{a}$; on aura :
$$\sqrt[2]{\sqrt{a}}=\sqrt[4]{a}\,;$$

car le carré du premier membre est $\sqrt{a}$ et le carré de $\sqrt{a}$ est a. Mais par ces deux opérations, nous avons élevé le premier membre à la puissance 2×2 ou 4; ce premier membre est donc une quantité qui, élevée à la quatrième puissance, reproduit a; donc il est la racine quatrième de a.

En général,
$$\sqrt[n]{\sqrt[m]{a}}=\sqrt[mn]{a}.$$

Donc, *on extrait la racine* nème *d'un radical, en multipliant par* n *l'indice de ce radical.*

121. Soit l'expression $\sqrt[m]{a^n}$.

Multiplions par k l'indice m et l'exposant n, il vient :
$$\sqrt[mk]{a^{nk}},$$

qu'on peut écrire (nᵒ 120) $\sqrt[m]{\sqrt[k]{a^{nk}}}$;

mais $\sqrt[k]{a^{nk}} = a^{\frac{nk}{k}} = a^{n}$ (nᵒ 106) ;

alors $\sqrt[m]{\sqrt[k]{a^{nk}}} = \sqrt[m]{a^{n}}$,

c'est-à-dire l'expression donnée.

Donc, *on ne change pas la valeur d'un radical quand on multiplie par une même quantité l'indice du radical et l'exposant de la quantité placée sous le radical.*

Si l'on suppose que $k = \dfrac{1}{q}$, l'expression $\sqrt[m]{\sqrt[k]{a^{nk}}} = \sqrt[m]{a^{n}}$ devient

$$\sqrt[m]{\sqrt[\frac{1}{q}]{a^{\frac{n \times 1}{q}}}} = \sqrt[m]{a^{\frac{n \times 1}{q} : \frac{1}{q}}} = \sqrt[m]{a^{n}}.$$

Donc, *on ne change pas la valeur d'un radical quand on divise par une même quantité l'indice du radical et l'exposant de la quantité placée sous le radical.*

122. Il est quelquefois avantageux, pour la simplicité des calculs, de rendre rationnel le dénominateur d'une fraction.

Soit par exemple à calculer la valeur de $\dfrac{2}{\sqrt{5}}$.

Il faut diviser 2 par 2.236 067 977..., opération longue et donnant un résultat assez peu satisfaisant, attendu que le nombre pris pour diviseur n'est que la valeur approchée de $\sqrt{5}$.

Mais si l'on multiplie les deux termes de la fraction $\dfrac{2}{\sqrt{5}}$ par $\sqrt{5}$, la valeur de la fraction n'aura pas changé et le diviseur sera exact et rationnel.

On peut donc écrire :

$$\frac{2}{\sqrt{5}} = \frac{2\sqrt{5}}{\sqrt{5} . \sqrt{5}} \quad \text{ou} \quad \frac{2\sqrt{5}}{5},$$

et le quotient demandé sera le cinquième de $2 \times 2{,}236\,067\,977...$, résultat facile à trouver.

Soit à rendre rationnel le dénominateur de l'expression

$$\frac{a}{2-\sqrt{2}};$$

on multiplie le numérateur et le dénominateur par $2+\sqrt{2}$, et on a :

$$\frac{a(2+\sqrt{2})}{(2-\sqrt{2})(2+\sqrt{2})} \quad \text{ou} \quad \frac{a(2+\sqrt{2})}{2} \qquad (\text{n}^\text{o}\ 29).$$

Soit l'expression suivante (Géométrie, par F. P. B., n° 616)

$$\frac{d\sqrt{h'}}{\sqrt{h}-\sqrt{h'}};$$

on multiplie le numérateur et le dénominateur par $\sqrt{h}+\sqrt{h'}$ et on a :

$$\frac{d\sqrt{h'}(\sqrt{h}+\sqrt{h'})}{(\sqrt{h}-\sqrt{h'})(\sqrt{h}+\sqrt{h'})} \quad \text{ou} \quad \frac{dh'+d\sqrt{hh'}}{h-h'}.$$

Soit enfin l'expression

$$\frac{a\sqrt{b}}{a-\sqrt{b}-\sqrt{a}};$$

on regarde $a-\sqrt{b}$ comme un seul terme, et on multiplie le numérateur et le dénominateur par $(a-\sqrt{b})+\sqrt{a}$,

$$\frac{a\sqrt{b}(a-\sqrt{b}+\sqrt{a})}{(a-\sqrt{b}-\sqrt{a})(a-\sqrt{b}+\sqrt{a})} \quad \text{ou} \quad \frac{a\sqrt{b}(a-\sqrt{b}+\sqrt{a})}{a^2+b-2a\sqrt{b}-a}.$$

Il suffit maintenant de multiplier les deux termes de cette fraction par $(a^2+b-a)+2a\sqrt{b}$;

$$\frac{a\sqrt{b}(a-\sqrt{b}+\sqrt{a})(a^2+b-a+2a\sqrt{b})}{a^4+b^2+a^2+2a^2b-2a^3-2ab-4a^2b}.$$

123. Dans ces exercices et dans les exercices analogues, *on opère de manière à avoir au dénominateur le produit d'une somme par une différence ;* car on sait que ce produit égale la différence des carrés des deux quantités. Le dénominateur de l'expression est ainsi rendu rationnel.

124. Un nombre *positif*, entier ou fractionnaire, a toujours une racine carrée que l'on trouve exactement ou avec telle approximation que l'on veut ; mais un nombre *négatif* n'a pas de racine carrée ; car il n'existe pas de quantité qui, multipliée par elle-même, donne un résultat négatif.

Une expression telle que $\sqrt{-9}$, qui n'a pas de racine carrée, s'appelle *quantité imaginaire,* par opposition aux autres quantités qui sont dites *réelles.*

125. Toute quantité imaginaire peut être représentée par un symbole de la forme $a\sqrt{-1}$, a étant réel.

Soit par exemple $\sqrt{-9}$;
on peut écrire :

$$\sqrt{-9} = \sqrt{9 \times (-1)} = 3\sqrt{-1}.$$

Soit encore l'expression $\sqrt{-3}$;
on peut écrire :

$$\sqrt{-3} = \sqrt{3 \times (-1)} = \sqrt{3}\sqrt{-1} = 1{,}732\,05\sqrt{-1}.$$

REMARQUE. Le carré de $\sqrt{-1}$ est -1 ; cela résulte de la convention du (n° 107).

126. Soit à multiplier $a\sqrt{-1}$ par $b\sqrt{-1}$.
On aura :

$$a\sqrt{-1} \times b\sqrt{-1},$$

et, en intervertissant l'ordre des facteurs,

$$ab\sqrt{-1}\sqrt{-1} = ab(\sqrt{-1})^2 = -1\,ab.$$

Soit à faire le carré de $a + b\sqrt{-1}$,
on aura (n° 29) :

$$a^2 + b^2(\sqrt{-1})^2 + 2ab\sqrt{-1},$$

ou

$$a^2 - b^2 + 2ab\sqrt{-1}.$$

127. REMARQUE. La deuxième puissance de $\sqrt{-1}$ est -1 ; la troisième puissance de $\sqrt{-1}$ sera $-1\sqrt{-1}$. Enfin, la quatrième puissance de $\sqrt{-1}$ s'obtiendra en multipliant la deuxième puissance par elle-même.

Donc, $$(\sqrt{-1})^4 = (-1)^2 = 1.$$

Ainsi, *la seconde puissance d'une quantité imaginaire est négative, et la quatrième puissance est positive.*

3*

128. Soit à diviser $a\sqrt{-1}$ par $b\sqrt{-1}$:
on aura :

$$\frac{a\sqrt{-1}}{b\sqrt{-1}} \quad \text{ou} \quad \frac{a}{b}.$$

De même le quotient de $a-\sqrt{-1}$ par $a+\sqrt{-1}$ sera :

$$\frac{a-\sqrt{-1}}{a+\sqrt{-1}}.$$

En rendant rationnel le dénominateur (n° 123), on trouve :

$$\frac{(a-\sqrt{-1})(a-\sqrt{-1})}{(a+\sqrt{-1})(a-\sqrt{-1})} = \frac{(a-\sqrt{-2})^2}{a^2+1}.$$

Exposants fractionnaires et exposants négatifs.

129. Nous avons vu (n° 106) que la racine carrée d'une quantité telle que a^8 était $a^{\frac{8}{2}}$ ou a^4.

La racine carrée de a^3 sera de même $a^{\frac{3}{2}}$, et la racine $m^{\text{ème}}$ de a^n, $a^{\frac{n}{m}}$.

L'exposant fractionnaire provient donc d'une racine impossible à extraire.

Mais la racine carrée de a^3 s'indique aussi $\sqrt[2]{a^3}$, et la racine $m^{\text{ème}}$ de a^n, $\sqrt[m]{a^n}$.

Donc, les expressions $\sqrt{a^3}$ et $a^{\frac{3}{2}}$ sont équivalentes ;
il en est de même de $\sqrt[m]{a^n}$ et $a^{\frac{n}{m}}$;
et l'on voit que *le dénominateur d'un exposant fractionnaire indique le degré d'une racine à extraire.*

D'après cela,

l'expression $\sqrt{a}$ pourra s'écrire $a^{\frac{1}{2}}$;

de même $\sqrt[3]{a^4}$ « $a^{\frac{4}{3}}$;

et $6\sqrt{a^3bc^5}$ « $6a^{\frac{3}{2}}b^{\frac{1}{2}}c^{\frac{5}{2}}$.

130. *Lorsque les deux termes d'un exposant fractionnaire ne seront pas premiers entre eux, on pourra réduire cet exposant à sa plus simple expression ;* car, par cette opération, on divisera le numérateur et le dénominateur par un même nombre, ce qui revient à diviser par ce nombre l'indice du radical et l'exposant de la quantité placée sous le radical ; or une telle opération ne changera pas la valeur du radical (n° 121). Donc...

D'après cela,

le radical $\quad \sqrt{a^4} \quad$ pourra s'écrire $\quad a^{\frac{4}{2}} \quad$ ou $\quad a^2$;

de même $\quad \sqrt[4]{a^6} \qquad$ « $\qquad a^{\frac{6}{4}} \quad$ ou $\quad a^{\frac{3}{2}}$;

et $\qquad \sqrt[6]{a^{15}} \qquad$ « $\qquad a^{\frac{15}{6}} \quad$ ou $\quad a^{\frac{5}{2}}$.

131. Les règles posées (n°s 19 et 32) pour la multiplication et la division l'une par l'autre de deux puissances entières d'une même lettre, s'appliquent aussi aux exposants fractionnaires.

Ainsi
$$a^{\frac{3}{2}} \times a^{\frac{5}{3}} = a^{\frac{3}{2} + \frac{5}{3}},$$

et
$$a^{\frac{m}{n}} \times a^{\frac{p}{q}} = a^{\frac{m}{n} + \frac{p}{q}}.$$

Réduisant ces exposants au même dénominateur, il vient :
$$a^{\frac{3}{2}} \times a^{\frac{5}{3}} = a^{\frac{9+10}{6}} a = a^{\frac{19}{6}} = \sqrt[6]{a^{19}},$$

et
$$a^{\frac{m}{n}} \times a^{\frac{p}{q}} = a^{\frac{mq+np}{nq}} = \sqrt[nq]{a^{mq+np}} ;$$

ou a aussi
$$\sqrt[3]{a^2} \times \sqrt[2]{a^3} = a^{\frac{2}{3}} \times a^{\frac{3}{2}} = a^{\frac{4+9}{6}} = a^{\frac{13}{6}} = \sqrt[6]{a^{13}}.$$

De même
$$a^{\frac{3}{2}} : a^{\frac{1}{2}} = a^{\frac{3}{2} - \frac{1}{2}} = a^{\frac{2}{2}} = a,$$

et
$$a^{\frac{m}{n}} : a^{\frac{p}{q}} = a^{\frac{m}{n} - \frac{p}{q}} = a^{\frac{mq-np}{nq}} = \sqrt[nq]{a^{mq-np}}.$$

132. Nous avons dit (n° 32) l'origine et la signification des exposants négatifs ; démontrons que les règles établies pour le calcul des exposants positifs s'appliquent aussi aux exposants négatifs.

1° Soit à multiplier a^{-2} par a^{-3}.

On peut écrire :

$$a^{-2}\times a^{-3}=\frac{1}{a^2}\times\frac{1}{a^3}=\frac{1}{a^5}=a^{-5}\quad\text{ou}\quad a^{-(2+3)}.$$

De même

$$a^{-m}\times a^{-n}=\frac{1}{a^m}\times\frac{1}{a^n}=\frac{1}{a^{m+n}}=a^{-(m+n)}.$$

2° Soit maintenant à diviser a^{-5} par a^{-2}.

On peut écrire :

$$a^{-5}:a^{-2}=\frac{1}{a^5}:\frac{1}{a^2}=\frac{1}{a^5}\times\frac{a^2}{1}=\frac{a^2}{a^5}=a^{2-5}=a^{-5+2}=a^{-3}.$$

De même

$$a^{-m}:a^{-n}=\frac{1}{a^m}:\frac{1}{a^n}=\frac{1}{a^m}\times\frac{a^n}{1}=\frac{a^n}{a^m}=a^{n-m}=a^{-m+n}.$$

133. REMARQUES. I. Lorsque les deux membres d'une égalité sont composés chacun d'une partie entière et d'une fraction, il faut nécessairement que les parties entières soient égales entre elles et que les fractions soient aussi égales entre elles.

Soit l'égalité

$$A+F=B+F',$$

dans laquelle A et B représentent des nombres entiers, F et F' des fractions. On peut écrire en transposant les termes :

$$A-B=F'-F.$$

A et B étant entiers, leur différence, si elle n'est pas nulle, sera un nombre entier; F' et F étant des fractions, leur différence, si elle n'est pas nulle, sera encore une fraction, et on arriverait à cette conséquence absurde qu'un nombre entier égale une fraction. Donc il faut que $A=B$ et que $F'=F$.

134. II. Lorsque les deux membres d'une égalité sont composés l'un d'une quantité réelle b, l'autre d'une quantité imaginaire de la forme $a\sqrt{-1}$, il faut que l'on ait $b=0$ et $a=0$.

En effet, dans l'égalité $b=a\sqrt{-1}$, si a et b n'étaient pas nuls, il faudrait conclure qu'une quantité réelle b égale une quantité imaginaire $a\sqrt{-1}$, ce qui est absurde. Ainsi, en écrivant $b=a\sqrt{-1}$, on suppose que a et b sont nuls.

135. III. Lorsque les deux membres d'une égalité sont formés chacun d'une partie rationnelle et d'une partie irrationnelle, les parties rationnelles sont nécessairement égales entre elles; il en est de même des parties irrationnelles.

Soit l'égalité

$$a + \sqrt{m} = b + \sqrt{n};$$

dans laquelle a, b, m et n représentent des quantités rationnelles, m et n n'étant pas des carrés parfaits.

On peut écrire, en transposant :

$$\sqrt{m} = b - a + \sqrt{n};$$

élevons les deux membres au carré

$$m = (b-a)^2 + n + 2(b-a)\sqrt{n}; \qquad (1)$$

or, le premier membre étant rationnel, il faut que le second membre le soit aussi; et il ne le sera qu'autant que le terme irrationnel $2(b-a)\sqrt{n}$ vaudra zéro, ce qui n'a lieu que pour

$$b = a.$$

L'égalité (1) se réduit alors à $m = n$.

Transformation des expressions de la forme $\sqrt{A \pm \sqrt{B}}$

136. Une expression telle que $\sqrt{3} + \sqrt{2}$ élevée au carré donne :

$$(\sqrt{3} + \sqrt{2})^2 = 3 + 2 + 2\sqrt{6} = 5 + \sqrt{24},$$

d'où, en prenant la racine carrée des deux membres,

$$\sqrt{3} + \sqrt{2} = \sqrt{5 + \sqrt{24}}.$$

Ainsi $\sqrt{5 + \sqrt{24}}$ et $\sqrt{3} + \sqrt{2}$ sont des expressions équivalentes.

Il faut chercher dans quels cas une expression de la forme $\sqrt{A + \sqrt{B}}$, peut se transformer en deux radicaux simples tels que $\sqrt{x} + \sqrt{y}$.

Posons $\sqrt{A + \sqrt{B}} = \sqrt{x} + \sqrt{y}$, x et y étant des quantités commensurables.

Élevons au carré les deux membres :

$$A + \sqrt{B} = x + y + \sqrt{4xy}.$$

Or (n° 135), pour que l'égalité ait lieu, on doit avoir :

$$x + y = A,\qquad\qquad(1)$$

et
$$\sqrt{4xy} = \sqrt{B},\quad \text{ou}\quad 4xy = B.\qquad\qquad(2)$$

Si de l'équation (1) élevée au carré on retranche l'équation (2), il vient :

$$x^2 + y^2 + 2xy - 4xy = A^2 - B,$$

ou

$$x^2 + y^2 - 2xy = A^2 - B.$$

Prenons la racine carrée des deux membres, en remarquant que le premier est le carré de $x - y$.

$$x - y = \sqrt{A^2 - B}.$$

On connaît maintenant la somme A et la différence $\sqrt{A^2 - B}$ des inconnues x et y. Donc (n° 82).

$$x = \frac{A}{2} + \frac{\sqrt{A^2 - B}}{2} = \frac{A + \sqrt{A^2 - B}}{2};$$

$$y = \frac{A}{2} - \frac{\sqrt{A^2 - B}}{2} = \frac{A - \sqrt{A^2 - B}}{2}.$$

Ainsi les valeurs de x et de y seront commensurables lorsque l'expression $A^2 - B$, qui est sous le radical, sera un carré parfait.

En appelant k^2 ce carré, on aura :

$$x = \frac{A + k}{2}\quad \text{et}\quad y = \frac{A - k}{2}.$$

Exemple. L'expression $\sqrt{11 + \sqrt{21}}$, dans laquelle $11^2 - 21$ ou 100 est un carré, devient :

$$\sqrt{\frac{11 + 10}{2}} + \sqrt{\frac{11 - 10}{2}}\quad \text{ou}\quad \sqrt{\frac{21}{2}} + \sqrt{\frac{1}{2}}.$$

Les conditions de transformation des expressions de la forme $\sqrt{A - \sqrt{B}}$ sont les mêmes que pour $\sqrt{A + \sqrt{B}}$.

§ II. — Résolution de l'équation du second degré à une inconnue.

137. L'équation du second degré est une équation dans laquelle le plus fort exposant de l'inconnue est 2.

L'équation est complète si, après toute réduction faite, elle renferme : 1° la seconde puissance de l'inconnue, 2° la première puissance de l'inconnue, 3° un terme connu.

Elle est incomplète si elle ne renferme pas la première puissance de l'inconnue ou bien le terme connu.

$$5x^2 - 22x = 15$$

est une équation complète ;

$$3x^2 = 75$$

est une équation incomplète ;
il en est de même de

$$ax^2 = bx.$$

Résolution de l'équation incomplète.

138. L'équation incomplète du second degré peut toujours être ramenée à une des formes

$$ax^2 + c = 0,$$

ou

$$ax^2 + bx = 0,$$

dans lesquelles a, b, c représentent des quantités connues positives ou négatives, a étant d'ailleurs positif, ce que l'on peut toujours obtenir.

Dans le premier cas, on a, en divisant les deux termes par a,

$$x^2 = -\frac{c}{a},$$

d'où

$$x = \pm \sqrt{-\frac{c}{a}} \qquad (\text{n}^o\ 114).$$

Et l'on voit qu'il y a pour l'inconnue x, deux valeurs égales et de signes contraires.

Dans le second cas, on a, en mettant x en facteur commun,

$$x(ax + b) = 0.$$

Or, pour qu'un produit soit nul, il suffit que l'un des facteurs le soit; posons donc

$$x = 0,$$

et

$$ax + b = 0,$$

d'où

$$x = -\frac{b}{a}.$$

Et l'on voit qu'une des racines est zéro, l'autre est égale au coefficient de x pris en signe contraire, divisé par le coefficient de x^2.

Exemples. 1° *Quel est le nombre dont la moitié multipliée par les trois quarts donne 150 ?*

On a :

$$\frac{x}{2} \times \frac{3x}{4} = 150;$$

$$\frac{3x^2}{8} = 150;$$

$$3x^2 = 1\,200;$$

$$x^2 = 400;$$

$$x = \pm\sqrt{400} = \pm 20.$$

2° *Quel est le nombre dont les deux tiers multipliés par le quart donnent* —1.

On a :

$$\frac{2x}{3} \times \frac{x}{4} = -1;$$

$$2x^2 = -12;$$

$$x^2 = -6;$$

$$x = \pm\sqrt{-6}.$$

Les deux racines sont imaginaires et le problème est impossible.

3° *Quel est le nombre qui vaut la douzième partie de son carré ?*

On a :

$$\frac{x^2}{12} = x;$$

$$x^2 - 12x = 0;$$

$$x(x - 12) = 0;$$

et, en égalant à zéro chacun des deux facteurs, on trouve :

$$x = 0 \quad \text{et} \quad x = 12.$$

Résolution de l'équation complète.

139. L'équation complète du second degré à une inconnue peut toujours être ramenée à la forme

$$ax^2 + bx + c = 0,$$

dans laquelle a, b, c représentent des quantités connues, monômes ou polynômes, positives ou négatives, a étant d'ailleurs positif, ce qu'on peut toujours obtenir.

Divisons tous les termes par a

$$x^2 + \frac{b}{a}x + \frac{c}{a} = 0;$$

représentons $\frac{b}{a}$ par p et $\frac{c}{a}$ par q, l'équation devient :

$$x^2 + px + q = 0.$$

C'est sous cette forme qu'on étudie ordinairement l'équation du second degré.

Faisons passer le terme q dans le second membre,

$$x^2 + px = -q.$$

On peut alors regarder le premier membre, $x^2 + px$, comme faisant partie du carré d'un binôme, x^2 étant le carré du premier terme et px deux fois le produit du second terme par le premier.

Si x^2 est le carré du premier terme, x sera ce premier terme; et si px égale deux fois le second terme par le premier x, ce second terme sera $\frac{p}{2}$.

En ajoutant aux deux membres de l'équation $\frac{p^2}{4}$, carré de $\frac{p}{2}$, l'égalité ne sera pas troublée, et on aura :

$$x^2 + px + \frac{p^2}{4} = \frac{p^2}{4} - q.$$

Prenons la racine carrée des deux membres, en remarquant que le premier est le carré de $x + \frac{p}{2}$, et que le second n'est pas un carré parfait (n° 104), il vient :

$$x + \frac{p}{2} = \pm\sqrt{\frac{p^2}{4} - q};$$

d'où
$$x = -\frac{p}{2} \pm \sqrt{\frac{p^2}{4} - q}. \qquad (1)$$

140. On voit que les racines de l'équation du second degré ramenée à la forme $x^2+px+q=0$, égalent *la moitié du coefficient de* x *pris en signe contraire, plus ou moins la racine carrée du résultat qu'on obtient en retranchant du carré de cette moitié le terme connu.*

Si nous appelons x' et x'' chacune des deux racines, x' étant plus grande que x'', on a :

$$x'=-\frac{p}{2}+\sqrt{\frac{p^2}{4}-q},$$

$$x''=-\frac{p}{2}-\sqrt{\frac{p^2}{4}-q}.$$

141. Dans la formule (1), si nous remplaçons p par $\frac{b}{a}$ et q par $\frac{c}{a}$, il vient :

$$x=-\frac{b}{2a}\pm\sqrt{\frac{b^2}{4a^2}-\frac{c}{a}}.$$

ou, en réduisant au même dénominateur et simplifiant,

$$x=\frac{-b\pm\sqrt{b^2-4ac}}{2a}. \tag{2}$$

142. Appliquons les formules trouvées à la résolution des équations suivantes :

I. $\qquad\qquad x^2-14x+48=0.$

La formule (1) donne

$$x=7\pm\sqrt{49-48},$$
$$x=7\pm1\,;$$

d'où $\qquad\qquad x'=8 \quad\text{et}\quad x''=6.$

II. $\qquad\qquad x^2+16x+62=0.$

La formule (1) donne

$$x=-8\pm\sqrt{64-62},$$
$$x=-8\pm\sqrt{2}\,;$$

d'où $\qquad\qquad x'=-6,586\dots \quad x''=-9,414\dots$

III. $\qquad\qquad x^2 - 7x + 10 = 0.$

La formule (1) donne

$$x = \frac{7}{2} \pm \sqrt{\frac{49}{4} - 10}\,;$$

réduisons 10 en quarts

$$x = \frac{7}{2} \pm \sqrt{\frac{49 - 40}{4}}\,;$$

d'où

$$x' = \frac{7}{2} + \frac{3}{2} \qquad \text{ou} \quad 5\,;$$

$$x'' = \frac{7}{2} - \frac{3}{2} \qquad \text{ou} \quad 2.$$

IV. $\qquad\qquad x^2 - x - 20 = 0.$

La formule (1) donne

$$x = \frac{1}{2} \pm \sqrt{\frac{1}{4} + 20}\,;$$

$$x = \frac{1}{2} \pm \sqrt{\frac{1 + 80}{4}}\,;$$

d'où

$$x' = \frac{1}{2} + \frac{9}{2} \qquad \text{ou} \quad 5\,;$$

$$x'' = \frac{1}{2} - \frac{9}{2} \qquad \text{ou} \quad -4.$$

V. $\qquad\qquad 8x^2 - 2x - 3 = 0.$

Divisons tous les termes par 8,

$$x^2 - \frac{2x}{8} - \frac{3}{8} = 0.$$

La formule (1) donne alors

$$x = \frac{1}{8} \pm \sqrt{\frac{1}{64} + \frac{3}{8}}\,;$$

$$x = \frac{1}{8} \pm \sqrt{\frac{1 + 24}{64}}\,;$$

d'où $\qquad\qquad x' = \frac{3}{4} \quad \text{et} \quad x'' = -\frac{1}{2}.$

La formule (2) aurait donné immédiatement :

$$x = \frac{2 \pm \sqrt{4 + 96}}{16}\,;$$

d'où $\qquad\qquad x' = \frac{3}{4} \quad \text{et} \quad x'' = -\frac{1}{2}.$

Résolution directe de l'équation complète du second degré à une inconnue.

143. Soit l'équation

$$ax^2+bx+c=0.$$

Multiplions tous ses termes par $4a$ et posons

$$4a^2x^2+4abx=-4ac\,;$$

ajoutons b^2 aux deux membres

$$4a^2x^2+4abx+b^2=b^2-4ac.$$

Prenons la racine carrée des deux membres, en remarquant que le premier est le carré de $2ax+b$;

$$2ax+b=\pm\sqrt{b^2-4ac},$$

d'où

$$x=\frac{-b\pm\sqrt{b^2-4ac}}{2a},$$

formule identique à celle du n° 141.

144. On voit que les racines de l'équation complète du second degré $ax^2+bx+c=0$, égalent *le coefficient de* x *pris en signe contraire, plus ou moins la racine carrée du carré de ce coefficient, diminué de quatre fois le produit des coefficients extrêmes, le tout divisé par deux fois le premier coefficient.*

145. Lorsque le coefficient de x est pair, la formule précédente se simplifie.

Posons $\qquad\qquad b=2b',$

et l'équation complète devient :

$$ax^2+2b'x+c=0\,;$$

ou

$$x^2+\frac{2b'x}{a}+\frac{c}{a}=0.$$

Appliquant maintenant la règle du n° 140, on trouve :

$$x'=-\frac{b'}{a}\pm\sqrt{\frac{b'^2}{a^2}-\frac{c}{a}}\,;$$

et, en réduisant $\frac{c}{a}$ au même dénominateur que $\frac{b'^2}{a^2}$,

$$x=\frac{-b'\pm\sqrt{b'^2-ac}}{a}.$$

146. REMARQUE I. Les équations incomplètes résolues au n° 138 ne sont que des cas particuliers de l'équation complète.

En effet, si l'équation

$$ax^2 + bx + c = 0$$

ne contient pas la première puissance de x, elle se présente sous la forme $ax^2 + c = 0$, que nous avons étudiée.

Et si elle manque du terme connu, elle prend la forme $ax^2 + bx = 0$, que nous avons aussi étudiée (n° 138).

D'ailleurs, si dans la formule générale

$$x = \frac{-b \pm \sqrt{b^2 - 4ac}}{2a},$$

on suppose $b = 0$, il vient :

$$x = \pm \frac{\sqrt{-4ac}}{2a} = \pm \sqrt{-\frac{4ac}{4a^2}} = \pm \sqrt{-\frac{c}{a}}.$$

Et si, dans la même formule, on suppose $c = 0$, on trouve :

$$x = \frac{-b \pm \sqrt{b^2}}{2a} = \frac{-b \pm b}{2a} = 0 \quad \text{et} \quad -\frac{b}{a},$$

comme nous l'avons trouvé au n° 138.

147. REMARQUE II. La même formule générale

$$x = \frac{-b \pm \sqrt{b^2 - 4ac}}{2a},$$

bien qu'étant obtenue dans l'hypothèse que a n'est pas nul, est vraie cependant pour le cas où a égale zéro, c'est-à-dire lorsque l'équation a la forme

$$bx + c = 0.$$

En effet, si dans la formule générale on fait $a = 0$, il vient :

$$x = \frac{-b \pm \sqrt{b^2}}{0};$$

d'où, en séparant les racines,

$$x' = \frac{-b + b}{0} = \frac{0}{0};$$

$$x'' = \frac{-b - b}{0} = \frac{-2b}{0} = -\infty.$$

La seconde racine est infinie, tandis que la première prend la forme de l'indétermination. Mais cette indétermination n'est qu'apparente, car en multipliant le numérateur et le dénominateur par $-b-\sqrt{b^2-4ac}$, on trouve pour x :

$$x=\frac{(-b+\sqrt{b^2-4ac})(-b-\sqrt{b^2-4ac})}{2a(-b-\sqrt{b^2-4ac})};$$

et, en effectuant les opérations indiquées dans le numérateur,

$$x=\frac{b^2-b^2+4ac}{2a(-b-\sqrt{b^2-4ac})}=\frac{2c}{-b-\sqrt{b^2-4ac}}.$$

Si l'on fait maintenant $a=0$, cette dernière formule devient :

$$x=\frac{2c}{-b-b}=-\frac{c}{b}.$$

C'est, en effet, la valeur qu'on trouverait pour x, en résolvant directement l'équation $bx+c=0$.

Propriétés des racines de l'équation du second degré.

148. Nous savons que les racines de l'équation

$$ax^2+bx+c=0$$

ramenée à la forme

$$x^2+px+q=0$$

sont

$$x'=-\frac{p}{2}+\sqrt{\frac{p^2}{4}-q}\,,$$

$$x''=-\frac{p}{2}-\sqrt{\frac{p^2}{4}-q}.$$

Additionnons les deux racines, on trouve :

$$x'+x''=-\frac{2p}{2}=-p \quad \text{ou} \quad -\frac{b}{a}.$$

Ainsi, *la somme des deux racines égale le coefficient de* x *pris en signe contraire.*

Faisons le produit des deux racines x' et x'', en remarquant qu'on a à multiplier la somme de deux quantités par leur différence ;

$$x'x''=\frac{p^2}{4}-\left(\frac{p^2}{4}-q\right)=\frac{p^2}{4}-\frac{p^2}{4}+q=q \quad \text{ou} \quad \frac{c}{a}.$$

Ainsi, *le produit des deux racines égale le terme connu*, et on peut donner à l'équation la forme

$$x^2 - (x' + x'')x + x'x'' = 0.$$

En la résolvant par rapport à x, on trouve, en effet, pour racines x' et x''.

149. Ces propriétés des racines nous permettent de former une équation du second degré ayant pour réponses deux valeurs données.

EXEMPLE. 1° *Soit à former une équation qui ait pour racines 4 et 10.*

On a

$$x' + x'' = 14 = -p,$$

d'où

$$p = -14;$$

$$x'x'' = 40 = q;$$

l'équation sera :

$$x^2 - 14x + 40 = 0.$$

2° *Soit encore à former une équation qui ait pour racines* —6 *et* +2.

On a :

$$x' + x'' = -4,$$

et

$$x'x'' = -12;$$

l'équation sera

$$x^2 + 4x - 12 = 0.$$

Discussion de l'équation du second degré à une inconnue.

150. L'équation du second degré $ax^2 + bx + c = 0$, étant ramenée à la forme

$$x^2 + px + q = 0,$$

on a (n° 139)

$$x = -\frac{p}{2} \pm \sqrt{\frac{p^2}{4} - q}.$$

Il y a plusieurs cas à considérer.

1° Supposons qu'on ait $\frac{p^2}{4} - q > 0$.

Alors l'équation a deux racines *réelles* et *inégales*; car la racine carrée de la quantité positive $\frac{p^2}{4} - q$, ajoutée à $-\frac{p}{2}$ en donne une première; et cette même racine, retranchée de $-\frac{p}{2}$, en donne une seconde.

Mais bien que $\frac{p^2}{4}-q$ soit plus grand que zéro, on peut encore avoir

$$q>0, \quad q<0, \quad q=0.$$

Si q est plus grand que zéro, *les deux racines sont de même signe,* car le produit q est positif; de plus leur somme changée de signe étant p, elles ont *un signe différent de celui du coefficient de* x (n° 148).

Si q est plus petit que zéro, *les deux racines sont de signes contraires,* car leur produit q est négatif; de plus, leur somme changée de signe étant p, *la plus grande en valeur absolue a un signe différent de celui du coefficient de* x.

Si q égale zéro, *une des racines est nulle,* car le produit q des racines est nul; de plus, la somme changée de signe étant p, *l'autre racine égale le coefficient de* x *pris en signe contraire.*

151. **REMARQUE.** Puisqu'on a $\frac{p^2}{4}-q>0$, on peut poser (n° 63)

$$\frac{p^2}{4}-q=k^2\,;$$

d'où

$$q=\frac{p^2}{4}-k^2.$$

Si dans l'équation

$$x^2+px+q=0,$$

nous remplaçons q par $\frac{p^2}{4}-k^2$, il vient :

$$x^2+px+q=x^2+px+\frac{p^2}{4}-k^2=0\,;$$

ou

$$x^2+px+q=\left(x+\frac{p}{2}\right)^2-k^2=0.$$

Donc, quand les racines d'une équation du second degré sont réelles et inégales, le premier membre de cette équation peut être considéré comme étant la différence de deux carrés.

Mais

$$\left(x+\frac{p}{2}\right)^2-k^2=0,$$

peut s'écrire

$$(x+\tfrac{p}{2}+k)(x+\tfrac{p}{2}-k)=0.$$

Sous cette forme, l'existence des deux racines est manifeste; car chacun des deux facteurs $x+\tfrac{p}{2}+k$ et $x+\tfrac{p}{2}-k$ égalé à zéro en donne une.

152. 2° Supposons $\dfrac{p^2}{4}-q=0$;

alors on a :

$$x'=-\tfrac{p}{2}+0 \quad \text{ou} \quad -\tfrac{p}{2},$$

$$x''=-\tfrac{p}{2}-0 \quad \text{ou} \quad -\tfrac{p}{2},$$

et les racines sont *réelles* et *égales;* chacune d'elles a pour valeur la moitié du coefficient de x pris en signe contraire.

En réalité, on ne trouve qu'une seule valeur qui puisse vérifier l'équation; néanmoins on dit qu'il y a *deux racines,* car si $\dfrac{p^2}{4}-q$ est très-petit, les deux racines diffèrent peu l'une de l'autre; et elles diffèrent d'autant moins que $\dfrac{p^2}{4}-q$ devient plus petit; aussi, lorsque cette quantité est nulle, dit-on que les deux racines sont égales.

153. Remarque. Puisque $\dfrac{p^2}{4}-q=0,$ on a

$$q=\dfrac{p^2}{4}.$$

Si dans l'équation

$$x^2+px+q=0,$$

on remplace q par sa valeur, il vient :

$$x^2+px+q=x^2+px+\dfrac{p^2}{4}=0$$

ou $\qquad x^2+px+q=\left(x+\dfrac{p}{2}\right)^2=0.$

Donc, quand les racines sont réelles et égales, le premier membre de l'équation est un carré parfait et peut s'écrire :

$$\left(x+\dfrac{p}{2}\right)\left(x+\dfrac{p}{2}\right)=0;$$

chaque facteur égalé à zéro donne $x = -\dfrac{p}{2}$, ce qui montre encore pourquoi on peut dire que l'équation a *deux racines égales.*

154. 3° Supposons $\quad \dfrac{p^2}{4} - q < 0.$

La quantité placée sous le radical étant négative, les racines sont *imaginaires*, et il n'y a pas de solution.

Ainsi, tout problème qui fournit une équation dont les racines sont imaginaires est impossible.

155. REMARQUE I. L'hypothèse $\dfrac{p^2}{4} - q < 0$, ou $\dfrac{p^2}{4} < q$, montre qu'une équation a ses racines imaginaires lorsque le terme connu est plus grand que le carré de la moitié du coefficient de x.

REMARQUE II. Puisqu'on a $\quad \dfrac{p^2}{4} - q < 0$,

on peut écrire (n° 63)

$$\frac{p^2}{4} - q = -k^2,$$

d'où

$$q = \frac{p^2}{4} + k^2.$$

Si dans l'équation

$$x^2 + px + q = 0,$$

on remplace q par $\dfrac{p^2}{4} + k^2$, on trouve :

$$x^2 + px + q = x^2 + px + \frac{p^2}{4} + k^2 = 0,$$

ou

$$x^2 + px + q = \left(x + \frac{p}{2}\right)^2 + k^2 = 0.$$

Donc, lorsque les racines sont imaginaires, le premier membre peut être considéré comme étant la somme de deux carrés.

Sous cette forme, l'impossibilité est manifeste; car la somme des carrés de deux quantités réelles n'est jamais nulle.

156. La formule

$$x = \frac{-b \pm \sqrt{b^2 - 4ac}}{2a},$$

obtenue en résolvant directement l'équation complète

$$ax^2+bx+c=0,$$

se discute comme la précédente.

Résumé de la discussion.

$\dfrac{p^2}{4}-q>0$ $\begin{cases} \text{Les racines} \\ \text{sont réelles} \\ \text{et inégales.} \end{cases}$ $\begin{cases} q>0 & \begin{cases} \text{Les deux racines ont un} \\ \text{signe différent de celui de } p. \end{cases} \\[2ex] q<0 & \begin{cases} \text{Les racines sont de signes} \\ \text{contraires; la plus grande en} \\ \text{valeur absolue a un signe dif-} \\ \text{férent de celui de } p. \end{cases} \\[2ex] q=0 & \begin{cases} \text{Une des racines est nulle;} \\ \text{l'autre égale le coefficient de } x, \\ \text{pris en signe contraire.} \end{cases} \end{cases}$

$\dfrac{p^2}{4}-q=0$ $\begin{cases} \text{Les racines sont réelles et égales et leur valeur} \\ \text{commune est } -\dfrac{p}{2}. \end{cases}$

$\dfrac{p^2}{4}-q<0.$ Les racines sont imaginaires.

REMARQUE. La condition $q<\dfrac{p^2}{4}$ étant supposée remplie, l'équation du second degré pourra présenter une des quatre formes suivantes dans lesquelles se résume la discussion.

$x^2+px+q=0.$ x' et x'' sont négatifs.

$x^2-px+q=0.$ x' et x'' sont positifs.

$x^2-px-q=0.$ x' est positif, x'' négatif, et $x'>x''$,

$x^2+px-q=0.$ x' est positif, x'' négatif, et $x''>x'$,

en valeur absolue.

§ III. — Propriétés du trinôme du second degré.

157. Considérons un trinôme du second degré de la forme
$$x^2+px+q.$$

On peut ajouter à ce trinôme $\dfrac{p^2}{4}-\dfrac{p^2}{4}$ et écrire l'identité

$$x^2+px+q=x^2+px+\frac{p^2}{4}-\frac{p^2}{4}+q,$$

ou bien

$$x^2+px+q=\left(x+\frac{p}{2}\right)^2-\left(\frac{p^2}{4}-q\right);$$

prenons la racine carrée de la quantité $\left(\frac{p^2}{4}-q\right)$ et indiquons en même temps qu'il faut élever cette racine à la deuxième puissance, on aura :

$$x^2+px+q=\left(x+\frac{p}{2}\right)^2-\left(\sqrt{\frac{p^2}{4}-q}\right)^2.$$

Sous cette forme, on voit que le second membre de l'identité est la différence de deux carrés : on peut donc écrire (n° 30)

$$x^2+px+q=\left(x+\frac{p}{2}-\sqrt{\frac{p^2}{4}-q}\right)\left(x+\frac{p}{2}+\sqrt{\frac{p^2}{4}-q}\right). \quad (1)$$

Les racines du trinôme proposé x^2+px+q égalé à zéro sont :

$$x'=-\frac{p}{2}+\sqrt{\frac{p^2}{4}-q},$$

$$x''=-\frac{p}{2}-\sqrt{\frac{p^2}{4}-q}.$$

Si de x nous retranchons successivement chacune des deux racines, il vient :

$$x-x'=x+\frac{p}{2}-\sqrt{\frac{p^2}{4}-q},$$

$$x-x''=x+\frac{p}{2}+\sqrt{\frac{p^2}{4}-q}.$$

Et l'on voit que la première parenthèse du second membre de l'identité (1) égale $x-x'$, tandis que le deuxième égale $x-x''$. On peut donc écrire :

$$x^2+px+q=(x-x')(x-x'').$$

158. Ainsi *le trinôme du second degré de la forme* x^2+px+q, *peut se décomposer en un produit de deux facteurs du premier degré. On obtient ces facteurs en retranchant de* x *chacune des deux racines du trinôme égalé à zéro.*

159. Cette propriété se démontre plus simplement comme il suit :

En remplaçant p par $-(x'+x'')$ et q par $x'x''$ (n° 148), on a immédiatement l'identité :

$$x^2+px+q=x^2-(x'+x'')x+x'x''$$
$$=x^2-x'x-x''x+x'x''.$$

Le dernier membre est le produit de $x-x'$ par $x-x''$, comme on peut aisément le vérifier. Donc :

$$x^2+px+q=(x-x')(x-x'').$$

160. Remarque I. Si le trinôme du second degré est de la forme

$$ax^2+bx+c,$$

on multiplie et on divise par a les termes bx et c, ce qui donne :

$$a\left(x^2+\frac{b}{a}x+\frac{c}{a}\right).$$

Posant $\frac{b}{a}=p$ et $\frac{c}{a}=q$, il vient :

$$a(x^2+px+q);$$

et puisque $x^2+px+q=(x-x')(x-x'')$, on aura :

$$a(x^2+px+q)=a(x-x')(x-x'').$$

Remarque II. Si les racines du trinôme x^2+px+q étaient égales, on aurait :

$$x^2+px+q=(x-x')(x-x'')=(x-x')^2.$$

Applications 1° *Décomposer en facteurs du premier degré le trinôme*

$$x^2+4x-32.$$

Les racines de l'équation

$$x^2+4x-32=0$$

étant $+4$ et -8, on aura :

$$x^2+4x-32=(x-4)(x+8).$$

On peut, en effet, s'assurer que le produit $(x-4)(x+8)$ donne bien

$$x^2+4x-32.$$

2° *Décomposer en facteurs le trinôme*

$$10x^2-7x+1$$

qu'on peut écrire

$$10\left(x^2-\frac{7x}{10}+\frac{1}{10}\right).$$

Les racines de l'équation

$$x^2-\frac{x7}{10}+\frac{1}{10}=0$$

étant $\frac{1}{2}$ et $\frac{1}{5}$, on aura :

$$10x^2-7x+1=10\left(x-\frac{1}{2}\right)\left(x-\frac{1}{5}\right).$$

3° *Simplifier l'expression*

$$\frac{x^2-1}{x^2+3x-4}.$$

Le numérateur peut s'écrire $(x+1)(x-1)$, et le dénominateur égalé à zéro a pour racines $+1$ et -4; l'expression devient donc

$$\frac{(x+1)(x-1)}{(x-1)(x+4)}.$$

En supprimant le facteur $x-1$ commun au numérateur et au dénominateur, on a, pour la valeur simplifiée de l'expression donnée,

$$\frac{x+1}{x+4}.$$

Variations du trinôme du second degré.

161. Considérons le trinôme

$$ax^2+bx+c$$

qu'on peut écrire comme il suit :

$$a\left(x^2+\frac{b}{a}x+\frac{c}{a}\right)$$

ou

$$a(x^2+px+q).$$

Étudions les variations de ce trinôme quand x prend successivement toutes les valeurs comprises entre l'infini positif et l'infini négatif.

I. En appelant x' et x'', x' étant plus grand que x'', les racines du trinôme $x^2 + px + q$ égalé à zéro, on a, si les racines sont réelles et inégales :

$$a(x^2 + px + q) = a(x - x')(x - x'').$$

1° Pour toute valeur de x non comprise entre les racines x' et x'', c'est-à-dire plus grande que x' ou plus petite que x'', le produit $(x - x')(x - x'')$ sera positif.

En effet, si on a $x > x'$, la différence $x - x'$ sera positive ; il en sera de même, à plus forte raison, de la différence $x - x''$, et le produit sera positif.

Si on a $x < x''$, la différence $x - x''$ sera négative ; il en sera de même de la différence $x - x'$, et le produit sera encore positif. Ce produit, multiplié par a, ne change pas le signe de cette quantité.

2° Pour toute valeur de x comprise entre les racines x' et x'', c'est-à-dire plus petite que x' et plus grande que x'', le produit $(x - x')(x - x'')$ sera négatif.

En effet, si on a en même temps $x < x'$ et $x > x''$, la différence $x - x'$ sera négative, tandis que la différence $x - x''$ sera positive ; le produit sera donc négatif. Ce produit, multiplié par a, change le signe de cette quantité.

162. Ainsi lorsque le trinôme $ax^2 + bx + c$ égalé à zéro a ses racines réelles et inégales, *il conserve le signe de son premier terme* ax^2 *pour toute valeur de* x *non comprise entre ses racines*, car le produit $(x - x')(x - x'')$ reste positif. Au contraire, *il a un signe différent de celui de son premier terme* ax^2 *pour toute valeur de* x *comprise entre les deux racines*, car le produit $(x - x')(x - x'')$ est négatif.

On sait d'ailleurs que ce trinôme s'annule quand on donne à x une valeur égale à l'une des deux racines, et on conclut que *le trinôme ne peut changer de signe sans passer par zéro.*

163. II. Si les racines du trinôme sont égales, on a :

$$a(x^2 + px + q) = a(x - x')^2$$

et le trinôme aura le signe de son premier terme, quelle que soit la valeur de x, car le carré $(x - x')^2$ est toujours positif, et son produit par a ne change pas le signe de cette dernière quantité. Le trinôme s'annule d'ailleurs pour $x' = x$.

164. III. Si les racines du trinôme sont imaginaires, elles se présentent sous la forme :

$$x = m \pm n\sqrt{-1},$$

et on aura :

$$a(x^2+px+q)=a(x-m-n\sqrt{-1})(x-m+n\sqrt{-1}).$$

Le produit indiqué dans les deux dernières parenthèses est celui du binôme $x-m$ diminué de $n\sqrt{-1}$, par ce même binôme augmenté de $n\sqrt{-1}$; on peut donc écrire (n° 29) :

$$a(x^2+px+q)=a[(x-m)^2-(n\sqrt{-1})^2]$$
$$a(x^2+px+q)=a[(x-m)^2-n^2\times(-1)]$$
$$a(x^2+px+q)=a[(x-m)^2+n^2].$$

Or, quelle que soit la valeur donnée à x, les carrés $(x-m)^2$ et n^2 seront positifs, et par suite la somme $(x-m)^2+n^2$ sera elle-même positive. On voit que *le trinôme ne s'annulera jamais, et qu'il aura toujours le signe de son premier terme.*

165. APPLICATIONS. 1° *Déterminer entre quelles limites on peut faire varier la valeur de* x *pour que le trinôme* x²—2x—8 *soit négatif.*

Appelons m la valeur de ce trinôme ; écrivons :

$$m=x^2-2x-8.$$

Le trinôme proposé, égalé à zéro, a pour racines $x'=4$, $x''=-2$.

Donc pour que le trinôme soit négatif, c'est-à-dire pour que m ait un signe contraire à celui du premier terme, il faut que x ait une valeur plus petite que 4 et plus grande que —2 (n° 162).

Les valeurs entières de x seront donc : 3.2.1.0 et —1 ; le trinôme s'annule d'ailleurs pour $x=4$ et $x=-2$.

2° *Déterminer entre quelles limites on peut faire varier la valeur de* x *pour que le trinôme* —3x²—12x+36 *soit négatif.*

Écrivons

$$m=-3x^2-12x+36$$

ou

$$m=-3(x^2+4x-12).$$

Les racines du trinôme $x^2+4x-12$ égalé à zéro étant $x'=2$ et $x''=-6$, on voit que le trinôme sera négatif, c'est-à-dire aura le même signe que son premier terme, pour toute valeur de x non comprise entre ses deux racines.

x peut donc valoir 3, 4, 5, 6... $+\infty$ et —7, —8, —9...—∞ ; le trinôme s'annule d'ailleurs pour $x=2$ et $x=-6$.

3° *Déterminer entre quelles limites on peut faire varier* x
pour que le trinôme $x^2 - 4x + 6$ *soit positif.*

Écrivons

$$x^2 - 4x + 6 = 0$$

d'où

$$x = 2 \pm \sqrt{-2}.$$

Les racines du trinôme étant imaginaires, le trinôme restera
positif, quelle que soit la valeur donnée à x (n° 164).

4° *Étant donnée l'équation* $x^2 - 6x - 16 = 0$, *trouver, sans
la résoudre, si les nombres* 3 *et* 10 *sont compris entre ses
racines.*

Le nombre 3 mis à la place de x dans l'équation proposée
donne —25 pour valeur du premier membre; cette valeur étant
d'un signe contraire à celui de x, 3 est compris entre les racines
(n° 162).

Le nombre 10 mis à la place de x donne $+24$ pour valeur du
premier membre; cette valeur ayant même signe que le premier
terme x^2, 10 n'est pas compris entre les racines.

Si l'on résout l'équation, on trouve, en effet, que les racines
sont 8 et —2.

§ IV. — Équations bicarrées.

166. Une équation bicarrée est une équation du quatrième
degré, ne renfermant que la quatrième et la deuxième puissance
de l'inconnue, et une quantité connue; on peut toujours la ramener à la forme

$$ax^4 + bx^2 + c = 0$$

ou en divisant tous les termes par a,

$$x^4 + \frac{b}{a}x^2 + \frac{c}{a} = 0;$$

représentons $\frac{b}{a}$ par p et $\frac{c}{a}$ par q, on a :

$$x^4 + px^2 + q = 0.$$

C'est sous cette forme qu'on étudie ordinairement l'équation
bicarrée. Posons $x^2 = z$, d'où $x^4 = z^2$, l'équation devient :

$$z^2 + pz + q = 0 \qquad (1)$$

d'où

$$z \text{ ou } x^2 = -\frac{p}{2} \pm \sqrt{\frac{p^2}{4} - q}$$

et par suite

$$x = \pm \sqrt{-\frac{p}{2} \pm \sqrt{-\frac{p^2}{4} - q}}. \qquad (2)$$

Les racines au nombre de 4 sont :

$$x' = +\sqrt{-\frac{p}{2} + \sqrt{\frac{p^2}{4} - q}}, \qquad x''' = -\sqrt{-\frac{p}{2} + \sqrt{\frac{p^2}{4} - q}},$$

$$x'' = +\sqrt{-\frac{p}{2} - \sqrt{\frac{p^2}{4} - q}}, \qquad x'''' = -\sqrt{-\frac{p}{2} - \sqrt{\frac{p^2}{4} - q}}.$$

On voit que les racines sont, deux à deux, égales et de signes contraires. Ce résultat était facile à prévoir, car l'équation ne renfermant que les puissances *paires* de l'inconnue, reste la même quand on change x en $-x$.

En effet

$$x^4 = (-x^2)^2, \quad \text{et} \quad x^2 = (-x)^2.$$

167. Discussion. Lorsque l'équation (1) aura ses racines réelles et positives, les 4 racines de l'équation (2) seront réelles, deux seront positives et deux négatives.

Lorsque l'équation (1) aura une racine positive et une négative, deux racines de l'équation (2) seront réelles, l'une étant positive et l'autre négative; les deux autres seront imaginaires, et correspondront à la racine négative de l'équation (1).

Enfin, lorsque les deux racines de l'équation (1) seront négatives ou imaginaires, les 4 racines de l'équation (2) seront imaginaires.

168. En général, lorsqu'on a une équation à trois termes de la forme

$$ax^{2n} + bx^n + c = 0$$

on pose

$$x^n = z, \quad \text{d'où} \quad x^{2n} = z^2,$$

et l'équation devient :

$$az^2 + bz + c = 0$$

d'où (n° 143),

$$z \text{ ou } x^n = \frac{-b \pm \sqrt{b^2 - 4ac}}{2a}$$

et par suite

$$x = \sqrt[n]{\dfrac{-b \pm \sqrt{b^2 - 4ac}}{2a}}.$$

L'équation bicarrée n'est qu'un cas particulier de l'équation générale que nous venons de résoudre et qu'on appelle *équation trinôme*.

Soit à résoudre les équations suivantes :

1°
$$x^4 - 25x^2 + 144 = 0$$

Posons $\quad x^2 = z, \quad$ d'où $\quad x^4 = z^2;$

on a alors

$$z^2 - 25z + 144 = 0;$$

$$z \text{ ou } x^2 = \frac{25}{2} \pm \sqrt{\frac{625 - 576}{4}}$$

$$x^2 = \frac{25 \pm 7}{2},$$

d'où
$$x = \pm \sqrt{\frac{25 \pm 7}{2}}.$$

$$x' = 4, \quad x'' = 3, \quad x''' = -4, \quad x'''' = -3.$$

2°
$$4x^4 - 17x^2 + 4 = 0$$

ou
$$x^4 - \frac{17x^2}{4} + 1 = 0$$

Posons $\quad x^2 = z, \quad$ d'où $\quad x^4 = z^2;$

on a alors

$$z^2 - \frac{17z}{4} + 1 = 0;$$

$$z \text{ ou } x^2 = \frac{17}{8} \pm \sqrt{\frac{289}{64} - 1} = \frac{17}{8} \pm \sqrt{\frac{289 - 64}{64}}$$

$$x = \pm \sqrt{\frac{17}{8} \pm \sqrt{\frac{225}{64}}} = \pm \sqrt{\frac{17 \pm 15}{8}}.$$

$$x' = 2, \quad x'' = \frac{1}{2}, \quad x''' = -2 \quad \text{et} \quad x'''' = -\frac{1}{2}.$$

3° $$x^4 - 6x^2 + 10 = 0$$

Posons $\quad x^2 = z \;,\quad$ d'où $\quad x^4 = z^2 ,$

et on a :

$$z^2 - 6z + 10 = 0$$
$$z \quad \text{ou} \quad x^2 = 3 \pm \sqrt{9 - 10}$$
$$x = \pm \sqrt{3 \pm \sqrt{-1}}$$

Les 4 racines sont imaginaires.

§ V. — Équations à plusieurs inconnues.

169. Lorsqu'on veut résoudre un système d'équations à plusieurs inconnues dans lequel quelques-unes des équations ou toutes sont du deuxième degré, on arrive, par des éliminations successives, à des équations ne renfermant qu'une seule inconnue. Si cette équation est du second degré, ou même bicarrée, on la résout par les procédés ordinaires; mais si elle est d'un degré supérieur au second, on ne peut pas la résoudre par l'algèbre élémentaire, excepté cependant dans des cas particuliers et en employant des *artifices de calcul*.

170. Voici du reste les artifices les plus généralement employés :

1° *Soit le système des deux équations*

$$x + y = 12$$
$$xy = 35$$

On connaît la somme et le produit des inconnues; ces inconnues seront donc (n° 148) les racines de l'équation

$$X^2 - 12X + 35 = 0$$

d'où $\qquad x' \;$ ou $\; x = 6 + \sqrt{36 - 35} = 7$

$\qquad\qquad x'' \;$ ou $\; y = 6 - \sqrt{36 - 35} = 5.$

2° *Soit le système des deux équations*

$$x - y = 5$$
$$xy = -4.$$

Posons $\quad z = -y,\quad$ et le système proposé devient :

$$x + z = 5$$
$$xz = +4.$$

Les inconnues seront les racines de l'équation

$$X^2 - 5X + 4 = 0$$

d'où
$$x' = \frac{5}{2} + \sqrt{\frac{25}{4} - 4} = 4$$

et
$$x'' = \frac{5}{2} - \sqrt{\frac{25}{4} - 4} = 1$$

$$x = 4 ; \quad z = 1 , \quad \text{d'où} \quad y = -1.$$

Autre procédé. Si à la première équation élevée au carré $x^2 + y^2 - 2xy = 25$, on ajoute 4 fois la seconde, ou $4xy = -16$, on trouve :

$$x^2 + y^2 + 2xy = 9.$$

Prenons la racine carrée des deux membres

$$x + y = 3 ;$$

connaissant la somme 3 et la différence 5 des inconnues; on aura (n° 82)

$$x = \frac{3+5}{2} \quad \text{ou} \quad 4$$

$$y = \frac{3-5}{2} \quad \text{ou} \quad -1.$$

3° *Soit le système de deux équations*

$$x + y = S$$
$$x^2 + y^2 = d^2.$$

Si de la première élevée au carré on retranche la seconde, on trouve :

$$2xy = S^2 - d^2$$

d'où
$$xy = \frac{S^2 - d^2}{2}.$$

Les inconnues seront les racines de l'équation

$$X^2 - SX + \frac{S^2 - d^2}{2} = 0$$

$$\left.\begin{matrix} x \\ y \end{matrix}\right| = \frac{S}{2} \pm \sqrt{\frac{S^2}{4} - \frac{S^2 - d^2}{2}} = \frac{S}{2} \pm \sqrt{\frac{S^2}{4} - \frac{2S^2}{4} + \frac{2d^2}{4}}.$$

$$x = \frac{S + \sqrt{2d^2 - S^2}}{2}$$

$$y = \frac{S - \sqrt{2d^2 - S^2}}{2}.$$

4° Soit le système des deux équations.

$$x-y=2$$
$$x^3-y^3=98.$$

La première élevée au cube devient

$$x^3-3x^2y+3xy^2-y^3=8 ,$$

ou

$$x^3-y^3-3xy(x-y)=8 ;$$

remplaçons x^3-y^3 par 98 et $x-y$ par 2, on trouve :

$$98-6xy=8$$

ou

$$xy=15.$$

On connaît la différence 2 et le produit 15 des inconnues, et l'on tombe dans le cas du n° 2. Les équations résolues donnent

$$x=5, \quad y=3.$$

On résoudrait d'une manière analogue les équations

$$x+y=6 \tag{1}$$
$$x^3+y^3=126. \tag{2}$$

Cependant on peut employer la méthode suivante. Divisons l'équation (2) par l'équation (1) et il vient

$$\frac{x^3+y^3}{x+y}=\frac{126}{6}=21$$

ou (n° 43),

$$x^2-xy+y^2=21. \tag{3}$$

La valeur $y=6-x$ tirée de l'équation (1) étant mise à la place de y dans l'équation (3), on trouve :

$$x^2-x(6-x)+(6-x)^2=21$$
$$x^2-6x+5=0$$

d'où

$$x'=5$$
$$x''=1.$$

Ces valeurs portées à la place de x dans l'équation (1) donnent :

$$y=1 \quad \text{et} \quad y=5.$$

5° Soit le système des deux équations

$$x^2+y^2=a^2$$
$$xy=b^2.$$

Deux fois la seconde équation ajoutée à la première ou retranchée de la première donne successivement :

$$x^2 + y^2 + 2xy = a^2 + 2b^2$$
$$x^2 + y^2 - 2xy = a^2 - 2b^2.$$

Prenons la racine carrée de chacune de ces équations :

$$x + y = \pm \sqrt{a^2 + 2b^2}$$
$$x - y = \pm \sqrt{a^2 - 2b^2}.$$

On connaît la somme et la différence, donc

$$x = \pm \frac{\sqrt{a^2 + 2b^2} \pm \sqrt{a^2 - 2b^2}}{2}$$

$$y = \pm \frac{\sqrt{a^2 + 2b^2} \pm \sqrt{a^2 - 2b^2}}{2}.$$

6° *Soit le système des deux équations*

$$x^2 y - xy^2 = 30 \qquad\qquad (1)$$

$$\frac{1}{x} - \frac{1}{y} = \frac{2}{15}. \qquad\qquad (2)$$

La seconde devient, quand on chasse les dénominateurs

$$2xy = 15(x - y), \qquad\qquad (3)$$

et la première peut s'écrire

$$xy(x - y) = 30. \qquad\qquad (4)$$

Divisons la 3e par la 4e, on trouve

$$\frac{2}{x - y} = \frac{x - y}{2}$$

d'où

$$(x - y)^2 = 4$$

et

$$x - y = 2 ;$$

cette valeur portée dans l'équation 3 donne

$$xy = 15.$$

Connaissant la différence et le produit des inconnues, on résoudra les équations comme au n° 2.

171. REMARQUE I. On voit que la plupart des artifices de calcul consistent à trouver la somme et le produit de deux inconnues, et à résoudre ensuite une équation du second degré dont les racines sont précisément les valeurs de chacune des inconnues.

172. REMARQUE II. De la première équation du n° 5, $x^2 + y^2 = a^2$, on tire

$$x = \pm \sqrt{a^2 - y^2},$$

et de la seconde,

$$x = \frac{b^2}{y}.$$

Égalons ces valeurs :

$$\pm \sqrt{a^2 - y^2} = \frac{b^2}{y};$$

élevons tout au carré

$$a^2 - y^2 = \frac{b^4}{y^2},$$

ou

$$a^2 y^2 - y^4 = b^4,$$

$$y^4 - a^2 y^2 + b^4 = 0.$$

Posons $y^2 = z$ d'où $y^4 = z^2$; l'équation devient alors :

$$z^2 - a^2 z + b^4 = 0,$$

$$z \text{ ou } y^2 = \frac{a^2}{2} \pm \sqrt{\frac{a^4}{4} - \frac{4b^4}{4}}$$

d'où

$$y = \pm \sqrt{\frac{a^2 \pm \sqrt{a^4 - 4b^4}}{2}}.$$

Or nous avons trouvé pour racine de cette même équation résolue au moyen d'artifices de calcul

$$y = \pm \frac{\sqrt{a^2 + 2b^2} \pm \sqrt{a^2 - 2b^2}}{2},$$

il faut donc que ces deux valeurs de y soient équivalentes ; pour le vérifier, élevons au carré la dernière,

$$y^2 = \frac{a^2 + 2b^2}{4} + \frac{a^2 - 2b^2}{4} \pm \frac{2}{4}\sqrt{(a^2 + 2b^2)(a^2 - 2b^2)}$$

$$y^2 = \frac{a^2}{2} \pm \frac{\sqrt{a^4 - 4b^4}}{2} ;$$

d'où

$$y = \pm \sqrt{\frac{a^2 \pm \sqrt{a^4 - 4b^4}}{2}},$$

valeur identique à la première.

173. *Soit à résoudre l'équation*

$$2x^4 - 3x^3 - x^2 - 3x + 2 = 0. \qquad (1)$$

Cette équation complète du quatrième degré, dans laquelle les coefficients des termes placés à égale distance des extrêmes sont égaux et de même signe, est une *équation réciproque ;* car sa valeur reste la même quand on remplace x par $\dfrac{1}{x}$, comme on peut facilement s'en assurer. D'après cela, s'il existe une racine telle que $x = a$, il y en aura une autre de la forme $x = \dfrac{1}{a}$.

En groupant les termes qui ont le même coefficient, l'équation proposée peut s'écrire :

$$2(x^4 + 1) - 3(x^3 + x) - x^2 = 0.$$

Divisons tout par x^2, afin de faire disparaître x du dernier terme, il vient :

$$2\left(x^2 + \frac{1}{x^2}\right) - 3\left(x + \frac{1}{x}\right) - 1 = 0. \tag{2}$$

Posons
$$x + \frac{1}{x} = z,$$

d'où
$$x^2 + \frac{1}{x^2} = \left(x + \frac{1}{x}\right)^2 - 2 = z^2 - 2.$$

L'équation (2) devient alors :

$$2(z^2 - 2) - 3z - 1 = 0,$$
$$2z^2 - 4 - 3z - 1 = 0,$$
$$z^2 - \frac{3z}{2} - \frac{5}{2} = 0 ;$$

d'où
$$z = \frac{3}{4} \pm \sqrt{\frac{9}{16} + \frac{5}{2}},$$
$$z' = \frac{3}{4} + \frac{7}{4} \quad \text{ou} \quad \frac{5}{2}.$$
$$z'' = \frac{3}{4} - \frac{7}{4} \quad \text{ou} \quad -1.$$

Maintenant si, dans l'équation $x + \dfrac{1}{x} = z$, nous remplaçons z par ses valeurs, on a :

$$x + \frac{1}{x} = \frac{5}{2}, \tag{3}$$

$$x + \frac{1}{x} = -1. \tag{4}$$

L'équation (3) devient successivement :

$$2x^2 + 2 - 5x = 0,$$

$$x = \frac{5}{4} \pm \sqrt{\frac{25}{16} - \frac{16}{16}},$$

d'où
$$x' = 2 \quad \text{et} \quad x'' = \frac{1}{2}.$$

L'équation (4) devient aussi :

$$x^2 + 1 = -x,$$

ou
$$x^2 + x + 1 = 0.$$

Le terme connu $+1$ étant plus grand que le carré de la moitié du coefficient de x, les racines sont imaginaires (n° 155).

Ainsi, l'équation proposée a deux racines réelles, 2 et $\frac{1}{2}$, et deux racines imaginaires.

§ VI. — Équations binômes.

174. Une *équation binôme* est une équation à deux termes dont l'un est connu ; elle peut être ramenée à la forme

$$x^m + A = 0,$$

dans laquelle A est positif ou négatif.

Extrayons la racine $m^{\text{ème}}$ de A ; appelons a cette racine et écrivons :

$$\sqrt[m]{A} = a ; \quad \text{d'où} \quad A = a^m,$$

et l'équation devient

$$x^m + a^m = 0.$$

Si nous supposons que $x = ay$, y étant une inconnue auxiliaire, x^m égalera $a^m y^m$, et on aura :

$$a^m y^m + a^m = 0 ;$$

d'où, en supprimant le facteur a^m,

$$y^m + 1 = 0.$$

Telle est la forme à laquelle on peut toujours ramener une équation binôme ; elle permet généralement de calculer y. Les valeurs de y étant trouvées, on les multiplie par a et on obtient celles de x.

EXEMPLES : 1º *Soit à résoudre l'équation*

$$x^4 - 81 = 0 \, ;$$

remarquons que $\qquad \sqrt[4]{81} = 3.$

On peut donc écrire :

$$x^4 - 3^4 = 0.$$

Supposons que $x = 3y$; alors $x^4 = 3^4 \times y^4$, et l'équation proposée deviendra :

$$3^4 \times y^4 - 3^4 = 0,$$

d'où, en divisant par 3^4,

$$y^4 - 1 = 0, \qquad \text{forme générale.}$$

Pour résoudre cette dernière équation on écrit :

$$y^4 - 1 = (y^2 + 1)(y^2 - 1) = (y^2 + 1)(y + 1)(y - 1) = 0.$$

Les racines sont données par les équations

$$y^2 + 1 = 0; \quad \text{d'où} \quad y = \pm \sqrt{-1},$$
$$y + 1 = 0; \quad \text{d'où} \quad y = -1,$$
$$y - 1 = 0; \quad \text{d'où} \quad y = 1,$$

en multipliant ces racines par 3, on a pour celles de x

$$x = \pm 3\sqrt{-1},$$
$$x' = -3,$$
$$x'' = 3.$$

2º *Soit l'équation*

$$x^3 + 1 = 0.$$

$x^3 + 1$ étant divisible par $x + 1$ (nº 43), on peut écrire :

$$x^3 + 1 = (x^2 - x + 1)(x + 1) = 0.$$

Les racines sont données par les équations

$$x^2 - x + 1 = 0, \quad \text{et} \quad x + 1 = 0.$$

3º *Soit l'équation*

$$x^5 + 1 = 0.$$

$x^5 + 1$ étant divisible par $x + 1$, on peut écrire (nº 43) :

$$x^5 + 1 = (x^4 - x^3 + x^2 - x + 1)(x + 1) = 0,$$

et les racines sont données par les équations :

$$x + 1 = 0,$$

et $\qquad\qquad x^4 - x^3 + x^2 - x + 1 = 0.$

Cette dernière est une équation réciproque analogue à celle du nº 173.

4° Soit encore l'équation

$$x^6 - 1 = 0.$$

On peut écrire :

$$x^6 - 1 = (x^3 + 1)(x^3 - 1) = 0.$$

Or $x^3 + 1$ n'est autre que l'équation 2 ci-dessus, et $x^3 - 1$ est divisible par $x - 1$.

d'où
$$x^3 - 1 = (x^2 + x + 1)(x - 1) = 0.$$

Les trois racines de cette dernière équation s'obtiennent en égalant à zéro les facteurs $x^2 + x + 1$, et $x - 1$.

Problèmes du second degré.

1. *Combien a-t-on eu de mètres de drap pour 240 fr., sachant que si le mètre avait coûté 3 fr. de moins, on aurait eu 4 mètres de plus.*

Soit x le nombre de mètres.

$\dfrac{240}{x}$ exprimera le prix du mètre et $\dfrac{240}{x+4}$, le prix du mètre dans le second cas ; mais alors le mètre coûte 3 fr. de moins, il manque donc 3 fr. au quotient $\dfrac{240}{x+4}$ pour égaler $\dfrac{240}{x}$, de là l'équation

$$\frac{240}{x} = \frac{240}{x+4} + 3.$$

Multiplions tous les termes par $x(x+4)$, on trouve :
$$240x + 960 = 240x + 3x^2 + 12x,$$
$$x^2 + 4x - 320 = 0 ;$$
d'où
$$x' = 16 \quad \text{et} \quad x'' = -20.$$

On a donc eu 16 mèt. La seconde réponse n'est pas admissible ; cependant, si on change son signe, elle indique qu'on aurait eu 20 mèt. si le prix du mètre eût été diminué de 3 fr.

II. *Deux associés ont retiré de leur commerce 2500 fr. mise et bénéfice ; le premier a eu 300 fr. de gain ; on sait d'ailleurs que le second avait mis 800 fr. : trouver la mise du premier et le gain du second.*

Appelons x la mise du premier et y le gain du second; on a d'abord :

$$x+y=2\,500-300-800=1\,400.$$

Les gains étant proportionnels aux mises, on a encore :

$$\frac{x}{300}=\frac{800}{y},$$

d'où

$$xy=240\,000.$$

On connaît la somme et le produit des deux inconnues; on peut donc écrire :

$$X^2-1\,400X+240\,000=0 ;$$

d'où

$$x=1\,200 \quad \text{et} \quad y=200.$$

III. *Couper une sphère par un plan de manière que la section soit la différence des deux calottes qui ont pour base commune cette section.*

Pour résoudre ce problème, il suffit de déterminer à quelle distance du centre il faut mener le plan sécant.

Appelons x cette distance et R le rayon de la sphère.

La surface de la section est $\pi(R^2-x^2)$,

Celle de la calotte supérieure sera (voir *Géométrie*, par F. P. B., n° 463) $2\pi R(R-x)$,

Et celle de la calotte inférieure, $2\pi R(R+x)$.

De là l'équation :

$$\pi(R^2-x^2)=2\pi R(R+x)-2\pi R(R-x),$$

$$R^2-x^2=2R(R+x-R+x),$$

$$x^2+4Rx-R^2=0,$$

d'où

$$x=-2R\pm R\sqrt{5},$$

$$x'=-2R+R\sqrt{5}; \quad x''=-2R-R\sqrt{5}.$$

La seconde réponse n'est pas admissible; car elle est plus grande que R, en valeur absolue.

IV. *Un particulier place à un certain taux un capital de 8 000 fr.; après un an, il retire ce capital et les intérêts produits, et place le tout à un taux supérieur de 1 fr. au premier; alors il retire un revenu annuel de 416 fr. : quel était le premier taux?*

4*

Soit x ce taux; $\dfrac{x \times 8\,000}{100}$ ou $80x$ exprime l'intérêt de $8\,000$ fr. en un an. Le nouveau capital est alors

$$8\,000 + 80x.$$

Et ce capital au taux $x+1$ p. $^0/_0$ rapporte

$$\frac{(8\,000 + 80x)(x+1)}{100}.$$

On aura donc l'équation

$$\frac{(8\,000 + 80x)(x+1)}{100} = 416,$$

qui se réduit à :

$$x^2 + 101x - 420 = 0,$$

d'où $\qquad x' = 4\,^0/_0 \quad$ et $\quad x'' = -105.$

La première racine est seule admissible. Le taux était donc 4 p. $^0/_0$.

V. *Une croisée terminée par un demi-cercle mesure* m *mètres sous clef de voûte et a pour surface* s^2 : *trouver le rayon du demi-cercle.*

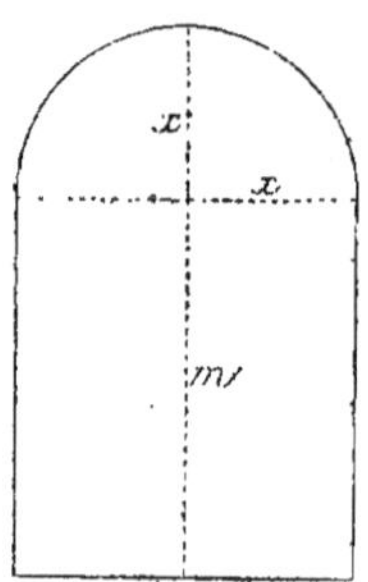

Soit x ce rayon.

L'aire du demi-cercle est $\dfrac{\pi x^2}{2}$; celle de la partie rectangulaire est $2x(m-x)$; de là l'équation

$$2x(m-x) + \frac{\pi x^2}{2} = s^2,$$

$$(4-\pi)x^2 - 4mx + 2s^2 = 0.$$

d'où $\qquad x = \dfrac{2m \pm \sqrt{4m^2 - 2s^2(4-\pi)}}{4-\pi}.$

Le dénominateur $4-\pi$ étant une fraction, le premier terme $2m$ du numérateur, divisé par $4-\pi$, donne un quotient plus grand que $2m$. Mais la valeur de x doit être plus petite que m, donc il faut que le radical soit pris avec le signe négatif. Le même raisonnement montre que le radical ne peut être nul, car x serait plus grand que m, et comme d'ailleurs sa valeur doit être positive, sans quoi les solutions seraient imaginaires, il s'ensuit que $4m^2$ est toujours plus grand que $2s^2(4-\pi)$.

VI. *Quel est le nombre qui étant diminué de sa racine carrée donne 110?*

Soit x le nombre demandé; on aura :

$$x - \sqrt{x} = 110.$$

Pour résoudre cette équation il faut faire disparaître la partie irrationnelle; on y arrive en *isolant le radical* et en élevant ensuite les deux membres au carré; écrivons donc :

$$-\sqrt{x} = 110 - x,$$
$$x = 12100 + x^2 - 220x,$$
$$x^2 - 221x + 12100 = 0,$$

d'où
$$x' = 121 \quad \text{et} \quad x'' = 100.$$

La racine carrée de 121 est ± 11; celle de 100 est ± 10.
121 diminué de sa racine positive donne 110.
100 diminué de sa racine négative donne aussi 110.

REMARQUE. En appelant x^2 le nombre cherché, on a immédiatement :

$$x^2 - x = 110,$$

d'où
$$x' = 11 \quad \text{et} \quad x'' = -10.$$

11 et —10 étant les racines du nombre cherché, ce nombre est donc 121 ou 100.

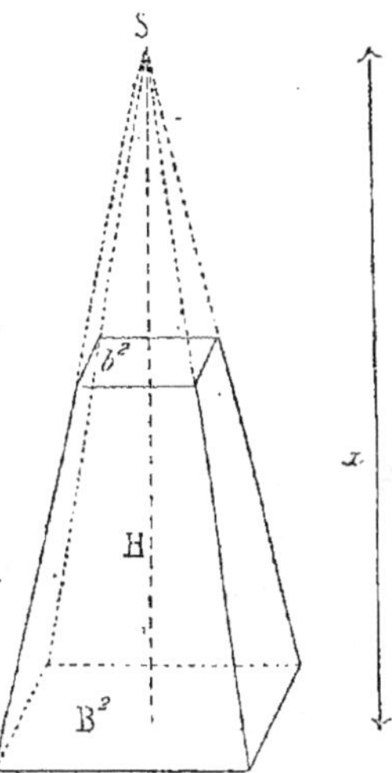

VII. *Les bases d'un tronc de pyramide sont* B^2 *et* b^2, *et la hauteur* H : *trouver le volume de la pyramide si elle n'était pas tronquée.*

Soit x la hauteur qu'aurait la pyramide complète.

Les bases B^2 et b^2 étant entre elles comme les carrés des hauteurs correspondantes, on aura :

$$\frac{B^2}{b^2} = \frac{x^2}{(x-H)^2},$$
$$B^2(x^2 + H^2 - 2Hx) = b^2 x^2,$$
$$(B^2 - b^2)x^2 - 2B^2 Hx + B^2 H^2 = 0,$$

d'où
$$x = \frac{B^2 H \pm \sqrt{B^2 b^2 H^2}}{B^2 - b^2}.$$

Cette valeur de x peut être mise sous la forme

$$x = \frac{BH(B \pm b)}{(B+b)(B-b)}.$$

Or x doit être plus grand que H, donc il faut prendre la quantité b du numérateur avec le signe plus; alors on a : $x = \dfrac{BH}{B-b}$, valeur plus grande que H, et le volume de la pyramide est exprimé par

$$V = \frac{B^3 H}{3(B-b)}.$$

VIII. *Trouver les trois côtés d'un triangle rectangle, connaissant leur somme, 60 mèt., et la perpendiculaire, 12 mèt., qui tombe sur l'hypoténuse.*

On a :

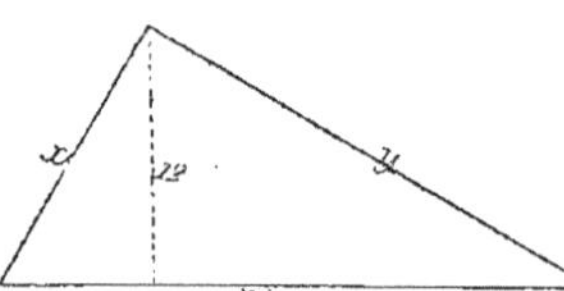

$$x + y + z = 60, \qquad (1)$$
$$x^2 + y^2 = z^2, \qquad (2)$$
$$xy = 12z. \qquad (3)$$

De la première équation on tire :

$$x + y = 60 - z, \quad (4)$$
$$\text{ou} \quad x^2 + y^2 + 2xy = (60 - z)^2.$$

L'équation (2) ajoutée à deux fois la troisième donne aussi :

$$x^2 + y^2 + 2xy = z^2 + 24z, \qquad (5)$$

d'où

$$(60 - z)^2 = z^2 + 24z,$$
$$z = 25.$$

Cette valeur portée dans les équations (3) et (4) donne :

$$xy = 300,$$
$$x + y = 35.$$

Par suite :

$$x = 15 \quad \text{et} \quad y = 20.$$

IX. *Résoudre l'équation*

$$\frac{x(b-x) - b^2}{\sqrt{x(b-x)} + b} - \frac{\sqrt{x(b-x)} - bc}{c} = c - 1.$$

On a successivement :

$$\frac{(\sqrt{x(b-x)})^2 - b^2}{\sqrt{x(b-x)} + b} - \frac{\sqrt{x(b-x)} - bc}{c} = c - 1,$$

$$\frac{\left(\sqrt{x(b-x)}-b\right)\left(\sqrt{x(b-x)}+b\right)}{\left(\sqrt{x(b-x)}+b\right)} = \frac{\sqrt{x(b-x)}-bc}{c} = c-1,$$

$$c\sqrt{x(b-x)}-bc-\sqrt{x(b-x)}+bc = c(c-1),$$

$$\sqrt{x(b-x)}\,(c-1) = c(c-1),$$

$$x(b-x) = c^2,$$

$$x^2 - bx + c^2 = 0,$$

$$x = \frac{b \pm \sqrt{b^2 - 4c^2}}{2}.$$

§ VII. — Maxima et minima.

175. On appelle *variable* une quantité qui peut passer successivement par plusieurs états de grandeur.

Lorsque deux quantités variables sont liées entre elles de telle sorte qu'une valeur attribuée à l'une permet de trouver la valeur de l'autre, on dit que chacune d'elles est une *fonction* de l'autre.

Si l'on fait passer graduellement l'une des deux quantités variables de $+\infty$ à $-\infty$, cette quantité porte le nom de *variable indépendante*, et l'autre quantité, qui conserve le nom de fonction, prend elle-même des valeurs dépendantes de la première.

176. Lorsqu'une fonction variant d'une manière continue diminue après avoir augmenté, elle passe par une valeur plus grande que les valeurs qui la précèdent et qui la suivent immédiatement et atteint un *maximum*. Au contraire, si, après avoir diminué, la fonction augmente, elle passe par une valeur plus petite que les valeurs voisines et atteint un *minimum*.

177. Les maxima et les minima sont donc des *grandeurs relatives* qu'on doit toujours considérer par rapport aux valeurs voisines. Une même fonction peut avoir plus d'un maximum et plus d'un minimum, et il peut arriver qu'un minimum soit plus grand qu'un maximum.

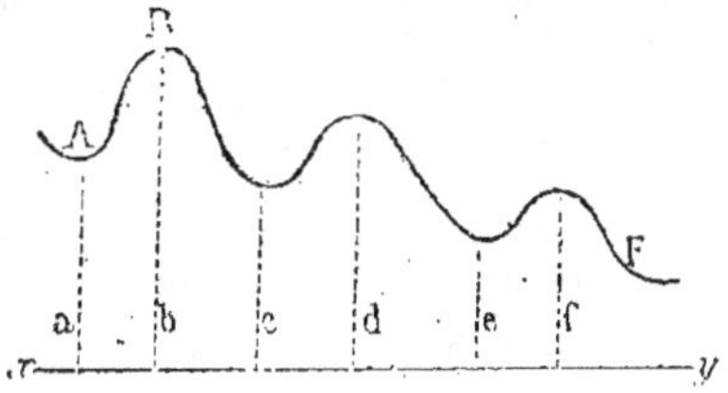

Si la ligne ABF représente la coupe d'un terrain par un plan vertical, les hauteurs b, d, f, au-dessus d'une horizontale xy, marquent chacune un maximum, tandis que les hauteurs a, c, e, expriment chacune un minimum; et on voit que le minimum c est plus grand que le maximum f.

178. Les questions de maxima et de minima ne sont point du domaine de l'algèbre élémentaire; on peut cependant résoudre celles qui donnent lieu à une équation du second degré ou même quelquefois d'un degré plus élevé, en appliquant certains principes que nous allons exposer.

179. **Ier Principe.** *Le produit de deux facteurs variables dont la somme est constante est maximum lorsque ces facteurs sont égaux.*

Soient a la somme constante de deux facteurs et m leur différence; les facteurs seront : $\frac{1}{2}(a+m)$ et $\frac{1}{2}(a-m)$ (n° 82), et leur produit,

$$\frac{1}{4}(a^2-m^2) \quad \text{ou} \quad \frac{a^2}{4}-\frac{m^2}{4}.$$

Ce produit est composé d'une quantité fixe $\frac{a^2}{4}$ et d'une partie variable $\frac{m^2}{4}$; il sera le plus grand possible lorsque la quantité à retrancher $\frac{m^2}{4}$ sera nulle; mais si la quantité m est nulle, les deux facteurs deviennent l'un et l'autre $\frac{a}{2}$; ils sont donc égaux. Donc...

APPLICATIONS. 1° *Partager le nombre 20 en deux parties telles que leur produit soit maximum.*

Les deux facteurs devant être égaux pour que le produit soit maximum, chacun d'eux sera égal à 10.

On peut s'assurer, en effet, que le produit de deux facteurs tels que 9 et 11, 8 et 12, 7 et 13... dont la somme est 20, est moindre que le produit de 10 par 10.

2° *Quel est le plus grand rectangle qu'on puisse inscrire dans un carré donné (Baccalauréat)?*

Soit ABCD le carré donné. Portons à partir des sommets A et C et dans les deux sens, une même longueur arbitraire AE=AH= CF=CG; le quadrilatère EFGH est un rectangle.

En appelant a le côté du carré et x la longueur AE on aura

$$a - x = \text{EB}.$$

Les triangles AEH, EBF sont rectangles et isocèles, donc

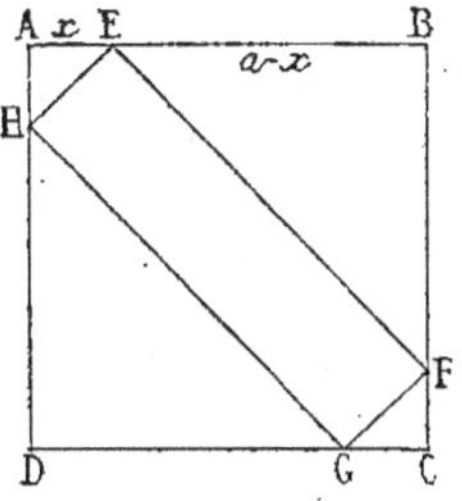

$$\text{HE} = x\sqrt{2} \quad \text{et} \quad \text{EF} = (a-x)\sqrt{2}.$$

Alors $\text{S}^2 = \text{HE} \times \text{EF} = x\sqrt{2} \times (a-x)\sqrt{2}$

ou $\qquad \text{S}^2 = 2(a-x)x.$

La surface S^2 est exprimée par trois facteurs dont un, le facteur 2, est fixe et les deux autres sont variables; cette surface sera donc maximum lorsque le produit des facteurs variables sera le plus grand possible.

La somme de ces deux facteurs variables est $a - x + x$ ou a, quantité constante. Ainsi le produit $(a-x)x$ sera maximum quand les deux facteurs seront égaux; écrivons donc :

$$a - x = x$$

d'où $\qquad x = \dfrac{a}{2}.$

On voit que le rectangle maximum est le carré qui a pour sommets les milieux des 4 côtés du carré donné.

180. 2ᵉ Principe. *Le produit de plusieurs facteurs positifs variables dont la somme est constante, est maximum lorsque ces facteurs sont égaux.*

Soient x, y, z, v... des facteurs dont la somme est S.

Si ces facteurs ne sont pas égaux, on peut, sans changer la somme constante S, remplacer deux facteurs quelconques, x et y par exemple, chacun par leur demi-somme $\dfrac{x+y}{2}$, et le produit $\left(\dfrac{x+y}{2}\right)\left(\dfrac{x+y}{2}\right)$ est plus grand que xy (1ᵉʳ principe).

Ainsi, tant que deux facteurs ne seront pas égaux on pourra, sans changer leur somme, les rendre égaux et augmenter le produit. Donc le produit sera maximum lorsque les facteurs seront égaux.

Applications. 1° *De tous les triangles qui ont même périmètre quel est le plus grand ?*

Appelons $2p$ le périmètre et S^2 la surface; on a d'après une formule connue (voir *Géométrie*, par F. P. B., nᵒ 288)

$$\text{S}^2 = \sqrt{p(p-a)(p-b)(p-c)}.$$

La surface sera maximum lorsque le produit des trois facteurs variables $(p-a)(p-b)(p-c)$ sera le plus grand possible; or la somme de ces facteurs est constante, car elle est égale à $p-a+p-b+p-c$, ou $3p-(a+b+c)$, ou $3p-2p$, ou p.

Donc le produit sera maximum quand les 3 facteurs seront égaux, c'est-à-dire lorsqu'on aura $a=b=c$.

Ainsi, de tous les triangles qui ont le même périmètre, le plus grand est le triangle équilatéral.

2° *Inscrire dans une sphère de rayon donné* R *le parallélipipède rectangle maximum.*

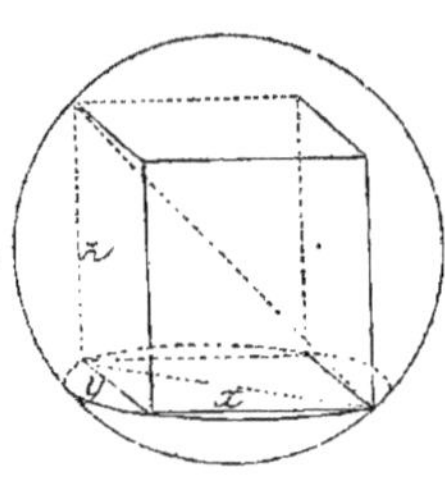

En appelant x, y, z les 3 dimensions du parallélipipède et V son volume, on a (voir *Géométrie*, par F. P. B., n° 373):

$$V=xyz$$

ou
$$V^2=x^2y^2z^2.$$

On a aussi, en appelant v la diagonale de la base, $x^2+y^2=v^2$

et $v^2+z^2=4R^2.$

d'où $x^2+y^2+z^2=4R^2$

V^2 est le produit de 3 facteurs x^2, y^2, z^2 dont la somme $4R^2$ est constante; ce produit sera maximum lorsque les 3 facteurs seront égaux. On aura donc

$$x^2=y^2=z^2, \quad \text{ou} \quad x=y=z.$$

Ainsi le parallélipipède rectangle maximum inscrit dans une sphère est le cube.

181. **3° Principe**. *Le produit de deux facteurs variables ayant une somme constante et affectés chacun d'un exposant différent est maximum lorsque ces facteurs sont proportionnels à leurs exposants*

Soient x^m et y^n deux facteurs dont la somme $x+y=S$. Leur produit peut s'écrire :

$$m^m \times n^n \times \frac{x^m}{m^m} \times \frac{y^n}{n^n}.$$

Ce produit est formé de deux parties, l'une fixe $m^m \times n^n$ et l'autre variable $\frac{x^m}{m^m} \times \frac{y^n}{n^n}$ ou $\left(\frac{x}{m}\right)^m \times \left(\frac{y}{n}\right)^n.$

Cette dernière partie est composée de m facteurs égaux

à $\dfrac{x}{m}$ et de n facteurs égaux à $\dfrac{y}{n}$, la somme de ces $m+n$ facteurs est constante, car elle égale :

$$m\times\dfrac{x}{m}+n\times\dfrac{y}{n} \quad \text{ou} \quad x+y, \quad \text{ou} \quad S.$$

Le produit sera maximum lorsque ces facteurs seront égaux (2e principe), c'est-à-dire lorsqu'on aura :

$$\dfrac{x}{m}=\dfrac{y}{n} \quad \text{ou} \quad \dfrac{x}{y}=\dfrac{m}{n}. \quad \text{Donc...}$$

APPLICATIONS. 1° *Inscrire dans un demi-cercle un trapèze dont la surface S soit maximum.*

Appelons $2x$ la longueur de la base supérieure du trapèze; on aura :

$$S=(R+x)h.$$
ou
$$S=(R+x)\sqrt{R^2-x^2}.$$

Si l'aire S est maximum, son carré le sera pareillement; écrivons donc

$$S^2=(R+x)^2(R^2-x^2)$$
$$S^2=(R+x)^2(R+x)(R-x)$$
$$S^2=(R+x)^3(R-x).$$

La valeur S^2 sera maximum, lorsque le produit des facteurs $R+x$ et $R-x$ sera le plus grand possible; or la somme de ces deux facteurs est $2R$, quantité constante; donc ils doivent être proportionnels à leurs exposants, et on a :

$$\dfrac{R+x}{R-x}=\dfrac{3}{1}$$
d'où
$$x=\dfrac{R}{2}.$$

La base supérieure est donc R, et par suite le trapèze maximum est le demi-hexagone régulier.

2° *Avec un carré de carton dont le côté est a, construire le parallélipipède rectangle de volume maximum.*

En appelant x, y, z, les trois dimensions, on a :

$$y=\dfrac{a-2x}{2}$$
$$z=a-2x$$

et
$$V = xyz = \frac{x(a-2x)(a-2x)}{2}$$

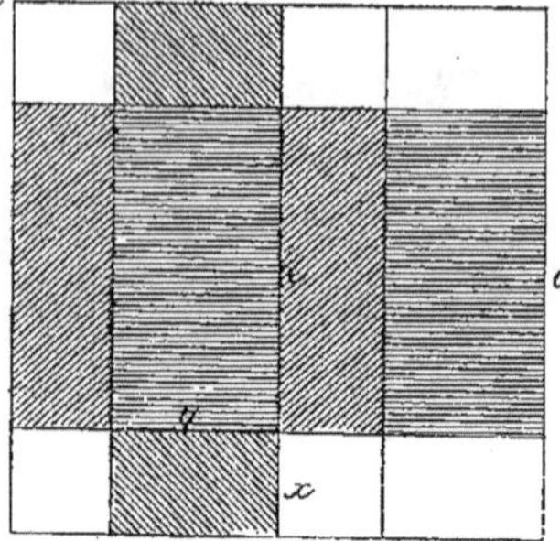

$$V = \frac{x}{2}(a-2x)$$

$$= \frac{1}{4} \times 2x(a-2x)^2.$$

Les facteurs variables $2x$ et $(a-2x)$ ayant une somme constante a, leur produit sera maximum lorsqu'ils seront proportionnels à leurs exposants.

Donc
$$\frac{a-2x}{2x} = \frac{2}{1}$$

d'où
$$x = \frac{a}{6}$$

et par suite
$$y = \frac{2a}{6},$$

$$z = \frac{4a}{6}.$$

3º *Trouver le cylindre maximum qu'on peut construire avec une surface totale donnée* $2\pi a^2$.

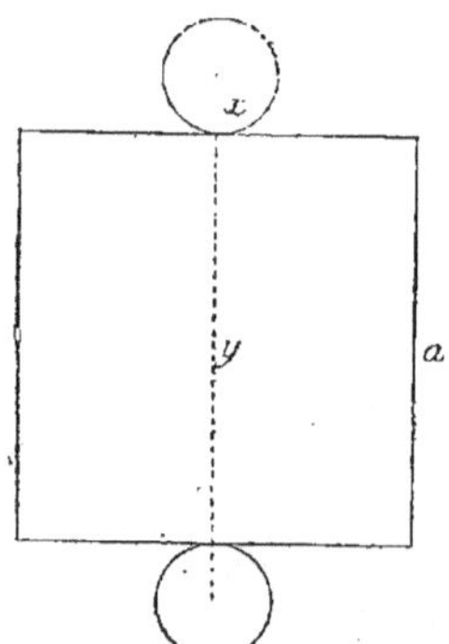

En appelant x le rayon de la base et y la hauteur du cylindre, on a (voir *Géométrie*, par F. P. B., nº 424)

$$2\pi x(x+y) = 2\pi a^2$$

d'où
$$y = \frac{a^2 - x^2}{x}.$$

On a encore
$$V = \pi x^2 y = \frac{\pi x^2(a^2 - x^2)}{x} = \pi x(a^2 - x^2)$$

ou
$$\frac{V^2}{\pi^2} = (x^2)(a^2 - x^2)^2.$$

Les facteurs x^2 et $a^2 - x^2$ ayant une somme constante a^2, leur produit sera maximum lorsque ces facteurs seront entre eux comme leurs exposants; on aura donc:

$$\frac{x^2}{(a^2 - x^2)} = \frac{1}{2}$$

d'où
$$x = \frac{a}{3}\sqrt{3}$$

et par suite
$$y = \frac{a^2 - \dfrac{a^2}{3}}{\dfrac{a}{3}\sqrt{3}} = \frac{2a}{3}\sqrt{3}.$$

Ainsi la hauteur y égale le diamètre $2x$.

182. REMARQUE. Le *maximum du volume* pour une surface donnée correspond à la *surface minimum*, puisque avec cette surface *on peut faire des cylindres plus petits, et qu'on ne peut pas en faire de plus grands.*

APPLICATION. On sait que les feuilles de fer-blanc employées dans l'industrie sont des carrés de $0^m,33$ de côté; étudions le cylindre maximum qu'on peut construire avec une de ces feuilles.

Soit $\qquad a = 0^m,33.$

La circonférence de la base ne pouvant excéder a, le diamètre de cette base sera $\dfrac{a}{\pi}$, la hauteur sera pareillement $\dfrac{a}{\pi}$ (problème 3), de sorte que la feuille de fer-blanc, découpée comme la figure ci-contre, sera utilisée sur une longueur de

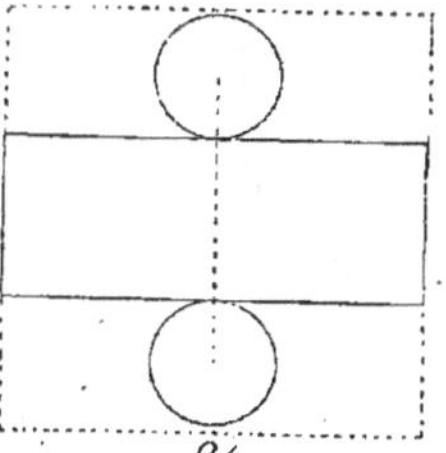

$$\frac{3a}{\pi} \quad \text{ou} \quad \frac{0,99}{\pi} \quad \text{ou} \quad 0^m,315.$$

Le volume ainsi formé a pour expression (voir *Géométrie,* par F. P. B., nᵒˢ 265, 3ᵒ et 429) :

$$\frac{a^2}{4\pi} \times \frac{a}{\pi} = \frac{a^3}{4\pi^2} = 0^{lit.},935.$$

REMARQUE. En découpant la feuille de fer-blanc comme il est indiqué ci-contre, c'est-à-dire en prenant les bases sur une même bande, on peut construire avec une même feuille, un cylindre ayant pour hauteur

$$a - \frac{a}{\pi},$$

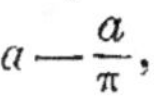

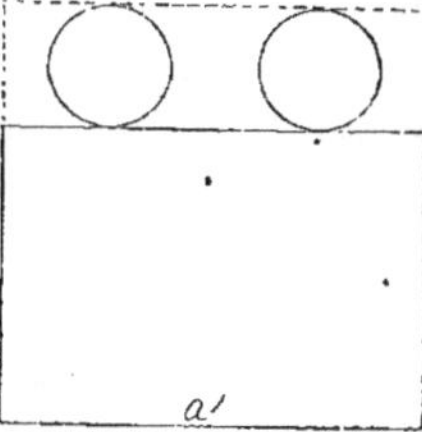

soit
$$\frac{a(\pi-1)}{\pi},$$

et même base que dans le 1er cas.

Les bases des deux cylindres étant les mêmes, les volumes seront entre eux comme les hauteurs, c'est-à-dire comme

$$\frac{\dfrac{a}{\pi}}{\dfrac{a(\pi-1)}{\pi}} \quad \text{ou} \quad \frac{1}{\pi-1} = \frac{1}{2,1416}.$$

La contenance du second est donc plus du double de celle du premier.

Enfin, si on avait un certain nombre de cylindres à construire, on pourrait employer 11 feuilles; 2 fourniraient chacune 9 cercles de base, car on a $\dfrac{a}{\pi} < \dfrac{a}{3}$, et les 9 autres feuilles serviraient à faire 9 cylindres ayant chacun a pour hauteur.

Cependant si l'on voulait que les cylindres fussent construits comme les premiers, c'est-à-dire eussent la hauteur égale au diamètre, on pourrait employer cinq feuilles : deux serviraient à faire dix-huit bases ou fonds, et les trois autres, partagées chacune en trois bandes, donneraient neuf cylindres ayant chacun pour volume $\dfrac{a^3}{4\pi^2}$.

183. Les principes exposés ci-dessus suffisent dans bien des cas pour déterminer le maximum d'une variable; mais il n'est pas toujours possible de mettre sous la forme d'un produit la grandeur que l'on étudie; aussi quand la fonction ne dépasse pas le second degré, adopte-t-on une marche générale assez simple : on représente la fonction par m et on cherche entre quelles limites on peut faire varier m pour que la grandeur étudiée reste réelle. Les limites supérieure et inférieure ainsi trouvées, font connaître le maximum et le minimum.

EXEMPLES. I. *Trouver le minimum de la somme de deux facteurs dont le produit* p *est constant.*

En appelant x et y les deux facteurs et m leur somme variable, on a les équations
$$x+y=m$$
$$xy=p.$$

Connaissant la somme et le produit des inconnues, on aura :

$$X^2 - mX + p = 0$$

$$\left.\begin{array}{c} x \\ y \end{array}\right\} = \frac{m \pm \sqrt{m^2 - 4p}}{2}.$$

Pour que les valeurs de x et de y soient réelles, on doit avoir $m^2 - 4p \geqq 0$ (prononcez $m^2 - 4p$ plus grand que zéro ou tout au moins égal à zéro),

d'où
$$m \geqq 2\sqrt{p}.$$

Ainsi la somme ne peut être inférieure à deux fois la racine carrée du produit : $2\sqrt{p}$ est donc le minimum demandé.

En remplaçant dans l'équation m par $2\sqrt{p}$, on trouve :

$$\left.\begin{array}{c} x \\ y \end{array}\right\} = \frac{2\sqrt{p}}{2},$$

d'où
$$x = y = \sqrt{p}.$$

Donc, *le minimum de la somme de deux facteurs dont le produit est constant a lieu lorsque ces facteurs sont égaux.*

Ce principe, qui est le réciproque de celui du n° 179, permet de résoudre le problème suivant.

Le produit a^2 de deux facteurs étant constant, trouver le minimum de la somme des carrés des deux facteurs.

On a :
$$xy = a^2,$$
et
$$x^2 + y^2 = m^2,$$
ajoutons à la seconde équation deux fois la première,
$$x^2 + y^2 + 2xy = m^2 + 2a^2,$$
ou
$$(x + y)^2 - 2a^2 = m^2.$$

La somme m^2 sera minimum lorsque la quantité variable $(x + y)^2$ ou sa racine $x + y$ sera elle-même minimum ; or le minimum de celle-ci a lieu quand les deux facteurs x et y dont le produit a^2 est constant sont égaux entre eux (problème précédent).

Donc le minimum de $x^2 + y^2$ avec la condition $xy = a^2$ a lieu lorsqu'on a
$$x = y.$$

II. *Décomposer un nombre a en deux parties telles que la somme de leurs carrés soit minimum.*

On a :
$$x^2+(a-x)^2=m \tag{1}$$

$$x^2-ax+\frac{a^2-m}{2}=0 \tag{2}$$

$$x=\frac{a\pm\sqrt{2m-a^2}}{2}. \tag{3}$$

Pour que la valeur de x soit réelle, il faut qu'on ait :
$$2m-a^2\geqq 0$$

d'où
$$m\geqq\frac{a^2}{2}.$$

Ainsi la somme m ne peut être inférieure à la moitié du carré du nombre proposé : $\dfrac{a^2}{2}$ est donc le minimum demandé.

En remplaçant dans l'équation (3) m par $\dfrac{a^2}{2}$, on trouve $x=\dfrac{a}{2}$, et par suite l'autre partie sera aussi $\dfrac{a}{2}$.

III. *On a un demi-cercle* ACB ; *on élève les perpendiculaires* AE, BF *aux extrémités du diamètre, et on propose de mener une tangente telle que le trapèze rectangle formé ait une surface minimum* S².

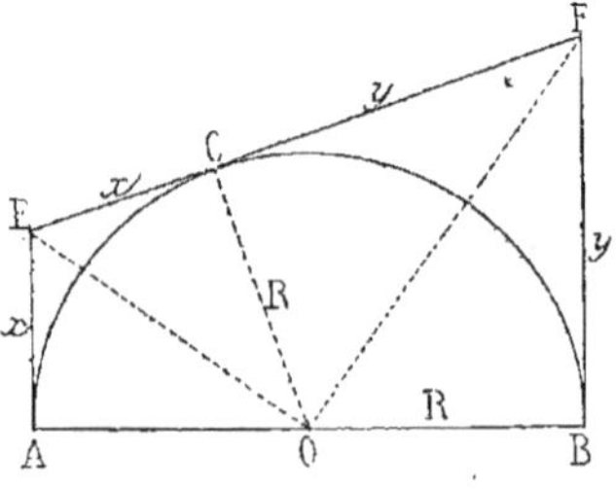

Posons

AE$=$EC$=x$;   BF$=$FC$=y$.

    AB$=$2R   et   OC$=$R.

On a d'abord
$$(x+y)\,\text{R}=\text{S}^2,$$

ou
$$x+y=\frac{\text{S}^2}{\text{R}} ; \tag{1}$$

enfin le triangle rectangle EOF donne
$$xy=\text{R}^2. \tag{2}$$

Connaissant la somme et le produit des inconnues, on aura :

$$X^2 - \frac{S^2}{R}X + R^2 = 0.$$

$$\left.\begin{array}{c} x \\ y \end{array}\right\} = \frac{S^2 \pm \sqrt{S^4 - 4R^4}}{2R}.$$

Pour que les inconnues soient réelles, il faut qu'on ait :

$$S^4 - 4R^4 \geqq 0,$$

d'où
$$S^2 \geqq 2R^2.$$

Ainsi S^2 doit être plus grand que $2R^2$ ou *tout au moins égal* à $2R^2$; or $2R^2$ est la moitié du carré circonscrit ; on en conclut que le plus petit trapèze rectangle circonscrit à un demi-cercle est la moitié du carré circonscrit.

IV. *Pour quelle valeur de* x *l'expression* $\dfrac{x-4}{x^2-3x-3}$ *sera-t-elle maximum ou minimum?* (Proposé en 1872 aux candidats à l'école des mines de Saint-Étienne.)

Appelons m la valeur de la fraction, on aura :

$$\frac{x-4}{x^2-3x-3} = m$$

$$x - 4 = mx^2 - 3mx - 3m$$

ou
$$mx^2 - 3mx - x - 3m + 4 = 0$$

$$x^2 - \frac{(3m+1)x}{m} - \frac{3m}{m} + \frac{4}{m} = 0$$

$$x = \frac{3m+1}{2m} \pm \sqrt{\frac{9m^2+1+6m}{4m^2} + \frac{3m}{m} - \frac{4}{m}};$$

en simplifiant le radical, on trouve :

$$x = \frac{3m+1 \pm \sqrt{21m^2 - 10m + 1}}{2m}. \tag{1}$$

Pour que x soit réel, il faut qu'on ait :

$$21m^2 - 10m + 1 \geqq 0$$

ou
$$21\left(m^2 - \frac{10m}{21} + \frac{1}{21}\right) \geqq 0.$$

Les racines du trinôme

$$m^2 - \frac{10m}{21} + \frac{1}{21}$$

égalé à zéro sont :

$$m' = \frac{1}{3} \quad \text{et} \quad m'' = \frac{1}{7}.$$

Le premier membre de l'inégalité devant être positif, il faut que le trinôme $m^2 - \dfrac{10m}{21} + \dfrac{1}{21}$ ait une valeur de même signe que son premier terme, ce qui exige que m ne soit pas compris entre les deux racines (n° 162). Ainsi m doit être plus grand que $\dfrac{1}{3}$ ou plus petit que $\dfrac{1}{7}$; il peut donc valoir tous les nombres compris entre $\dfrac{1}{3}$ et $+\infty$, et entre $\dfrac{1}{7}$ et $-\infty$.

Le minimum de la fraction est donc $\dfrac{1}{3}$, son maximum est $\dfrac{1}{7}$.

Pour $m = \dfrac{1}{3}$ l'équation (1) donne $x = 3$, et pour $m = \dfrac{1}{7}$ la même équation donne $x = 5$.

La fraction proposée est donc maximum pour $x = 5$ et minimum pour $x = 3$.

V. *Trouver le maximum et le minimum de la fraction*

$$\frac{x^2 + 3}{2x - x^2 - 1}.$$

Écrivons

$$\frac{x^2 + 3}{2x - x^2 - 1} = m$$

ou

$$x^2(1 + m) - 2mx + m + 3 = 0$$

$$x = \frac{m \pm \sqrt{-4m - 3}}{1 + m}.$$

Pour que x soit réel, il faut qu'on ait :

$$-4m - 3 \geqq 0$$

ou $\quad 4m + 3 \leqq 0, \quad$ soit $\quad m \leqq -\dfrac{3}{4}.$

Ainsi m doit être plus petit que $-\dfrac{3}{4}$; il peut donc valoir *tout au plus* $-\dfrac{3}{4}$, et la fraction proposée a un *maximum* et n'a pas de *minimum*.

Pour $\quad m = -\dfrac{3}{4}, \quad$ on trouve $\quad x = -3.$

VI. *Trouver le maximum et le minimum de la fraction*

$$\frac{x^2-4}{x^2-x-2}.$$

Posons
$$\frac{x^2-4}{x^2-x-2}=m$$

ou
$$x^2(m-1)-mx-(2m-4)=0$$

d'où
$$x=\frac{m\pm\sqrt{9m^2-24m+16}}{2(m-1)}.$$

Pour que x soit réel, il faut qu'on ait :
$$9m^2-24m+16\geqq 0.$$

Ce trinôme égalé à zéro a ses deux racines égales chacune à $\frac{4}{3}$; il sera donc positif comme son premier terme, quelles que soient les valeurs qu'on donne à m (n° 163) ; par conséquent la fraction proposée n'a ni maximum ni minimum.

Pour la valeur particulière de $m=\frac{4}{3}$, on trouve $x=2$; portant cette valeur dans la fraction, il vient $m=\frac{0}{0}$.

Pour lever l'indétermination, remarquons que le trinôme $x^2-x-2=(x-2)(x+1)$ et que x^2-4 peut être mis sous la forme $(x+2)(x-2)$.

En supprimant le facteur commun $(x-2)$ on trouve :
$$\frac{x+2}{x+1}=\frac{4}{3}=m.$$

Remarque. Si les racines du trinôme $9m^2-24m+16$, au lieu d'être égales, avaient été imaginaires, la fraction n'aurait eu, dans ce cas aussi, ni maximum ni minimum (n° 164).

VII. *Trouver le maximum et le minimum de la fraction*

$$\frac{4x-2x^2+1}{x^2+1}.$$

Posons
$$\frac{4x-2x^2+1}{x^2+1}=m$$

$$x^2(m+2)-4x-(1-m)=0$$

d'où
$$x=\frac{2\pm\sqrt{-m^2-m+6}}{m+2}.$$

Pour que x soit réel, il faut qu'on ait :

$$-(m^2+m-6) \geqq 0$$

Les racines du trinôme m^2+m-6 égalé à zéro sont $+2$ et -3.

Pour que l'expression $-(m^2+m-6)$ soit plus grande que zéro, il faut que le trinôme m^2+m-6 ait un signe contraire à celui de son premier terme, ce qui aura lieu pour toute valeur de m comprise entre les deux racines $+2$ et -3 (n° 162).

m pouvant valoir $2.1.0-1$, -2 et -3, on voit que 2 est un maximum et -3 un minimum.

Pour $m=2$, on trouve $x=\dfrac{1}{2}$, et pour $m=-3$, il vient $x=-2$.

184. Les quelques exercices que nous venons de résoudre nous permettent de formuler la règle suivante :

Après avoir formé l'expression algébrique de la fonction susceptible de devenir un maximum ou un minimum, on l'égale à une inconnue, m par exemple, et on résout l'équation par rapport à la variable x. Deux cas peuvent se présenter : 1° La quantité placée sous le radical est du deuxième degré en m : on égale cette quantité à zéro ; si les racines sont réelles et inégales, la plus grande racine est maximum et la plus petite minimum, quand le premier terme est négatif (problème VII) ; si ce terme est positif, c'est au contraire la plus petite racine qui est un maximum et la plus grande un minimum (problème IV). Si les racines sont égales ou imaginaires, il n'y a ni maximum ni minimum (problème VI) ; 2° La quantité placée sous le radical est du premier degré en m, ou bien ne renferme la valeur m qu'à la seconde puissance, sans la contenir à la première ; dans ce cas il y a un maximum sans minimum ou un minimum sans maximum. On obtient l'un ou l'autre en égalant cette quantité à zéro, et il est facile de distinguer l'un de l'autre (problèmes I, II, III et V).

EXERCICES SUR LA TROISIÈME PARTIE

Simplifier les radicaux suivants :

1. $\sqrt{9a^3b^2c^4}$.   2. $\sqrt{12a^2b^2c^3}$.

3. $\sqrt{4a^3b^2-8a^2b^2}$.   4. $\sqrt{18a^3b^3c^4+9a^2b^2c^4}$.

5. $\sqrt{100a^2b^4-25a^2b^2+50a^3b^2}$.   6. $\sqrt{\tfrac{1}{4}a^2b^3-\tfrac{1}{8}a^2b^2}$.

Rendre rationnel le dénominateur des expressions :

7. $\dfrac{\sqrt{2}-1}{\sqrt{2}+3}$.   8. $\dfrac{a-\sqrt{b}}{b+\sqrt{a}}$.   9. $\dfrac{5-\sqrt{3}}{\sqrt{3}-\sqrt{5}}$.

10. $\dfrac{a-\sqrt{2}}{\sqrt{3}+\sqrt{2}}$.   11. $\dfrac{2a-b}{\sqrt{2}-\sqrt{5}}$.   12. $\dfrac{a-\sqrt{2b}}{\sqrt{2b}+\sqrt{a}}$.

13. $\dfrac{1}{3(\sqrt{5}-\sqrt{2})}$.   14. $\dfrac{ab}{b(\sqrt{b}-\sqrt{a})}$.   15. $\dfrac{\sqrt{a}+\sqrt{b}}{\sqrt{a}-\sqrt{b}}$.

16. Rendre rationnelle l'équation $\quad l=\dfrac{h-\sqrt{hh'}}{h-h'}$.

17. Rendre rationnelle l'équation $\quad x+\dfrac{p}{2}=\sqrt{y^2+\left(x-\dfrac{p}{2}\right)^2}$.

18. Rendre rationnelle l'équation $\quad y=b\sqrt{\dfrac{x^2}{a^2}-1}$.

19. Rendre rationnelle l'équation $\sqrt{y^2+(c-x)^2}+\sqrt{y^2+(c+x)^2}=2a$, et trouver ce que devient le résultat lorsque l'on suppose que $a^2-c^2=b^2$.

20. Rendre rationnelle l'équation $\quad \sqrt{2x}=\sqrt{x}-\sqrt{a+x}$.

Résoudre les équations :

21. $x^2-8x+12=0$.   22. $x^2+16x=80$.

23. $x^2-20x+51=0$.   24. $x^2+23x=-130$.

25. $x^2+16=10x$.   26. $x^2-28x-480=0$.

27. $x^2+11x=-10$.   28. $x^2+x=2$.

29. $x^2+25=10x$.   30. $2x^2+35=17x$.

31. $5x^2+24=26x$.   32. $4x^2-21x+26=0$.

33. $2x^2-9x=18$.   34. $5x^2+19x=30$.

35. $25x(x+1)=-4$.   36. $x(x-16)-17=0$.

37. $2x(4x-2)=4$.   38. $(x-20)(x-19)=30$.

39. $\dfrac{2x-1}{x+1}=\dfrac{x+1}{x-2}.$

40. $\dfrac{x-a}{a}=\dfrac{2a}{x-a}.$

41. $\dfrac{x+a}{b}=\dfrac{x}{x-a}.$

42. $\dfrac{x+1}{x}+1=\dfrac{x}{x-1}.$

43. $\dfrac{x}{a}-\dfrac{a}{x}=\dfrac{b}{x}-\dfrac{x}{b}.$

44. $x-20=\sqrt{x}+36.$

45. $\dfrac{x^2+1}{x}=\dfrac{3a-x}{a}.$

46. $\dfrac{1}{x-a}+\dfrac{1}{x-b}-\dfrac{1}{x-c}=0.$

47. $8-\dfrac{10}{\sqrt{x}}=1+\sqrt{x}.$

48. $\sqrt{x}+8=x-\sqrt{x}.$

49. $\sqrt{x}+\dfrac{18}{\sqrt{x}}=4\sqrt{x}-3.$

50. $\dfrac{\sqrt{x}+3}{\sqrt{x}-2}=\dfrac{\sqrt{x}-3}{2}.$

51. $\dfrac{\sqrt{x}-a}{a-\sqrt{x}}=-\dfrac{\sqrt{x}}{a}.$

52. $\sqrt{x-5}=1+\sqrt{x-8}.$

53. $\sqrt{20+x}-\sqrt{20-x}=\sqrt{x}.$

54. $\sqrt{x+7}+\sqrt{x-5}=\sqrt{2x+18}.$

55. $\dfrac{\dfrac{a+x}{a-x}+\dfrac{a-x}{a+x}}{1-\dfrac{a-x}{a+x}}=a-1.$

56. $\sqrt{2+\sqrt{x-5}}=\sqrt{13-x}.$

57. $\begin{array}{l}\sqrt{x}-\sqrt{y}=7\\ x-\ y=91.\end{array}$

58. $\begin{array}{l}x+y=a+b\\ xy=\ ab.\end{array}$

59. $\begin{array}{l}x-y=a-b\\ xy=\ ab.\end{array}$

60. $\begin{array}{l}x+y=a\\ \dfrac{x}{y}-\dfrac{y}{x}=b.\end{array}$

61. $\begin{array}{l}x+y=11\\ \dfrac{1}{x}+\dfrac{1}{y}=\dfrac{11}{10}.\end{array}$

62. $\begin{array}{l}x^2+\ y^2+6xy=153\\ 2x^2+2y^2-3xy=\ 36.\end{array}$

63. $\begin{array}{l}x^2+3y^2+\ xy=9\\ 2x^2-3y^2-2xy=1.\end{array}$

64. $\begin{array}{l}x^2+y^2=272\\ xy\ =\ 64.\end{array}$

65. $\begin{array}{l}x^2-y^2=a^2\\ xy\ =ma^2.\end{array}$

66. $\begin{array}{l}x^2+\ y^2-xy=7\\ 8xy-3x^2-3y^2=9.\end{array}$

67. $\begin{array}{l}xy=\ 10\\ x^3+y^3=133.\end{array}$

68. $\begin{array}{l}xy=12\\ x^3-y^3=37.\end{array}$

69. $\begin{array}{l}y^2-x^2=48\\ \dfrac{1}{x^2}-\dfrac{1}{y^2}=\dfrac{3}{64}.\end{array}$

70. $\begin{array}{l}x^2y-y^2x=12\\ \dfrac{1}{x}-\dfrac{1}{y}=-\dfrac{3}{4}.\end{array}$

71. $\begin{array}{l}x^2+\ xy\ +y^2=\ 28\\ x^4+x^2y^2+y^4=336.\end{array}$

72. $\begin{array}{l}x^2y+y^2y=420\\ \dfrac{1}{x}+\dfrac{1}{y}=\dfrac{22}{35}.\end{array}$

73. $\quad \dfrac{a}{x} = \dfrac{b}{y} = \dfrac{c}{z}$
$$x^2 + y^2 + z^2 = k^2$$

74. $\quad \dfrac{a+b}{a-x} - \dfrac{3}{2} = \dfrac{b-a}{3b-x}$

Simplifier les expressions suivantes :

75. $\quad \dfrac{x^2 + 6x - 27}{x^2 - 9x + 18}$

76. $\quad \dfrac{x^2 + 2x + 1}{x^2 + 6x + 5}$

77. $\quad \dfrac{x^2 - 16}{x^2 - 5x + 4}$

78. $\quad \dfrac{x^2 - x - 6}{x^2 + x - 12}$

Décomposer les équations suivantes en deux facteurs, en s'appuyant sur les propriétés du trinôme du second degré.

79. $\quad a^2 x - b^2 y = 0$

80. $\quad a x^2 - b y^2 = 0$

81. $\quad x^2 - (a+b)xy + ab y^2 = 0$

82. $\quad x^2 - \left(a + \dfrac{1}{a}\right) xy + y^2 = 0$

83. $\quad x^2 + \left(\dfrac{a^2+1}{a}\right) xy + y^2 = 0$

84. $\quad x^2 + \left(\dfrac{a^2-1}{a}\right) xy - y^2 = 0$

85. $\quad x^2 - \left(\dfrac{a^2-1}{a}\right) xy - y^2 = 0$

86. $\quad 2x^2 - 16x + 12x - 96 = 0$

87. $\quad x^2 - cxy + d^2 y^2 = 0$

88. $\quad a x^2 + b xy + c y^2 = 0$

Résoudre les équations :

89. $\quad \begin{aligned} &x^3 - 3axy + y^3 = 0 \\ &x^2 - cxy + d^2 y^2 = 0 \end{aligned}$

90. $\quad \begin{aligned} &xy + 1 = x + y \\ &a x^2 + b xy + c y^2 + d = 0 \end{aligned}$

91. $\quad \begin{aligned} &x^2 - xy + x - y = 0 \\ &a^2 x^2 + b xy + c y^2 + dx + ey \\ &\quad + f = 0 \end{aligned}$

92. $\quad \begin{aligned} &x^2 - 6xyz + 5y^2 z^2 = 0 \\ &xy + xz = 8yz \\ &y^2 - z^2 = 16 \end{aligned}$

93. $\quad \begin{aligned} &x(x^2 + y^2) - d(x^2 - y^2) = 0 \\ &a x^2 + b xy + c y^2 = 0 \end{aligned}$

94. $\quad x^4 - 8x^2 - 9 = 0$

95. $\quad x^4 - 2x^2 - 3 = 0$

96. $\quad 10x^4 - 35x^2 - 20 = 0$

97. $\quad \begin{aligned} &(x^2 + y^2)^3 = 4a^2 x^2 y^2 \\ &x^2 - bxy + y^2 = 0 \end{aligned}$

98. $\quad x^4 + 4abx^2 = (a^2 - b^2)^2$

99. $\quad \sqrt{x^4 - 6x^2} = 3\sqrt{-1}$

100. $\quad x^6 - 28x^3 + 27 = 0$

101. $\quad x^8 - 97x^4 + 1296 = 0$

102. $\quad 2x^4 + 5x^3 - 5x - 2 = 0$

103. $\quad x^4 - 6x^3 + 6x - 1 = 0$

104. $\quad 6x^4 - 35x^3 + 62x^2 - 35x + 6 = 0$

105. Trouver deux nombres tels que leur somme soit 18 et leur produit 45.

106. Deux cordes parallèles sont tracées dans un cercle; leurs lon-

gueurs respectives sont 16 mèt. et 12 mèt., et leur distance est 2 mèt. : trouver le rayon du cercle.

107. On demande deux nombres tels que leur différence soit 7 et leur produit 170.

108. Deux cordes qui se coupent dans un cercle ont 100 pour produit de leurs segments respectifs : trouver la distance de leur point de section au centre, si le rayon a 15 mètres.

109. Trouver deux nombres tels que leur somme soit 17 et que leur produit égale 4 fois la somme, et encore 4.

110. On demande les deux dimensions d'un rectangle ayant 3200 mètres carrés de superficie, sachant que la longueur a 14 mèt. de plus que la largeur.

111. Trouver deux nombres tels que leur différence soit 9 et que leur produit égale 10 fois leur différence.

112. Quelles sont les dimensions d'un rectangle dont l'aire est a^2, sachant que la différence entre ses deux dimensions est d.

113. Trouver deux nombres impairs consécutifs tels que leur produit soit 483.

114. Quelles sont les dimensions d'un triangle de 3840 mèt. carrés de superficie, sachant qu'il est semblable à un autre de 120 mèt. de base sur 100 de hauteur.

115. Quel est le nombre dont les $3/4$ augmentés de 1, multipliés par les $4/5$ diminués de 15, donne 16 pour produit.

116. Trouver les trois côtés d'un triangle rectangle, sachant que ces côtés sont trois nombres entiers consécutifs.

117. Trouver deux nombres consécutifs tels que la différence de leurs carrés soit 7949.

118. Trouver deux nombres impairs consécutifs tels que la différence de leurs carrés soit 8000.

119. La somme de deux nombres est 26 et la différence de leurs carrés 52 : quels sont ces nombres ?

120. Un polygone a 20 diagonales : trouver le nombre de ses côtés.

121. Les surfaces de deux carrés ont ensemble 8624 mèt. carrés; le produit de leurs diagonales est 8540 : trouver les côtés de ces carrés.

122. La somme de deux nombres est 24, la somme de leurs carrés est 306 : trouver ces deux nombres.

123. La surface d'un trapèze est 6400 mèt. carrés; on connaît une base, 120 mèt., et on sait que la hauteur égale les $4/5$ de l'autre base : trouver la deuxième base et la hauteur.

124. Partager le nombre 20 en deux parties telles que le carré de l'une égale le produit de l'autre par le nombre.

125. Trouver l'expression de l'aire d'un triangle rectangle isocèle dont le périmètre est p.

126. Quel est nombre qui, étant augmenté de 6 fois sa racine carrée, devient 135 ?

127. On a un cercle de 15 mèt. de rayon; d'un point pris à 25 mèt. du centre on mène une tangente à ce cercle : trouver la longueur de cette tangente.

128. Quel est le nombre qui, étant diminué des $3/4$ de sa racine carrée, devient 153 ?

129. On a un cercle de rayon R ; d'un point extérieur on mène une tangente de longueur d : trouver la distance du point au centre.

130. Trouver deux nombres, connaissant leur somme 10 et la somme de leurs cubes, 280.

131. Dans un cercle dont le rayon est 17 mèt., inscrire un rectangle de 92 mèt. de périmètre.

132. Trouver deux nombres, connaissant leur différence d et la différence a^3 de leurs cubes.

133. Dans un cercle dont le diamètre est 25 mèt. incrire un rectangle ayant 17 mèt. de différence entre ses deux dimensions.

134. Deux associés ont fait un fonds commun de 2000 fr.; le premier a laissé sa mise pendant 2 mois, et le second a laissé la sienne pendant 8 mois. Le premier a reçu 1800 fr. tant pour gain que pour mise, tandis que le second n'a reçu que 900 fr. : trouver le gain et la mise de chacun.

135. Trouver les dimensions d'un rectangle, connaissant sa diagonale, 55 mèt., et le rapport $3/4$ de ses deux dimensions.

136. Deux fontaines coulant ensemble peuvent remplir un bassin en 2 heures 24 minutes : trouver le temps qu'il faudra à chacune d'elles, sachant que la seconde, coulant seule, met 2 heures de moins que la première.

137. Trouver les dimensions d'un triangle rectangle, connaissant l'hypoténuse h et le rapport a des deux côtés de l'angle droit.

138. On demande trois nombres entiers consécutifs tels que leur produit égale 5 fois leur somme.

139. Dans un carré dont le côté est c, inscrire un second carré de surface a^2 : minimum de cette surface.

140. Une somme de 400 fr. doit être distribuée par parts égales entre un certain nombre de personnes ; mais au moment du partage 4 se retirent, ce qui augmente de 5 fr. la part des autres : on demande combien il y avait d'abord de co-partageants.

141. Calculer les deux dimensions d'un rectangle, connaissant sa diagonale, 17 mèt., et sa surface, 120 mèt. carrés.

142. Réduire à ses moindres termes la fraction $\dfrac{x^2-3x-18}{x^2-6+x}$.

143. Partager le nombre 300 en trois parties dont les carrés soient proportionnels aux nombres 3, 4 et 5.

144. Deux cordes qui se coupent dans un cercle ont une somme égale à 42 mèt. ; les deux segments de l'une sont 8 et 12 : quels sont les deux segments de l'autre ?

145. Le plus grand segment d'une droite divisée en moyenne et extrême raison est 25 : trouver l'autre.

146. Simplifier l'expression $\dfrac{x^2+5-6x}{3\left(x^2-2+x\right)}$.

147. Trouver les trois côtés d'un triangle rectangle circonscrit à un cercle de rayon R, le périmètre du rectangle étant $2p$.

148. Former une équation ayant pour racines 1 et $-{}^3/_4$.

149. Calculer le rayon d'un cylindre, connaissant sa surface totale πa^2 et sa hauteur H.

150. Former une équation ayant pour racines $1-\dfrac{a}{b}$ et $\dfrac{a}{b}-1$.

151. Calculer le rayon d'un cône, connaissant sa surface πa^2, et la longueur l de sa génératrice.

152. Étant donnée l'équation $x^2-x+q=0$, déterminer q de manière qu'une des racines soit 4.

153. Les côtés d'un triangle sont trois nombres entiers consécutifs et sa surface est 84 mèt. carrés : trouver les trois côtés.

154. Étant donnée l'équation $x^2+px-5=0$, déterminer p de manière qu'une des racines soit 1.

155. Dans un triangle dont un des côtés AB est représenté par a, on demande à quelle distance du sommet A il faut mener une parallèle au côté opposé à ce sommet pour partager le triangle en deux parties équivalentes.

156. Étant donnée l'équation $x^2+px+80=0$, déterminer p de manière que les racines de l'équation soient égales.

157. Dans un triangle dont un des côtés AB est représenté par a, on demande à quelle distance du sommet A il faut mener une parallèle au côté opposé à ce sommet pour partager le triangle en deux parties qui soient entre elles dans le rapport $\dfrac{m}{n}$.

158. Étant donnée l'équation $x^2+px+q=0$, déterminer p et q de manière qu'on ait entre les racines la relation $x'^2+x''^2=10$.

159. On a creusé un bassin dont le rayon est R ; on veut le revêtir de maçonnerie tout autour de manière que la surface de la bande qui entoure l'eau soit πa^2 : trouver l'épaisseur de la maçonnerie.

160. Étant donnée l'équation $x^2+px+q=0$, déterminer p et q de manière qu'on ait entre les racines la relation $x'=\sqrt{x''}$.

161. Un fermier achète des moutons pour 750 fr.; il les garde 3 mois, en perd 5 par maladie et vend chacun des autres 6 fr. de plus qu'ils ne lui coûtaient, et à ce marché il perd 30 fr. : trouver le nombre des moutons et leur prix.

162. Étant donnée l'équation $x^2+px+q=0$, déterminer p et q de manière qu'on ait entre les racines la relation $3x'-x''=k$.

163. La différence des arêtes de deux cubes est 8 centimèt.; la différence de leur volume est 6272 centimèt. cubes : trouver les arêtes de ces solides.

164. Résoudre les deux équations $x'^2+px'+q=0$, et $x''^2+px''+q=0$, en considérant p et q comme inconnues.

165. Un marchand a vendu un petit meuble 39 fr., et à ce prix il a gagné autant pour cent que ce meuble lui coûtait : quel était le prix de ce meuble ?

166. Dans un triangle dont la base et la hauteur sont 64 mèt. et 36 mèt., inscrire un rectangle ayant 540 mèt. de superficie.

167. Trouver deux nombres tels que leur somme soit 11 et le total de leurs cubes, de leurs carrés et de leur différence soit 403.

168. Dans un triangle dont la base et la hauteur sont 8 mèt. et 6 mèt., inscrire un rectangle dont la diagonale ait 5 mèt.

169. Quinze personnes, hommes et femmes, dînent dans un hôtel ; les hommes dépensent 36 fr. et les femmes aussi : trouver le nombre d'hommes et leur dépense individuelle, sachant que chaque femme a dépensé 2 fois moins qu'un homme.

170. Dans un cercle de rayon R, on prend un point situé à une distance d du centre, et on mène par ce point une corde de longueur m : quels sont les deux segments de cette corde ?

171. Quelles sont les valeurs entières qu'on peut donner à x pour que le trinôme $x^2 - 14x + 40$ ait une valeur positive ?

172. Quelle est l'aire d'un carré dont la diagonale a 10 mèt. de plus que le côté ?

173. Un brocanteur vend un tableau endommagé 24 fr., et à ce marché il perd autant pour cent que le tableau lui coûtait : quel était le prix du tableau ?

174. Calculer les 3 côtés d'un triangle rectangle connaissant le périmètre, 40 mèt., et la différence 7 des deux côtés de l'angle droit.

175. Quelles sont les valeurs entières et positives qu'on peut donner à x pour que la valeur du trinôme $x^2 + x - 20$ soit négative.

176. En supposant que le rayon de la terre soit 6366 kilomèt., trouver à quelle distance s'étend en pleine mer la vue d'un observateur placé au sommet du pic de Ténériffe, haut de 3800 mèt.

177. Simplifier l'expression $\dfrac{(x^2 - 3x - 4)(x^2 + 4x - 5)}{(x^2 - 1)(x^2 - 20 + x)}$.

178. Un vase cylindrique dont la hauteur et le diamètre de la base ont chacun 50 centimèt. est plein d'eau : on le vide dans un bassin ayant la forme d'une demi-sphère, et l'eau s'élève à 30 centimèt. : trouver le rayon de ce bassin.

179. Trouver les termes d'une proportion dans laquelle il y a une moyenne proportionnelle, connaissant la somme 15 des deux premiers termes, et la somme 13 du premier et du dernier.

180. Trouver deux nombres tels qu'en ajoutant leur somme à leur produit on trouve 116, et qu'en retranchant leur somme de la somme de leurs carrés on obtienne 188.

181. Deux ouvriers reçoivent, l'un 80 francs, l'autre 45 francs ; le premier a travaillé 5 jours de plus que l'autre. Si chacun avait travaillé le nombre de jours qu'a travaillé l'autre, ils auraient reçu la même somme : on demande le nombre de journées pendant lesquelles chaque ouvrier a travaillé et le prix de la journée.

182. La différence des rayons de 2 sphères est 1,75, la différence des volumes est 47. On demande les rayons des 2 sphères.

183. On donne un cercle de 2 mèt. de rayon ; d'un point situé à 6 mèt. du centre on mène une sécante telle que la partie comprise dans le cercle soit égale au rayon : trouver la longueur de la partie extérieure.

184. Deux ouvriers mettent 25 heures s'ils travaillent séparément à faire chacun la moitié d'un ouvrage; mais s'ils y travaillent ensemble, ils ne mettent que 12 heures $1/2$ pour le faire en entier : trouvez le temps qu'ils mettraient séparément pour faire le travail.

185. Couper une sphère par un plan de manière que la section soit égale aux $3/4$ de la différence des deux calottes déterminées par le plan.

186. Un rentier avait placé 20 000 fr. à un certain taux et laissé le capital pendant 5 ans; après ce temps, il retire son capital et les intérêts simples, et place le tout à un taux inférieur de 1 fr. au premier et retire annuellement 1 300 fr. : trouver le taux.

187. Trouver les trois côtés d'un triangle rectangle connaissant l'excès 20 de l'hypoténuse sur la différence des deux autres côtés, et la hauteur 12 qui tombe sur l'hypoténuse.

188. Trouver deux nombres consécutifs tels que leur somme augmentée de la somme de leurs carrés donne 338.

189. Couper une sphère par un plan de telle sorte que la petite zone détachée soit moyenne proportionnelle entre la grande et le cercle de section.

190. Trouver deux nombres tels que leur différence soit 2 et que la somme de leurs cubes égale 6 fois la différence de leurs carrés.

191. La somme de deux nombres multipliée par la somme de leurs carrés donne 888, et leur différence multipliée par la différence de leurs carrés donne 48 : quels sont ces nombres?

192. Trouver deux nombres tels que leur somme soit 30, et que la somme de leurs cubes égale 18 fois la somme de leurs carrés.

193. Couper une sphère par un plan de manière que la calotte détachée ait même surface que la surface latérale du cône qui a pour base le cercle de section, et pour sommet l'extrémité du diamètre perpendiculaire sur ce cercle.

194. Trouver deux nombres tels que leur somme soit s et que la différence de leurs cubes égale m fois la différence de leurs carrés.

195. Couper une sphère par un plan, de telle sorte que la différence des surfaces des deux zones déterminées par la section égale la surface de la sphère qui aurait pour grand cercle le cercle de section.

196. Trouver les quatre termes d'une proportion, connaissant la somme s des 4 termes, la somme des extrêmes a et la différence d des moyens.

197. Couper une sphère par un plan de manière que la zone détachée ait même surface que la sphère qui a pour diamètre la distance du plan à l'extrémité du diamètre perpendiculaire sur ce plan.

198. Trouver les quatre termes d'une proportion, connaissant la somme des extrêmes, 11, celle des moyens, 10, et la somme des carrés des 4 termes, 125.

199. Couper une sphère par un plan de manière que le segment détaché ait même volume que le cône qui a pour base la base du segment et pour sommet le centre de la sphère.

200. A quelle distance du centre d'un cercle dont le rayon est R faut-il mener une corde, pour que cette corde, en tournant autour du diamètre qui lui est parallèle, engendre une surface égale à celle de la sphère dont le rayon serait précisément la distance demandée?

201. Trouver les quatre termes d'une proportion, connaissant la somme de leurs carrés, 130, et les produits 6, 12, 18 du premier terme par chacun des trois autres.

202. On coupe une sphère par un plan qui passe à a mètres du centre : quel doit être le rayon de cette sphère pour que la zone enlevée ait même surface que la sphère qui aurait a pour diamètre?

203. Dans un cercle dont le diamètre est 5 mèt. inscrire un rectangle tel que 6 fois le carré d'un des côtés plus 4 fois le carré du second côté égalent 11 fois l'aire du rectangle.

204. Le diamètre d'un cercle est 4 mèt.; on mène une corde parallèle à ce diamètre et on demande quelle sera sa distance au centre, si l'on veut que l'aire engendrée par cette corde en tournant autour du diamètre soit égale à la surface du cercle.

205. On laisse tomber une pierre dans un puits, et on compte 5 secondes entre le moment où on lâche la pierre et celui où on entend le son qu'elle produit en tombant sur le liquide : trouver la profondeur du puits, sachant d'ailleurs que le son parcourt 340 mèt. par seconde.

206. Trouver les quatre côtés d'un trapèze isocèle circonscrit à un cercle de rayon R, sachant que son périmètre est $2p$.

207. On construit un pentagone convexe en ajoutant un triangle équilatéral à un carré et on fait tourner le pentagone autour du côté du carré opposé au triangle, et on demande quel doit être le côté du carré pour que le volume engendré égale celui d'une sphère ayant 1 mèt. de diamètre.

208. Trouver deux nombres connaissant la somme de leurs carrés, 41, et le produit, 400, de ces mêmes côtés.

209. Résoudre les équations $x^2 - 3y^2 = a^2$, $y^2 + 3x^2 = b^2$.

210. On demande les trois côtés d'un triangle rectangle circonscrit à un cercle de rayon R, l'aire du triangle étant a^2.

211. Un cône équilatéral est inscrit dans une sphère; couper les deux corps par un plan de manière que la différence des sections soit égale au cercle de base du cône.

212. Décomposer le trinôme $4x^4 - 37x^2 + 9$ en facteurs du premier degré.

213. Trouver les trois côtés d'un triangle rectangle, connaissant la bissectrice b de l'angle droit, et le rayon R du cercle inscrit.

214. Partager les nombres 18 et 24 chacun en deux parties telles que la somme des carrés d'une partie du premier et d'une partie du second soit 52, et que la somme des carrés des deux autres parties soit 520.

215. Inscrire dans un carré un autre carré dont l'aire soit minimum.

216. De tous les triangles qui ont base commune et même périmètre, quel est le plus grand?

217. Inscrire dans un losange un rectangle dont l'aire soit maximum.

218. Circonscrire à un cercle un triangle isocèle de surface minimum.

219. Circonscrire à un cercle un losange dont l'aire soit minimum.

220. Circonscrire à un rectangle donné un losange dont l'aire soit minimum.

221. Inscrire dans un cercle de rayon R un rectangle dont le périmètre soit maximum.

222. Dans un demi-cercle, inscrire un trapèze dont le périmètre soit maximum.

223. Dans un triangle équilatéral dont le côté est a, inscrire un autre triangle équilatéral dont l'aire soit minimum.

224. Les dimensions d'un rectangle sont a et b; on considère deux angles opposés et on demande à quelle distance du sommet de ces angles il faut prendre un point sur les deux côtés pour qu'en joignant ces points on forme un parallélogramme inscrit de surface minimum.

225. Les dimensions d'un rectangle sont a et b; à partir de chaque sommet et dans le même sens on porte une même longueur: déterminer cette longueur de telle sorte qu'en joignant les quatre points ainsi trouvés le parallélogramme formé soit minimum.

226. Mener à un quart de cercle une tangente telle que le triangle qu'elle forme avec les deux rayons extrêmes prolongés soit minimum.

227. On donne un demi-cercle de rayon R et l'on divise le diamètre en deux segments sur chacun desquels on décrit un demi-cercle: quand la surface comprise entre les trois circonférences sera-t-elle maximum?

228. De tous les parallélipipèdes rectangles qui ont la même surface totale, quel est celui qui a le volume maximum?

229. Trouver le maximum du volume d'un cylindre ayant une surface totale donnée $2\pi a^2$.

230. Trouver le maximum du volume d'un cône de surface latérale donnée.

231. Inscrire dans un cercle de rayon donné un triangle isocèle tel que la somme de la base et de la hauteur soit maximum ou minimum.

232. Inscrire dans un cercle de rayon donné un triangle isocèle tel que le volume engendré par ce triangle en tournant autour de sa base soit maximum.

233. Inscrire dans une sphère un cône dont la surface latérale soit maximum.

234. Circonscrire à une sphère donnée un cône de volume minimum.

235. On construit un prisme droit sur une section parallèle à la base

d'une pyramide donnée; à quelle distance de la base sera la section lorsque le prisme inscrit aura un volume maximum?

236. Trouver le maximum du volume d'un cône ayant pour sommet le centre de la base d'un cône circulaire, et pour base une section faite à une distance variable du sommet.

237. On a un rectangle de périmètre constant $4p$; sur les quatre côtés pris pour diamètres on décrit des demi-circonférences extérieures au rectangle : trouver le maximum de la surface ainsi formée.

238. On demande le maximum du volume engendré par un rectangle de périmètre constant en tournant autour d'un de ses côtés.

239. Inscrire dans une sphère un cylindre tel : 1° que le volume soit maximum; 2° que la surface latérale, 3° la surface totale soient aussi maximum.

240. Un triangle rectangle dont les deux côtés de l'angle droit ont une somme constante tourne de manière à engendrer un cône : trouver le maximum du volume.

241. Une droite de longueur invariable tourne autour d'un axe en passant constamment par un même point de l'axe, et dans chaque position elle décrit un cône : quel est le maximum du volume de ce cône?

242. Un triangle rectangle isocèle tourne autour du sommet de l'angle droit placé sur un axe, et dans chaque position il forme un corps de révolution; étudier les variations du volume dans les divers cas, le triangle étant tout entier d'un même côté de l'axe.

243. Inscrire dans une sphère un tronc de cône reposant sur un grand cercle et dont la surface latérale soit maximum.

244. Deux points A et O sont donnés; du point O on décrit une circonférence de rayon variable r, et du point A on mène une tangente à cette circonférence; on demande pour quelle valeur de r sera maximum 1° la surface engendrée par la révolution complète autour de OA de la tangente terminée au point de contact; 2° le volume du cône qui a pour surface latérale la surface considérée.

245. Même énoncé qu'au n° 244, et on demande 1° le maximum du triangle isocèle formé par les deux tangentes extrêmes et la droite qui joint les deux points de contact; 2° le maximum du quadrilatère formé par les deux tangentes et les deux rayons qui vont aux points de contact.

246. Construire un prisme droit creux à base carrée et trouver le maximum du volume pour une surface totale donnée a^2 (5 faces).

247. A l'intérieur d'un carré dont le côté est $2a$, on forme un autre carré ayant ses côtés parallèles aux diagonales du premier; on joint chaque sommet du nouveau carré aux deux sommets les plus voisins du premier, et on forme ainsi quatre triangles isocèles égaux : on demande 1° le maximum du volume de la pyramide ayant pour surface latérale ces quatre triangles; 2° le maximum de la surface latérale.

248. A un carré de carton de côté a, enlever vers les sommets

quatre petits carrés, et relever ensuite les rectangles qui font saillie de manière que le volume de la boîte ainsi formée soit maximum.

249. Construire un arrosoir formé par un cylindre et un cône équilatéral, et déterminer le maximum du volume pour une surface totale donnée $2\pi a^2$.

Calculer le maximum et le minimum des fractions suivantes :

250. $\quad \dfrac{x^2+21}{x-2}$.

251. $\quad \dfrac{4(2x-4)}{x^2-4}$.

252. $\quad \dfrac{3x^2-2}{-x^2+4x-3}$.

253 $\quad \dfrac{3x^2-2}{x^2-4x+3}$.

254 $\quad \dfrac{x^2-4x+1}{x^2-4}$.

255. $\quad \dfrac{x^2-30}{-x+5}$.

256. $\quad \dfrac{4x^2+1}{x^2-2x+1}$.

257. $\quad \dfrac{1-2x^2}{x^2+4x+4}$.

258. $\quad \dfrac{3x^2+5x+1}{x+2}$.

259. $\quad \dfrac{x^2+x+1}{x^2-x-1}$.

260. Trouver le maximum et le minimum de la fraction

$$\frac{ax^2+bx+c}{a'x^2+b'x+c'}.$$

QUATRIÈME PARTIE

PROGRESSIONS, LOGARITHMES, INTÉRÊTS COMPOSÉS ET ANNUITÉS

---

§ I. — Des Progressions.

185. On appelle *progression* une suite de termes tels que le rapport de deux termes consécutifs est constant.

Il y a deux espèces de progressions : les progressions *arithmétiques* ou par différence, et les progressions *géométriques* ou par quotient.

Progressions arithmétiques.

186. Une progression arithmétique est une suite de termes tels que chacun d'eux égale le précédent augmenté d'une quantité constante appelée *raison* de la progression.

Une progression arithmétique est croissante lorsque la raison est positive; elle est décroissante lorsque la raison est négative.

Exemples :

$$\div 2.4.6.8.10.12.14.16.18\ldots$$
$$\div 96.92.88.84.80.76.72.68\ldots$$

La première progression est croissante; sa raison est $+2$.
La seconde est décroissante; sa raison est -4.

187. 1ʳᵉ Propriété. *Dans une progression arithmétique, un terme de rang quelconque égale le premier, plus autant de fois la raison qu'il y a de termes avant lui.*

Soit la progression :

$$\div a.b.c.d.e.f.g.h\ldots\ldots l.$$

Par définition, le second terme b égale le premier, plus la raison que nous désignerons par r, soit :

$$b = a + r.$$

Par définition aussi, le troisième terme c égale le second b, plus la raison; mais b égale $a+r$, donc

$$c = a + 2r.$$

De même le quatrième terme d égale le troisième c, plus la raison; mais c égale $a+2r$, donc

$$d = a + 3r,$$

et ainsi de suite.

On voit que le second terme égale le premier plus la raison; le troisième égale le premier plus deux fois la raison; le quatrième égale le premier plus trois fois la raison, etc.

En général, désignant par l un même terme de rang quelconque n, et par a le premier terme de la progression, on a:

$$l = a + (n-1)r.$$

De cette propriété il résulte qu'une progression arithmétique

$$\div a.b.c.d.e.f\ldots\ldots l$$

peut s'écrire :

$$\div a.a+r.a+2r.a+3r\ldots a+(n-1)r.$$

APPLICATIONS. 1° *Trouver le 30e nombre impair :*
Les nombres impairs forment une progression,

$$\div 1.3.5.7.9\ldots$$

dont la raison est 2.

On aura donc

$$\text{le 30e terme} = 1 + 29 \times 2 \quad \text{ou} \quad 59.$$

2° *Trouver le 21e terme de la progression*

$$\div 80.75.70.65.60\ldots$$

On aura :

$$\text{le 21e terme} = 80 + 20 \times (-5) \quad \text{ou} \quad -20.$$

188. REMARQUE. Les termes d'une progression arithmétique croissante augmentent indéfiniment et peuvent devenir plus grands que toute quantité donnée A.

Un terme de rang quelconque n ayant pour expression

$$a + (n-1)r,$$

posons :

$$a + (n-1)r > A,$$

d'où

$$n - 1 > \frac{A - a}{r},$$

et par suite

$$n > \frac{A-a}{r} + 1.$$

Ainsi le terme dont le rang est exprimé par $\dfrac{A-a}{r}+1$ est plus grand que A.

EXEMPLE. Dans la progression

$$\div 1.1,1.1,2.1,3.1,4\ldots$$

le terme qui sera plus grand que 1 000 000 occupera le rang marqué par

$$n > \frac{1\,000\,000-1}{0,1} + 1,$$

$$n > \frac{999\,999}{0,1} + 1$$

$$n > 9\,999\,991,$$

soit le 9 999 992e rang, comme il est facile de le vérifier.

189. 2e PROPRIÉTÉ. *Dans une progression arithmétique, la somme de deux termes également distants des extrêmes est constante et égale à la somme des extrêmes.*

Soit la progression

$$\div a.b.c.d\ldots\ldots h.i.k.l.$$

Considérons les termes c et i, qui sont à égale distance des extrêmes.

On a (n° 187) :

$$c = a + 2r, \tag{1}$$

On a aussi :

$$l = i + 2r, \quad \text{d'où} \quad i = l - 2r. \tag{2}$$

Ajoutons membre à membre les égalités (1) et (2), il vient :

$$c + i = a + 2r + l - 2r \quad \text{ou} \quad a + l.$$

En général, soient d et h deux termes de rangs tels, qu'il y ait m termes avant d et m termes après h, a et l étant les extrêmes, on aura :

$$d = a + mr, \tag{1}$$

et $l = h + mr$ d'où $h = l - mr.$ (2)

Ajoutons les égalités (1) et (2), on trouve, après réduction :

$$d + h = a + l.$$

REMARQUE. Lorsque le nombre des termes de la progression est impair, *le terme du milieu égale la demi-somme des termes extrêmes.*

190. 3e PROPRIÉTÉ. *La somme des termes d'une progression arithmétique égale la demi-somme des extrêmes multipliée par le nombre des termes.*

Soit une progression de n termes,

$$\div a.b.c.....h.k.l;$$

on aura pour expression de la somme

$$S = a + b + c ..... + h + k + l,$$
$$S = l + k + h ..... + c + b + a.$$

Ajoutons membre à membre :

$$2S = (a+l) + (b+k) + (c+h) ..... + (h+c) + (k+b) + (l+a).$$

Chaque parenthèse renferme soit les deux extrêmes, soit deux termes également distants des extrêmes; ces parenthèses sont donc égales. Et comme il y en a autant que la progression compte de termes, on peut écrire :

$$2S = (a+l)n,$$

d'où

$$S = \frac{(a+l)n}{2}. \qquad (1)$$

191. REMARQUE. Si dans cette formule on remplace le $n^{\text{ième}}$ terme l par sa valeur $a+(n-1)r$, on trouve :

$$S = \frac{[a+a+(n-1)r]n}{2} \quad \text{ou} \quad \frac{n}{2}[2a+(n-1)r]. \qquad (2)$$

Cette seconde formule permet de calculer la somme des termes d'une progression en fonction de a, n et r.

APPLICATIONS. *Trouver la somme des termes de la progression* $\div 3.8.13.18.....,$ *composée de 41 termes.*

Pour appliquer la formule (1), il faut connaître le 41e terme.

$$\text{le 41}^e \text{ terme} = 3 + 5 \times 40, \quad \text{ou} \quad 203,$$
$$S = \frac{(3+203)41}{2}, \quad \text{ou} \quad 4\,223.$$

La formule (2) donne immédiatement :

$$S = \frac{41}{2}(6 + 40 \times 5) \quad \text{ou} \quad 4\,223.$$

2° *Trouver la somme des* n *premiers nombres impairs.*
$$1.3.5.7.9\ldots$$

La formule (2) donne immédiatement :

$$S=\frac{n}{2}[2+(n-1)2] \text{ ou } n^2.$$

Ainsi la somme des n premiers nombres impairs est égale au carré de n.

D'après cela, les 20 premiers nombres impairs ont pour somme 400.

192. On appelle *moyens arithmétiques*, ou différentiels, des nombres qui forment avec deux nombres donnés une progression arithmétique dont les nombres donnés sont les extrêmes.

PROBLÈME. *Insérer entre* a *et* b, m *moyens arithmétiques.* Cherchons la raison de la progression.

Cette progression aura $m+2$ termes, savoir les m moyens, plus les deux termes donnés.

Donc
$$b=a+(m+1)r \text{ (n}^\text{o} 187).$$

d'où
$$r=\frac{b-a}{m+1}.$$

Ainsi la raison de la progression s'obtient en divisant le dernier terme diminué du premier, par le nombre des moyens à insérer plus un.

APPLICATIONS. 1° *Insérer entre* 2 *et* 24, 10 *moyens arithmétiques.*

On a :
$$r=\frac{24-2}{11}=2.$$

La progression sera :
$$\div 2.4.6.8.10.12.14.16.18.20.22.24.$$

2° *Insérer, entre* 80 *et* 50, 5 *moyens arithmétiques.*

On a :
$$r=\frac{50-80}{6}=-5.$$

La progression sera :
$$\div 80.75.70.65.60.55.50.$$

REMARQUE. Si entre les termes consécutifs d'une progression arithmétique on insère un même nombre de moyens, les progressions partielles ainsi obtenues forment une seule et même progression.

En effet, la raison de ces progressions est la même, puisque, pour chacune d'elles, on l'obtient en divisant la *différence constante* de deux termes consécutifs par le *nombre de moyens à insérer plus un*. De plus, le dernier terme de la première progression est le premier de la seconde, le dernier de la seconde est le premier de la troisième, et ainsi de suite. Donc toutes ces progressions partielles forment une seule et même progression.

APPLICATION. *Insérer 3 moyens arithmétiques entre tous les termes de la progression :*

$$\div 5\,.\,13\,.\,21\,.\,29\,.\,37.$$

La raison des progressions partielles sera :

$$\frac{13-5}{4}\,;\qquad \frac{21-13}{4}\,;\qquad \frac{29-21}{4}\,;\qquad \frac{37-29}{4}\,;$$

c'est-à-dire $\dfrac{8}{4}$ ou 2.

On aura successivement :

$$\div 5\,.\,7\,.\,9\,.\,11\,.\,13,$$
$$\div 13\,.\,15\,.\,17\,.\,19\,.\,21,$$
$$\div 21\,.\,23\,.\,25\,.\,27\,.\,29\ldots\ldots$$

que l'on peut écrire :

$$\div 5\,.\,7\,.\,9\,.\,11\,.\,13\,.\,15\,.\,17\,.\,19\,.\,21\,.\,23\,.\,25\ldots,$$

et l'on n'a qu'une seule et même progression.

194. Les formules :

$$l = a + (n-1)\,r,$$
$$s = \frac{(a+l)\,n}{2},$$

renferment cinq quantités a, l, r, n et s; trois quelconques de ces quantités étant données, on peut trouver les deux autres; ce qui permet de faire dix énoncés différents, résumés dans le tableau suivant.

Connaissant	a	r	n,	*trouver*	l	et s,
«	a	r	$l,$	«	n	$s,$
«	a	n	$l,$	«	r	$s,$
«	a	n	$s,$	«	r	$l,$
«	a	s	$l,$	«	r	$n,$
«	a	s	$r,$	«	l	$n,$
«	l	n	$r,$	«	a	$s,$
«	s	n	$r,$	«	a	$l,$
«	s	l	$r,$	«	a	$n,$
«	l	n	$s,$	«	a	$r.$

Progressions géométriques.

195. Une progression géométrique est une suite de termes tels que chacun d'eux est égal à celui qui le précède, multiplié par un nombre constant appelé *raison* de la progression.

Une progression géométrique est croissante lorsque la raison est plus grande que l'unité; elle est décroissante lorsque la raison est une fraction.

Exemples :

$$\div 1 : 2 : 4 : 8 : 16 : 32 : 64\ldots\ldots$$

$$\div 81 : 27 : 9 : 3 : 1 : \frac{1}{3} : \frac{1}{9}\ldots\ldots$$

La première progression est croissante; sa raison est $+2$.

La seconde est décroissante; sa raison est $\frac{1}{3}$.

196. 1ʳᵉ Propriété. *Dans une progression géométrique, un terme de rang quelconque est égal au premier multiplié par la raison élevée à une puissance marquée par le nombre des termes qui précèdent.*

Soit la progression

$$\div a : b : c : d : e : f : g\ldots$$

Par définition, le second terme b égale le premier a, multiplié par la raison, que nous désignerons par q; soit,

$$b = aq.$$

Par définition aussi, le troisième terme c égale le second b, multiplié par la raison, mais $b = aq$, donc

$$c = aq^2.$$

De même, le quatrième terme d égale le troisième c, multiplié par la raison: mais $c = aq^2$, donc

$$d = aq^3 ;$$

et ainsi de suite.

On voit que le deuxième terme égale le premier multiplié par la raison; que le troisième égale le premier multiplié par la seconde puissance de la raison; que le quatrième égale le premier multiplié par la troisième puissance de la raison; etc.

En général, désignant par l un terme de rang quelconque n et par a le premier terme de la progression, on a :

$$l = aq^{n-1}.$$

De cette propriété, il résulte qu'une progression géométrique

$$\div a : b : c : d : e \ldots l,$$

peut s'écrire

$$\div a : aq : aq^2 : aq^3 : aq^4 \ldots aq^{n-1}.$$

APPLICATIONS. 1° *Trouver le onzième terme de la progression*

$$\div 1 : 2 : 4 : 8.$$

le 11e terme $= 1 \times 2^{10}$,   ou   1 024.

2° *Trouver le neuvième terme de la progression*

$$\div 9 : 3 : 1 : \frac{1}{3} \ldots$$

le 9e terme $= 9 \times \left(\frac{1}{3}\right)^8$ ou $\frac{1}{729}$.

197. REMARQUE. Dans une progression géométrique croissante, les termes augmentent constamment et finissent par dépasser toute quantité donnée, et dans une progression décroissante les termes diminuent sans cesse et deviennent plus petits que toute quantité donnée.

Pour démontrer cette propriété, il faut prouver que les puissances successives d'un nombre plus grand que 1 croissent au delà de toute limite.

Soit q, une quantité plus grande que 1.

On a : $q > 1$,

d'où, en multipliant les deux membres par q^{n-1},

$$q^n > q^{n-1}.$$

Ainsi, une puissance quelconque est plus grande que la puissance immédiatement inférieure.

En appelant α l'excès de q sur l'unité, α étant une quantité très-petite, on a :

$$q - 1 = \alpha ;$$

Maintenant si l'on multiplie le premier membre successivement par q, q^2, $q^3 \ldots$, sans toucher au second, on aura une suite d'inégalités :

$$q - 1 = \alpha,$$
$$q^2 - q > \alpha,$$
$$q^3 - q^2 > \alpha,$$
$$\cdot \quad \cdot \quad \cdot \quad \cdot \quad \cdot$$
$$q^n - q^{n-1} > \alpha;$$

en ajoutant membre à membre la première égalité et les inéga-lités qui suivent, les termes intermédiaires se détruisent, et il vient :

$$q^n - 1 > n\alpha,$$

et par suite $\qquad q^n > n\alpha + 1.$

Or, pour que q^n soit plus grand qu'une quantité donnée A, il suffit que l'on ait

$$n\alpha + 1 > A;$$

d'où $\qquad n > \dfrac{A-1}{\alpha}.$

Ainsi, l'indice n de la puissance doit être plus grand que $\dfrac{A-1}{\alpha}$, si l'on veut que q^n soit lui-même plus grand que A.

198. 1° Considérons maintenant une progression géométrique croissante,

$$\div a : aq : aq^2 : aq^3 : aq^4 \ldots\ldots aq^n.$$

Dans le terme aq^n, le facteur q^n peut devenir plus grand que toute quantité donnée; donc il en sera de même du pro-duit aq^n.

2° Soit la progression décroissante :

$$\div a : aq' : aq'^2 : aq'^3 \ldots\ldots aq'^n.$$

La raison q' étant plus petite que 1, est une fraction que nous pouvons représenter par $\dfrac{1}{q}$, et la progression deviendra

$$\div a : \frac{a}{q} : \frac{a}{q^2} : \frac{a}{q^2} \ldots\ldots \frac{a}{q^n};$$

or, d'après le numéro précédent, le dénominateur q^n, du terme $\dfrac{a}{q^n}$, peut devenir plus grand que toute quantité donnée, et le numérateur reste fixe; donc la fraction $\dfrac{a}{q^n}$ décroît de plus en plus.

199. 2ᵉ PROPRIÉTÉ. *Dans une progression géométrique, le produit de deux termes également distants des extrêmes est constant et égal au produit des extrêmes.*

Soit la progression :

$$\div a : b : c : d \ldots\ldots : h : i : k : l.$$

Considérons les termes c et i, qui sont à égale distance des extrêmes.

On a (n° 196) : $\qquad c = aq^2.$ (1)

On a aussi $\qquad l = iq^2,$ d'où $i = \dfrac{l}{q^2}.$ (2)

Multiplions membre à membre les égalités (1) et (2), il vient :

$$ci = \frac{aq^2 l}{q^2} \quad \text{ou } al. \quad \text{Donc...}$$

En général, soient d et h deux termes de rangs tels qu'il y ait m termes avant d et m termes après h, a et l étant les deux extrêmes, on aura :

$$d = aq^m,$$
(1)

et $l = hq^m,$ d'où $h = \dfrac{l}{q^m}.$ (2)

Multiplions l'une par l'autre les égalités (1) et (2),

$$dh = \frac{aq^m l}{q^m} \quad \text{ou } al.$$

Remarque. Lorsque le nombre des termes de la progression est impair, *le terme du milieu égale la racine carrée du produit des extrêmes.*

200. 3e Propriété. *Le produit des termes d'une progression géométrique est égal à la racine carrée du produit des extrêmes élevé à une puissance marquée par le nombre des termes.*

Soit la progression

$$\div a : b : c \ldots\ldots : h : k : l.$$

En appelant P le produit et n le nombre des termes, on a :

$$P = abc\ldots\ldots hkl,$$
$$P = lkh\ldots\ldots cba.$$

Multiplions membre à membre ces égalités, il vient :

$$P^2 = al \times bk \times ch \ldots\ldots hc \times kb \times la ;$$

or n° 199, $al = bk = ch\ldots\ldots,$ et il y a n termes ;

donc
$$P^2=(al)^n=a^nl^n,$$

d'où
$$P=\sqrt{a^nl^n}.$$

REMARQUE. En remplaçant l par sa valeur aq^{n-1}, cette formule devient :
$$P=\sqrt{a^na^nq^{n(n-1)}}=\sqrt{a^{2n}\times q^{n(n-1)}}.$$

Or, que n soit pair ou impair, le produit $n(n-1)$ de deux nombres entiers consécutifs est toujours divisible par 2, et l'extraction de la racine est possible ; donc (n° 106).
$$P=a^n\times q^{\frac{n(n-1)}{2}}.$$

201. 4° PROPRIÉTÉ. *La somme des termes d'une progression géométrique égale le dernier multiplié par la raison, moins le premier, le tout divisé par la raison diminuée de un.*

Soit une progression de n termes
$$\div a:b:c.....h:k:l.$$

On a
$$S=a+b+c.....+h+k+l. \qquad (1)$$

Multiplions par q les deux membres de cette égalité
$$Sq=aq+bq+cq.....+hq+kq+lq. \qquad (2)$$

Retranchons membre à membre la première égalité de la seconde, en remarquant que $aq=b$, $bq=c$..... $hq=k$, $kq=l$.
$$Sq-S=b+c+.....,+k+l+lq-a-b-c.....,-k-l$$
$$S(q-1)=lq-a,$$
$$S=\frac{lq-a}{q-1}. \qquad (3)$$

En remplaçant l par sa valeur aq^{n-1}, cette formule devient :
$$S=\frac{aq^n-a}{q-1}=\frac{a(q^n-1)}{q-1}. \qquad (4)$$

Elle permet de calculer la somme des termes en fonction de a, q et n.

APPLICATIONS. 1° *Trouver la somme des dix premiers termes de la progression.*
$$\div 2:4:8:16......$$

La formule (4) donne
$$S=\frac{2(2^{10}-1)}{2-1}, \quad \text{ou} \quad 2046.$$

2º *Trouver la somme des huit premiers termes de la pro-gression*

$$\div 27 : 9 : 3\ldots$$

La formule (4) donne

$$S = \frac{27\left[\left(\frac{1}{3}\right)^8 - 1\right]}{\frac{1}{3} - 1} = \frac{27\left(-\frac{6\,560}{6\,561}\right)}{-\frac{2}{3}} = \frac{27 \times 6\,560 \times 3}{6\,561 \times 2} = \frac{3\,280}{81}.$$

202. Cherchons la *limite*, c'est-à-dire la grandeur fixe vers laquelle tend la somme des termes d'une progression géométrique décroissante.

On a $$S = \frac{aq^n - a}{q - 1}.$$

Changeons les signes des deux termes du second membre, il vient :

$$S = \frac{a - aq^n}{1 - q} = \frac{a}{1 - q} - \frac{aq^n}{1 - q}.$$

Sous cette forme, on voit que la somme se compose d'une partie fixe $\frac{a}{1 - q}$ et d'une partie variable $-\frac{aq^n}{1 - q}$, laquelle tend vers zéro, lorsque n croît indéfiniment; car la raison q est une fraction, et le facteur q^n est d'autant plus petit que n est plus grand. Donc la somme des termes tend vers $\frac{a}{1 - q}$.

Ainsi *la limite de la somme des termes d'une progression géométrique décroissante égale le premier terme divisé par l'unité diminuée de la raison.*

APPLICATIONS. 1º *Trouver la limite de la somme des termes de la progression*

$$\div 4 : 2 : 1 : \frac{1}{2}\ldots\ldots$$

On a : $$\text{limite} = \frac{4}{1 - \frac{1}{2}} \quad \text{ou} \quad 8.$$

2º *Trouver la limite de la fraction périodique* 0,54545454...
Cette fraction peut se mettre sous la forme

$$\div \frac{54}{100} : \frac{54}{100^2} : \frac{54}{100^3} : \frac{54}{100^4} : \frac{54}{100^5} : \frac{54}{100^6}\ldots\ldots$$

C'est une progression géométrique décroissante dont la raison est $\frac{1}{100}$.

On aura donc : $\quad \text{limite} = \dfrac{\frac{54}{100}}{1 - \frac{1}{100}} \quad$ ou $\quad \dfrac{54}{99}$.

203. On appelle *moyens géométriques* ou proportionnels des nombres qui forment avec deux nombres donnés une progression géométrique dont les nombres donnés sont les extrêmes.

Problème. *Insérer, entre* a *et* b, m *moyens géométriques.* Cherchons la raison de la progression.

Cette progression aura $m+2$ termes, savoir les m moyens et les deux termes donnés.

D'après cela, $\qquad b = aq^{m+1} \quad$ (n° 196).

d'où $\qquad q = \sqrt[m+1]{\dfrac{b}{a}}$.

Ainsi, on obtient la raison en extrayant du quotient du dernier terme par le premier, une racine marquée par le nombre des moyens à insérer plus un.

Applications. 1° *Insérer entre 2 et 162, trois moyens géométriques.*

On a $\qquad q = \sqrt[4]{\dfrac{162}{2}} = \sqrt[4]{81} \quad$ ou $\quad 3$.

La progression est $\div 2 : 6 : 18 : 54 : 162$.

2° *Insérer entre 1024 et 16 deux moyens géométriques.*

On a $\qquad q = \sqrt[3]{\dfrac{16}{1024}} = \sqrt[3]{\dfrac{1}{64}} \quad$ ou $\quad \dfrac{1}{4}$.

La progression est $\div 1024 : 256 : 64 : 16$.

204. Remarque. Si entre les termes consécutifs d'une progression géométrique on insère un même nombre de moyens, les progressions partielles ainsi obtenues forment une seule et même progression.

En effet, la raison de ces progressions est la même, puisque, pour chacune d'elles, on l'obtient *en extrayant du quotient constant* de deux termes consécutifs *une racine marquée par le nombre de moyens à insérer plus un*. De plus, le dernier terme de la première progression est le premier de la seconde, le dernier de la seconde est le premier de la troisième, et ainsi de suite. Donc, toutes ces progressions partielles formeront une seule et même progression.

Insérons trois moyens géométriques entre tous les termes de la progression $\div 2 : 32 : 512 : 8192 : 131\,072$.

La raison des progressions partielles sera :

$$\sqrt[4]{\frac{32}{2}}\;;\qquad \sqrt[4]{\frac{512}{32}}\;;\qquad \sqrt[4]{\frac{8192}{512}}\;;\qquad \sqrt[4]{\frac{131\,072}{8192}}\;,$$

c'est-à-dire $\sqrt[4]{16}$ ou   2.

On aura successivement ;

$$\div 2 : 4 : 8 : 16 : 32,$$
$$\div 32 : 64 : 128 : 256 : 512,\quad.$$
$$\div 512 : 1024 : 2048 : 4096 : 8192\ldots,$$

qu'on peut écrire :

$$2 : 4 : 8 : 16 : 32 : 64 : 128 : 256 : 512 : 1024 : 2048\ldots,$$

et l'on n'a qu'une seule et même progression.

205. Les formules

$$l = aq^{n-1},$$
$$s = \frac{lq - a}{q - 1},$$

renferment cinq quantités a, l, q, n et s; trois quelconques de ces quantités étant données, on peut aisément trouver les deux autres, ce qui permet de faire dix énoncés différents, résumés dans le tableau suivant.

Connaissant	a	q	n,	*trouver*	l et	s,
«	a	q	l,	«	n	s,
«	a	n	l,	«	q	s,
«	a	n	s,	«	q	l,
«	a	s	l,	«	q	n,
«	a	s	q,	«	l	n,
«	l	n	q,	«	a	s,
«	s	n	q,	«	a	l,
«	s	l	q,	«	a	n,
«	l	n	s,	«	a	q,

Exercices sur les progressions.

206. I. *Trouver la somme des* n *premiers nombres entiers.*

En représentant par S_n cette somme, on a :

$$S_n = 1 + 2 + 3 + 4 \dots + n.$$

Le second membre de cette égalité est une progression arithmétique ayant n termes; donc

$$S_n = \frac{(1+n)n}{2} = \frac{n^2}{2} + \frac{n}{2}.$$

REMARQUE. Si l'on divise par n^2, la formule précédente devient :

$$\frac{S_n}{n^2} = \frac{n^2}{2n^2} + \frac{n}{2n^2},$$

ou

$$\frac{S_n}{n^2} = \frac{1}{2} + \frac{1}{2n}.$$

Si n croît indéfiniment de manière à dépasser toute grandeur donnée, le terme $\frac{1}{2n}$ tend vers zéro et l'expression $\frac{n^2}{2n^2} + \frac{n}{2n^2}$,

ou

$$\frac{1 + 2 + 3 + 4 \dots + n}{n^2},$$

ou encore $\frac{S_n}{n^2}$ a pour limite $\frac{1}{2}$.

La fraction

$$\frac{1 + 2 + 3 + 4 \dots (n-1)}{n^2},$$

dont le numérateur est la somme de $(n-1)$ premiers nombres peut s'écrire :

$$\frac{(1 + n - 1)(n-1)}{2n^2}, \quad \text{ou} \quad \frac{n^2}{2n^2} - \frac{n}{2n^2}, \quad \text{ou} \quad \frac{1}{2} - \frac{1}{2n},$$

et a aussi pour limite $\frac{1}{2}$ lorsque n croît indéfiniment.

II. *Combien faut-il prendre de termes d'une progression arithmétique dont le premier terme est* $\frac{1}{2}$ *et la raison* $\frac{1}{3}$, *pour que la somme des termes soit 48?* (Baccalauréat.)

En appliquant la formule $S=\frac{n}{2}[2a+(n-1)r]$, il vient :

$$48=\frac{n}{2}\left[1+(n-1)\frac{1}{3}\right],$$

ou
$$n^2+2n-288=0,$$

d'où $n=16$, la racine négative n'étant pas admissible.

III. *Trouver cinq nombres en progression par différence, connaissant leur somme* $5A=15$, *et leur produit* $P^5=120$. (Proposé dans le Manuel des conducteurs des ponts et chaussées.)

Soient x le terme du milieu et r la raison ; la progression sera :
$$\div(x-2r).(x-r).x.(x+r).(x+2r).$$

On aura pour première équation
$$x-2r+x-r+x+x+r+x+2r=5A,$$

d'où
$$x=A;$$

et pour seconde équation :
$$(x-2r)(x-r)x(x+r)(x+2r)=P^5.$$

ou
$$x^5-5x^3r^2+4xr^4=P^5,$$

remplaçant x par A, il vient :
$$4Ar^4-5A^3r^2+A^5-P^5=0.$$

Cette équation bicarrée a pour racines :
$$r=\pm\sqrt{\frac{5A^3\pm\sqrt{9A^6+16AP^5}}{8A}}.$$

Remplaçant A et P^5 par leur valeur, on trouve :
$$r'=\pm\sqrt{10,25} \quad \text{et} \quad r''=\pm 1.$$

Les nombres demandés seront :

1° $3-2\sqrt{10,25};\ 3-\sqrt{10,25};\ 3;\ 3+\sqrt{10,25};\ 3+2\sqrt{10,25};$

2° $3+2\sqrt{10,25};\ 3+\sqrt{10,25};\ 3;\ 3-\sqrt{10,25};\ 3-2\sqrt{10,25};$

3° $1.2.3.4.5;$

4° $5.4.3.2.1.$

III. *Partager le nombre* 195 *en trois parties qui forment une progression géométrique dont le troisième terme surpasse le premier de* 129. (Baccalauréat.)

Soient x le premier terme et q la raison de la progression ;
on a :

$$x + xq + xq^2 = 195, \quad \text{d'où} \quad x = \frac{195}{1 + q + q^2},$$

et
$$xq^2 - x = 120, \quad \text{d'où} \quad x = \frac{120}{q^2 - 1}.$$

Égalant les valeurs de x, on trouve :

$$5q^2 - 8q - 21 = 0 ;$$

d'où
$$q' = 3 \quad \text{et} \quad q'' = -\frac{7}{5} ;$$

par suite
$$x = 15 \quad \text{et} \quad 125.$$

V. *Trouver quatre nombres en progression géométrique, connaissant leur somme* $A = 15$, *et celle* $B^2 = 85$ *de leurs carrés.* (Proposé dans le Manuel des conducteurs des ponts et chaussées.)

Soient x le premier terme et q la raison de la progression, on a :

$$A = x + xq + xq^2 + xq^3 = x(1 + q + q^2 + q^3) ;$$

or $1 + q + q^2 + q^3$ est le quotient de $q^4 - 1$ par $q - 1$;

donc, $\quad A = x\left(\dfrac{q^4 - 1}{q - 1}\right), \quad$ d'où $\quad x^2 = \dfrac{A^2(q - 1)^2}{(q^4 - 1)^2}.$ $\qquad (1)$

On a aussi :

$$B^2 = x^2 + x^2q^2 + x^2q^4 + x^2q^6 = x^2(1 + q^2 + q^4 + q^6) ;$$

or $1 + q^2 + q^4 + q^6$ est le quotient de $q^8 - 1$ par $q^2 - 1$;

donc, $\quad B^2 = x^2\left(\dfrac{q^8 - 1}{q^2 - 1}\right), \quad$ d'où $\quad x^2 = \dfrac{B^2(q^2 - 1)}{q^8 - 1}.$

Égalant les valeurs de x^2, il vient :

$$\frac{A^2(q - 1)^2}{(q^4 - 1)^2} = \frac{B^2(q^2 - 1)}{q^8 - 1},$$

qu'on peut écrire :

$$\frac{A^2(q - 1)(q - 1)}{(q^4 - 1)(q^4 - 1)} = \frac{B^2(q + 1)(q - 1)}{(q^4 + 1)(q^4 - 1)}.$$

Supprimons le facteur $\quad \dfrac{q - 1}{q^4 - 1}, \quad$ commun aux deux membres

$$\frac{A^2(q - 1)}{q^4 - 1} = \frac{B^2(q + 1)}{q^4 + 1} ;$$

mais $\quad q^4-1=(q^2+1)(q^2-1)=(q^2+1)(q+1)(q-1),$

et l'équation précédente devient :

$$\frac{A^2(q-1)}{(q^2+1)(q+1)(q-1)}=\frac{B^2(q+1}{q^4+1}.$$

Supprimant le facteur $q-1$ commun aux deux termes de la première fraction et chassant les dénominateurs, il vient :

$$(A^2-B^2)q^4-2B^2q^3-2B^2q^2-2B^2q+(A^2-B^2)=0.$$

Remplaçant A^2 et B^2 par leur valeur, on trouve :

$$140q^2-170q^3-170q^2-170q+140=0,$$

ou $\qquad q^4-\dfrac{17}{14}q^3-\dfrac{17}{14}q^2-\dfrac{17}{14}q+1=0.$

C'est une équation réciproque du quatrième degré. En la résolvant par la méthode donnée au n° 173, on trouve pour q deux valeurs réelles : $q'=2$, $q''=\dfrac{1}{2}$, et deux valeurs imaginaires.

Ces valeurs $q'=2$ et $q''=\dfrac{1}{2}$, portées dans l'équation (1), donnent : $x=1$ et $x=8$.

Les progressions qui satisfont à l'énoncé sont :

1° $1:2:4:8.$

2° $8:4:2:1.$

§ II. — Des Logarithmes.

207. On appelle *logarithmes* des nombres faisant partie d'une progression arithmétique commençant par zéro, et correspondant terme à terme à d'autres nombres appartenant à une progression géométrique commençant par l'unité. Chaque terme de la progression arithmétique est le logarithme du nombre correspondant dans la progression géométrique.

Plus généralement, les deux progressions servant à définir les logarithmes peuvent être prolongées indéfiniment dans les deux sens; l'une doit renfermer le terme zéro, l'autre le terme un, et ces deux termes doivent se correspondre.

Soient les progressions :

$$\div 1:q:q^2:q^3:q^4:q^5:q^6:q^7\dots q^n.$$
$$\div 0 \, . \, r \, . \, 2r \, . \, 3r \, . \, 4r \, . \, 5r \, . \, 6r \, . \, 7r \dots nr.$$

Par définition, 0 est le logarithme de 1, r celui de q, $2r$ celui de q^2, $3r$ celui de q^3....., nr celui de q^n.

208. On voit : 1° Que la progression géométrique renferme *toutes les puissances de la raison ;*

2° Que la progression arithmétique contient *tous les multiples de la raison ;*

3° Que le nombre *qui sert d'exposant* à un terme quelconque de la progression géométrique *sert de coefficient* au terme correspondant de la progression arithmétique.

209. D'après la définition donnée n° 207, les nombres qui font partie de la progression géométrique seraient les seuls qui auraient un logarithme. Mais si l'on insère un très-grand nombre de moyens géométriques entre les différents termes de la première progression et un *même nombre* de moyens arithmétiques entre les différents termes de la seconde, chaque moyen de la progression arithmétique *sera aussi le logarithme du terme correspondant* de la progression géométrique. Nous allons démontrer qu'on peut insérer un nombre assez grand de moyens pour que les termes des deux progressions croissent par degrés insensibles, et diffèrent les uns des autres d'une quantité aussi petite qu'on voudra.

210. Soit à insérer $m-1$ moyens géométriques entre deux termes consécutifs quelconques k et l d'une progression dont la raison est q.

On a (n° 203), en appelant q' la raison de la nouvelle progression,

$$q' = \sqrt[m]{\frac{l}{k}} = \sqrt[m]{q}.$$

Si nous désignons par α un nombre très-petit, $1+\alpha$ différera très-peu de l'unité ; alors, pour que q' ou sa valeur $\sqrt[m]{q}$ soit moindre que $1+\alpha$, il suffit de résoudre l'inégalité

$$\sqrt[m]{q} < 1+\alpha,$$
$$q < (1+\alpha)^m,$$
ou $$(1+\alpha)^m > q.$$

Or, quelque petit que soit α, on peut prendre m assez grand pour que $(1+\alpha)^m$ soit plus grand que q (n° 197). Donc, pour cette valeur de m qui rend $(1+\alpha)^m > q$, et pour toutes les valeurs supérieures, q' sera plus petit que $1+\alpha$. La raison q' différant très-peu de l'unité, un terme quelconque *différera très-peu* du précédent.

211. Soit maintenant à insérer $m-1$ moyens arithmétiques entre deux termes consécutifs quelconques k et l d'une progression dont la raison est r.

On aura (n° 192), en appelant r' la raison de la nouvelle progression :

$$r' = \frac{l-k}{m} = \frac{r}{m}.$$

Pour que r' soit plus petit que α, il suffit de poser

$$\frac{r}{m} < \alpha,$$

d'où
$$m > \frac{r}{\alpha}.$$

Donc, pour cette valeur de m et pour toutes les valeurs supérieures, r' sera plus petit que α; la raison r' étant très-petite, un terme quelconque différera très-peu du précédent.

Ainsi, dans les deux progressions, *les termes croîtront par degrés insensibles*. Alors, tout nombre faisant partie de la progression géométrique primitive aura pour *logarithme exact* le nombre correspondant de la progression arithmétique ; on regardera comme valant 2, 3, 4, 5, etc., les nombres de la nouvelle progression géométrique qui approchent le plus de 2, de 3, de 4, de 5, etc., et les nombres correspondants de la progression arithmétique seront leurs *logarithmes approchés*.

Donc, tout nombre positif a son logarithme exact ou approché.

212. On peut d'ailleurs démontrer que ce logarithme approché est donné avec telle approximation qu'on voudra ; car, en appelant q^{m+1} et q^m deux termes consécutifs d'une progression géométrique comprenant entre eux un certain nombre A qui ne se trouve pas dans la progression, on aura :

$$q^{m+1} - q^m = d.$$

Les logarithmes correspondants seront :

$$(m+1)r \quad \text{et} \quad mr.$$

Or, d'après ce que nous avons dit (n⁰ˢ 210 et 211), la différence d entre deux termes consécutifs dans les deux progressions, peut être rendue aussi petite qu'on voudra; donc les termes q^{m+1} et q^m diffèrent très-peu l'un de l'autre, et il en est de même de leurs logarithmes $(m+1)r$ et mr.

Ainsi, le logarithme approché de A sera $(m+1)r$ ou mr.

En général, le logarithme d'un nombre non compris dans la progression géométrique est la limite commune vers laquelle tendent les logarithmes des deux termes entre lesquels est compris le nombre donné, lorsque le nombre des moyens insérés augmente indéfiniment.

Propriétés des logarithmes.

214. 1ʳᵉ PROPRIÉTÉ. *Le logarithme d'un produit égale la somme des logarithmes des facteurs de ce produit.*

Soient les progressions :

$$\div 1 : q : q^2 : q^3 : q^4 : q^5 : q^6 \ldots\ldots q^n,$$
$$\div 0 . r . 2r . 3r . 4r . 5r . 6r \ldots\ldots nr.$$

Considérons dans la première progression deux termes quelconques, q^4 et q^6, dont les logarithmes sont respectivement $4r$ et $6r$.

Le produit de q^4 par q^6 est q^{10} (n⁰ 19), et se trouve dans la progression géométrique, puisqu'elle contient toutes les puissances de la raison. La somme des deux logarithmes est $4r+6r$ ou $10r$, et se trouve aussi dans la progression arithmétique, puisqu'elle renferme tous les multiples de la raison; or (n⁰ 208, 3⁰), le terme $10r$ correspondra à q^{10}, donc il en sera le logarithme.

De même le logarithme du produit $q^3 \times q^5 \times q^8$ sera $3r+5r+8r$, ou $16r$.

En général, soient q^m, q^n, q^v, trois termes faisant partie de la progression géométrique, et mr, nr, vr, leurs logarithmes. Le produit $q^m \times q^n \times q^v$ ou q^{m+n+v} se trouve dans la progression géométrique; la somme des logarithmes $mr+nr+vr$ ou $(m+n+v)r$ se trouve aussi dans la progression arithmétique; or, le terme $(m+n+v)r$ correspondra à q^{m+n+v} (n⁰ 208), donc il en sera le logarithme.

Donc $\log. q^m \times q^n \times q^v = \log. q^m + \log. q^n + \log. q^v$.

De même

$$\log. abc\ldots = \log. a + \log. b + \log. c\ldots$$

215. 2e Propriété. *Le logarithme d'un quotient égale le logarithme du dividende moins le logarithme du diviseur.*

Soit le quotient
$$q = \frac{A}{B}.$$

On a :
$$q \cdot B = A,$$

et, d'après la première propriété,
$$\log. q + \log. B = \log. A,$$

d'où
$$\log. q \ \text{ou} \ \log. \frac{A}{B} = \log. A - \log. B.$$

216. 3e Propriété. *Le logarithme d'une puissance d'un nombre égale le logarithme de ce nombre multiplié par l'indice de la puissance.*

On a, en effet, $\quad A^5 = A \times A \times A \times A \times A,$

d'où
$$\log. A^5 = \log. A + \log. A + \log. A + \log. A + \log. A = 5 \log. A.$$

En général, $\quad \log. A^n = n \log. A.$

217. 4e Propriété. *Le logarithme d'une racine d'un nombre égale le logarithme de ce nombre divisé par l'indice de la racine.*

Soit
$$R = \sqrt[3]{A},$$

d'où
$$R^3 = A ;$$

et, d'après la troisième propriété,
$$3 \log. R = \log. A,$$

d'où
$$\log. R = \frac{\log. A}{3}.$$

En général,
$$\log. \sqrt[n]{A} = \frac{\log. A}{n}.$$

218. Remarque. L'application des propriétés que nous venons d'établir simplifie beaucoup les calculs, et permet de remplacer une multiplication par une addition, une division par une soustraction, une élévation de puissance par une multiplication, et une extraction de racine par une division.

Des logarithmes vulgaires.

219. De la définition du n° 207, il résulte qu'il y a une infinité de systèmes de logarithmes, et que, dans tous ces systèmes, le logarithme de 1 est 0.

On appelle *base* d'un système de logarithmes le nombre qui a pour logarithme 1 dans ce système.

L'inventeur des logarithmes, le baron écossais Néper ou Napier, partait des progressions

$$\div 1 : (1+\alpha) : (1+\alpha)^2 : (1+\alpha)^3 : (1+\alpha)^4 \ldots (1+\alpha)^n,$$

$$\div 0 . \quad \alpha \quad . \quad 2\alpha \quad . \quad 3\alpha \quad . \quad 4\alpha \quad \ldots \quad n\alpha,$$

dans lesquelles α est une quantité très-petite; le système ainsi formé prit le nom de *logarithmes népériens* ou *hyperboliques*. La base de ce système est un nombre incommensurable désigné par la lettre e, et dont les premiers chiffres sont 2,718 281 828...

220. Les *logarithmes vulgaires* ou de *Briggs,* plus commodes pour les calculs pratiques que les logarithmes népériens, ont pour base le nombre 10 et sont définis par les progressions

$$\div 1 : 10 : 100 : 1\,000 : 10\,000 : 100\,000 \ldots 10^n ,$$

$$\div 0 . 1 . 2 . 3 . 4 . 5 \ldots n.$$

Dans ce système, on voit : 1° que le logarithme de 10 est 1, celui de 100 est 2, celui de 1 000 est 3.....; en général, celui de 10^n est n;

2° Que tout nombre compris entre 1 et 10 a son logarithme plus grand que zéro et plus petit que 1; que tout nombre compris entre 10 et 100 a son logarithme plus grand que 1 et plus petit que 2; que tout nombre compris entre 100 et 1 000 a son logarithme plus grand que 2 et plus petit que 3, et ainsi de suite; d'où il résulte que le logarithme d'un nombre plus grand que 10 est composé d'une partie entière nommée *caractéristique*, et d'une partie décimale appelée *Mantisse* par les Allemands. On voit, de plus, que la caractéristique contient autant d'unités que le nombre a de chiffres à sa partie entière, moins un; de sorte que *la valeur absolue de la caractéristique indique le rang que les plus hautes unités du nombre occupent à gauche des unités simples.*

221. *Le logarithme d'un nombre 10 fois, 100 fois, 1000 fois, etc., plus grand ou plus petit qu'un autre, a la même partie décimale que le logarithme de cet autre, et n'en diffère que par la caractéristique.*

En effet, pour multiplier un nombre par 10, par 100, par 1000, etc., il suffit d'ajouter au logarithme de ce nombre les logarithmes de 10, de 100, de 1000..., lesquels n'ont point de partie décimale. Donc, le logarithme du produit ne différera de celui du multiplicande que par la caractéristique.

De même, pour diviser un nombre par 10, par 100, par 1000..., il suffit de retrancher du logarithme de ce nombre les logarithmes de 10, de 100, de 1000..., lesquels n'ont point de partie décimale. Donc, le logarithme du quotient ne différera de celui du dividende que par la caractéristique.

Il résulte de cette propriété que deux nombres qui ne diffèrent que par la place de la virgule ont des logarithmes qui ne diffèrent eux-mêmes que par la caractéristique.

222. Si l'on prolonge dans les deux sens les progressions du n° 220,

$$\ldots \; \frac{1}{10\,000} : \frac{1}{1\,000} : \frac{1}{100} : \frac{1}{10} : 1 : 10 : 100 : 1\,000 : 10\,000 \ldots$$

$$\ldots \; -4 \; . \; -3 \; . \; -2 \; . \; -1 \; . \; 0 \; . \; 1 \; . \; 2 \; . \; 3 \; . \; 4 \; \ldots,$$

on voit que les nombres plus petits que l'unité ont des logarithmes négatifs.

Remarque. Les progressions ci-dessus montrent que

$$+1 \quad \text{est le log. de } 10, \text{ et que } \quad -1 \quad \text{est celui de } \quad \frac{1}{10},$$

$$+2 \qquad « \qquad 100 \qquad « \qquad -2 \qquad « \qquad \frac{1}{100},$$

$$+3 \qquad « \qquad 1000 \qquad « \qquad -3 \qquad « \qquad \frac{1}{1\,000},$$

et ainsi de suite.

De même,

$$\text{si} \quad 0{,}698\,97 \text{ est le log. de } 5, \quad -0{,}698\,97 \text{ sera celui de } \frac{1}{5}$$

$$\text{et si } 2{,}266\,00 \qquad « \qquad 184{,}5, \quad -2{,}266\,00 \qquad « \qquad \frac{1}{184{,}5}.$$

Ainsi, quand on change le signe du logarithme d'un nombre donné, on obtient le logarithme de l'inverse de ce nombre; et un logarithme négatif peut être regardé comme le logarithme d'une fraction ayant pour numérateur l'unité, et pour dénominateur le nombre correspondant au même logarithme pris positivement.

223. Les mêmes progressions montrent qu'un nombre compris entre 0,1 et 1 a un logarithme plus grand que -1, et plus petit que zéro; ce logarithme sera donc représenté par une fraction négative. De même, un nombre compris entre 0,01 et 0,1 a un logarithme plus grand que -2 et plus petit que -1, logarithme qui sera représenté par un nombre négatif ayant -1 pour partie entière. Un nombre compris entre 0,001 et 0,01 aura aussi un logarithme négatif dont la partie entière sera -2, et ainsi de suite.

224. L'introduction dans les calculs de logarithmes entièrement négatifs serait presque toujours une complication; pour l'éviter, on rend positive la partie décimale du logarithme; la caractéristique seule reste négative.

Soit le logarithme négatif $-2,698\,97$.

On peut écrire, en retranchant et ajoutant l'unité,

$$-2,698\,97 = -3 + (1 - 0,698\,97).$$

Effectuons la soustraction indiquée dans la parenthèse

$$-2,698\,97 = -3, + 301\,03 \quad \text{ou} \quad \overline{3},301\,03.$$

De même, le logarithme négatif $-0,486\,74$ peut s'écrire :

$$-0,486\,74 = -1 + (1 - 0,486\,74) \quad \text{ou} \quad \overline{1},513\,26.$$

Donc, *pour rendre positive la partie décimale d'un logarithme entièrement négatif, il faut ajouter -1 à la caractéristique et $+1$ à la partie décimale du logarithme proposé, puis retrancher de 1 cette partie décimale.* Le signe *moins* qui affecte la caractéristique seule, se place alors au-dessus de cette caractéristique.

225. Il résulte de là et de ce qui a été dit au n° 223, que le logarithme d'un nombre plus petit que 1 a une caractéristique négative *dont la valeur absolue indique le rang que les plus hautes unités du nombre proposé occupent après les unités simples.*

226. REMARQUE. Dans la confection des tables, on n'a pas calculé les logarithmes des nombres plus petits que 1, ni ceux des nombres fractionnaires; car on peut obtenir ces logarithmes d'une manière indirecte.

Ainsi, pour avoir le logarithme de 0,625, on multiplie et on divise ce nombre par 1000, et on a $\dfrac{625}{1\,000}$.

D'où (n° 215) $\log.\dfrac{625}{1\,000}=\log.625-\log.1\,000.$

$$\log.\ 625=2,795\,88$$
$$\log.1\,000=3,000\,00$$

Donc $\log.0,625=\overline{1},795\,88.$

227. Les nombres négatifs n'ont pas de logarithmes; car la progression géométrique qui sert à définir les logarithmes vulgaires n'a aucun terme négatif.

Les termes de la progression géométrique indéfiniment prolongée vers la gauche devenant de plus en plus petits et tendant vers zéro, leurs logarithmes négatifs grandissent sans cesse en valeur absolue et tendent vers l'infini; d'où l'on conclut que le logarithme de zéro est $-\infty$.

228. Lorsque, d'un logarithme, on a à retrancher un autre logarithme, on peut remplacer la soustraction par une addition; il suffit d'ajouter au premier logarithme le second préalablement transformé.

Soit à calculer l'expression $\dfrac{5}{8}$, qu'on peut écrire $5\times\dfrac{1}{8}$.
On a :

$$\log.\dfrac{1}{8}=\log.1-\log.8=0-0,903\,09;$$

ce log. négatif, transformé comme il a été dit au n° 224, devient

$$\overline{1},096\,91.$$

Il suffit maintenant d'ajouter au logarithme de 5 le logarithme

$$\overline{1},096\,91.$$

Ce logarithme, qui a la même valeur que le logarithme négatif $-0,903\,09$, est, comme ce dernier, le logarithme de $\dfrac{1}{8}$; mais à cause de la transformation opérée, il est appelé le *cologarithme* de 8.

Le cologarithme d'un nombre est donc le logarithme de l'inverse de ce nombre, dont on a rendu positive la partie décimale.

229. Le logarithme d'un nombre étant donné, pour obtenir directement son cologarithme, *on ajoute +1 à la caractéristique, et on la change de signe, puis on prend le complément à 1 de la partie décimale.*

Ce complément à 1 s'obtient· *en retranchant de 9 chacun des chiffres de la partie décimale, excepté le premier chiffre significatif à droite, qu'on retranche de 10.*

Avec un peu d'habitude, ce complément se lit immédiatement sur la table de logarithmes pour tous les nombres qu'elle renferme.

EXEMPLES.   Log. 8 = 0,903 09;   colog. 8 = $\overline{1}$,096 91.

log. 625 = 2,795 88;   colog. 625 = $\overline{3}$,204 12.

log. 0,005 = $\overline{3}$,698 97;   colog. 0,005 = 2,301 03.

Des tables de logarithmes.

230. Il existe différentes tables de logarithmes; les unes, appelées grandes tables, donnent les logarithmes des 100 000 ou des 108 000 premiers nombres avec 7 décimales; en France, celles de Callet sont les plus usitées. Les autres, nommées petites tables, renferment les logarithmes des 10 000 premiers nombres avec 5 décimales; et, bien que ces dernières donnent une approximation moins grande dans les calculs, elles sont cependant plus usuelles que les premières.

Dans toutes ces tables, des colonnes spéciales contiennent les différences qui existent entre les logarithmes de deux nombres consécutifs. Une disposition plus heureuse, imaginée par MM. Bourget et F. René *, consiste à supprimer ces colonnes et à les remplacer par les deux ou trois différences qu'il y a entre les divers logarithmes d'une même page, et qu'on écrit alors au bas de cette page; de cette manière, le texte est moins chargé et la lecture est beaucoup plus facile. Certaines tables, celles de Dupuis, de Houël, etc., ne donnent pas les caractéristiques : c'est une simplification, car la seule inspection d'un nombre fait connaître la partie entière de son logarithme (nᵒˢ 220 et 225).

---

* Table de logarithmes à 5 décimales, in-18; chez Blériot, quai des Grands-Augustins, 55, à Paris.

231. Pour se servir avantageusement d'une table de logarithmes, il faut savoir résoudre les deux questions suivantes :

1° Trouver le logarithme d'un nombre donné ;

2° Trouver le nombre qui correspond à un logarithme donné.

Trouver le logarithme d'un nombre donné.

Nous supposons qu'on a les petites tables à 5 décimales.

1er CAS. *Le nombre est dans les tables.* Alors on lit immédiatement le logarithme correspondant.

Ainsi on voit que le log. de 6843 est 3,835 25.

De même le log. de 6,843 est 0,835 25 ; car il ne diffère de celui de 6843 que par la caractéristique (n° 221).

2e CAS. *Le nombre n'est pas dans les tables.* On détermine d'abord la caractéristique (nos 220 et 225), puis on divise ce nombre par 10 ou par 100, ou par 1 000, etc., de manière à avoir un nombre entier, et le plus grand possible, compris dans la table ; enfin on cherche la partie décimale du logarithme du nombre ainsi divisé, *en tenant compte des différences tabulaires.*

Soit à calculer le logarithme de 24 647.

Ce nombre ayant cinq chiffres, la caractéristique de son logarithme est 4.

Divisons 24 647 par 10, ce qui donne 2 464,7.

Cherchons dans les tables la partie décimale du logarithme de 2 464, on trouve 0,391 64.

La différence tabulaire entre les logarithmes de 2 464 et de 2 465 étant 18 unités du cinquième ordre, on dira, *en regardant les accroissements des logarithmes comme étant sensiblement proportionnels aux accroissements des nombres :*

Pour 1 entier de différence dans les nombres, il y a un accroissement de 18 dans les logarithmes ; pour une différence de 0,7 dans les nombres, il y aura un accroissement de x dans les logarithmes.

ou

$$\frac{1}{18} = \frac{0,7}{x},$$

d'où $x = 13$, à une unité près du cinquième ordre. On ajoute ces 13 cent millièmes à 0,391 64 et on a 4,391 77 pour le logarithme de 24 647.

Soit encore à trouver le logarithme de   0,047 853 3.

La caractéristique du logarithme sera $\overline{2}$ (n° 225).

Mettons la virgule après le chiffre 5, on a : 4785,33.

Le logarithme de 4785 a pour partie décimale 0,679 88.

La différence entre les logarithmes des nombres 4785 et 4786 étant 9 unités du cinquième ordre, on dira :

Pour 1 entier de différence dans les nombres, il y a une augmentation de 9 dans les logarithmes; pour une différence de 0,33 dans les nombres, il y aura une augmentation de x dans les log.

$$\frac{1}{9} = \frac{0,33}{x} \, ;$$

ou

on trouve, à une unité près du cinquième ordre, $x = 3$,

et log. de 0,047 853 3 est. . . $\overline{2},679\,91$.

Dans certaines tables, le calcul des parties proportionnelles est effectué et se trouve indiqué dans une colonne spéciale.

232. *Trouver le nombre qui correspond à un logarithme donné.*

1er CAS. *La partie décimale du logarithme se trouve exactement dans les tables.*

Alors on lit immédiatement le nombre correspondant à cette partie décimale, *qu'on cherche toujours comme si elle était précédée de la caractéristique 3.*

Ainsi, on voit que le nombre correspondant au logarithme 2,883 95 est 7 655. La caractéristique 2 du logarithme proposé indique que le nombre demandé a trois chiffres à sa partie entière : ce nombre est donc 765,5.

De même, le nombre correspondant à la partie décimale du logarithme $\overline{2},188\,08$ est 1 542 : la caractéristique $\overline{2}$ indiquant que le premier chiffre significatif du nombre demandé occupe le second rang après la virgule (n° 225), ce nombre est donc 0,015 42.

2e CAS. *La partie décimale du logarithme ne se trouve pas dans les tables.*

Soit à trouver le nombre qui correspond au log. 4,555 75. On cherche dans les tables la partie décimale du logarithme comme si elle était précédée de la caractéristique 3. Cette partie ne se trouve pas dans les tables; mais on voit qu'elle est comprise entre 3,555 70, log. de 3 595, et 3,555 82, log. de 3 596.

La différence tabulaire est 12, et celle qui existe entre le log. donné 55575 et le log. immédiatement inférieur 55570 est 5.

On dira : Si le log. 55570 augmente de 12 unités du cinquième ordre, le nombre 3595 croît de 1 ; si le logarithme augmente de 5 unités, le nombre croîtra de x,

ou
$$\frac{12}{1} = \frac{5}{x}.$$

On trouve, à un centième près, $x = 0,41$ qu'on ajoute à 3595, ce qui donne 359541.

La caractéristique 4 indique que le nombre demandé a 5 chiffres à sa partie entière ; ce nombre est donc 35954,1.

Usage des grandes tables.

233. Nous supposons qu'on a sous les yeux les tables de Callet. Dans ces tables, les logarithmes des nombres inférieurs à 1200 sont donnés avec 8 décimales, ceux des nombres compris entre 1200 et 100000, avec 7 décimales ; enfin, ceux des nombres compris entre 100000 et 108000, avec 8 décimales.

Les 1200 premiers nombres et leurs logarithmes se lisent immédiatement ; quant aux nombres supérieurs à 1200, et à leurs logarithmes, on les lit en deux fois. En effet, dans une colonne intitulée N, on voit les dizaines du nombre ; ses unités se trouvent au haut de la page, sur une ligne horizontale qui comprend les chiffres 0, 1, 2, 3, 4, 5, 6, 7, 8, 9. La première partie du logarithme, composée des chiffres communs aux logarithmes de plusieurs nombres, se lit dans la colonne 0, et la seconde partie se trouve au-dessous du chiffre des unités et dans la colonne horizontale correspondant aux dizaines.

Ainsi, pour obtenir le log. du nombre 19206, on écrit d'abord la caractéristique 4, qui n'est pas dans la table, puis on lit en regard de 1920 les trois premiers chiffres décimaux 283 ; enfin, au-dessous de 6, on trouve les quatre derniers, 4369 ; le logarithme de 19206 est donc 4,2834369.

De même, le log. de 19450, dont la caractéristique est 4, se compose de 288, qu'on lit en regard de 1945, et des quatre derniers chiffres, 9196, qu'on trouve dans la colonne verticale intitulée 0 ; ce log. est donc 4,2889196.

Pour trouver le log. du nombre 348,567, dont la caractéristique est 2, on porte la virgule après le 6, et on cherche le log. de 34856, qui est 5422775 ; la différence entre les log. des nombres 34856 et 34857 est 125; au lieu de calculer l'augmentation pour 0,7 en posant la proportion $\dfrac{1}{125} = \dfrac{0,7}{x}$, on trouve immédiatement le résultat du calcul dans un petit tableau marqué 125; en effet, dans ce tableau, en regard de 7, on lit le nombre 88, exprimant des unités du septième ordre qu'il faut ajouter au log. de 34856.

Le log. du nombre 348,567 est donc 2,5422863.

Pour le log. de 3743596, on trouve d'abord 6,5732778. La différence entre les log. de 37435 et 37436 est 116; il faut calculer l'augmentation que subit le log. pour 0,96.

Le tableau intitulé 116 donne pour 0,9.   104
et pour 0,6, il donne 70; d'où pour 0,06.   7

donc, pour 0,96, l'augmentation sera.   111
qu'il faut ajouter à 6,5732778.

Par suite, le log. du nombre 3743596 sera : 6,5732889.

234. Soit maintenant à trouver le nombre correspondant au log. 4,6804624.

On cherche d'abord 680 parmi les nombres isolés de la colonne 0, puis 4624 dans les colonnes horizontales comprises entre 680 et 681, et on voit que 4624 correspond à 4, qui est le chiffre des unités; en suivant la colonne horizontale qui renferme 4624, on arrive à gauche, au nombre 4791, exprimant les dizaines du nombre cherché : ce nombre est donc 47914.

Soit encore à trouver le nombre correspondant au log.

0,0597809.

Cherchons d'abord 059 parmi les nombres isolés de la colonne 0, puis dans les colonnes horizontales comprises entre 059 et 060, cherchons le nombre qui s'approche le plus par défaut de 7809; ce nombre est 7527, lequel correspond à 5, qui est le chiffre des unités; en suivant la colonne horizontale qui renferme 7527, on arrive, à gauche, au nombre 1147, exprimant les dizaines. Le nombre demandé est donc 11475, à une unité près. Si on veut une approximation plus grande, on cherche la différence qui existe entre 7527 et 7905, qui comprennent 7809, et celle qui existe entre 7527 et 7809; la première est 378, la seconde 282. On regarde ensuite dans le tableau intititulé 378-379, entre quels nombres est compris 282; on voit que c'est entre 265 et 303; le chiffre 7, correspondant à 265, exprime les dixièmes du nombre cherché. Pour obtenir des centièmes, on cherche la différence qui existe entre 282 et 265, et on trouve 17; si c'était 170, le tableau donnerait 4 dixièmes, 17 donnera donc 4 centièmes : on a ainsi trouvé 1147574; et, comme la caractéristique est 0, le nombre demandé est 1,147574.

Remarque sur l'emploi des parties proportionnelles.

235. L'examen des tables montre que la différence entre deux logarithmes consécutifs n'est pas toujours la même, et *qu'elle va sans cesse en diminuant*. On se rend aisément compte de cette particularité.

Soient, en effet, $a+1$ et a deux nombres entiers consécutifs; appelons d la différence de leurs logarithmes, on aura :

$$d=\log.(a+1)-\log.a=\log.\left(\frac{a+1}{a}\right),$$

$$d=\log.\left(1+\frac{1}{a}\right);$$

or, à mesure que a augmente, $\frac{1}{a}$ diminue, et l'expression $1+\frac{1}{a}$ tend vers l'unité; mais le logarithme de 1 est 0, donc les différences tendent vers zéro.

236. Donnons au nombre a un accroissement constant h, et appelons f l'accroissement du logarithme, on aura :

$$f=\log.(a+h)-\log.a=\log.\left(\frac{a+h}{a}\right),$$

$$f=\log.\left(1+\frac{h}{a}\right).$$

Pour un nouvel accroissement h donné au nombre $a+h$, on aura :

$$f'=\log.(a+2h)-\log.a+h,$$

ou, en remplaçant $a+h$ par a',

$$f'=\log.(a'+h)-\log.a'=\log.\left(1+\frac{h}{a'}\right);$$

or a' est plus grand que a, donc f' est plus petit que f. Ainsi, quand un nombre a reçoit des accroissements successifs, h, $2h$, $3h$....., les accroissements des logarithmes correspondants ne sont pas égaux et vont en diminuant, d'où l'on conclut que *les accroissements des logarithmes ne sont pas rigoureusement proportionnels aux accroissements des nombres.*

Il résulte de là que *l'emploi des parties proportionnelles donne un résultat un peu trop faible dans le passage des nombres aux logarithmes; l'inverse a lieu dans le passage des logarithmes aux nombres.* Le résultat est d'autant plus approché que les nombres sont plus grands.

Exemples de calculs faits par logarithmes.

236. 1º *Soit à additionner le log.* . $3,87245$
avec le logarithme . . . . $\overline{2},95419$

on trouve. . . . . $2,82664$.

Après avoir dit aux dixièmes : 1 de retenue et 8 font 9, et 9 font 18, j'écris 8 et je retiens 1; on ajoute : 1 de retenue et 3 font 4, 4 et —2 font +2; le résultat est donc 2,82664.

2º *Soit à soustraire du log.* . . . . $0,93676$
le logarithme . . . . $3,11190$

on trouve. . . . . $\overline{3},82486$.

Après avoir dit aux dixièmes : 1 ôté de 9 reste 8, on ajoute : 3 ôtés de 0 reste —3.

3º *Soit à soustraire du log.* 1, *ou* . $0,00000$
le logarithme . . . . $\overline{3},39193$

on trouve. . . . . $2,60807$.

Après avoir dit aux dixièmes : 1 de retenue et 3 font 4, 4 ôtés de 10 reste 6, on ajoute : 1 de retenue et —3 font —2, —2 ôtés de 0 reste +2.

4º *Soit à multiplier par 3 le log.* . $\overline{4},90200$
                                          3

produit . . . . $\overline{10},70600$

Après avoir dit : 3 fois 9 font 27, je pose 7 et je retiens 2, on ajoute : 3 fois —4 donne —12, —12 et +2 de retenue font —10.

5º *Soit à diviser par 2 le log.* $\overline{1},42846$.

On ajoute —1 à la caractéristique *afin de la rendre divisible* par 2, puis, par compensation, on ajoute +1 à la partie décimale, et on dit : la moitié de $\overline{2}$ est $\overline{1}$; la moitié de 14 est 7, la moitié de 2 est 1... Le quotient est donc $\overline{1},71423$.

6° *Soit encore à diviser par 4 le log.* $\overline{5},628\,29$.

On ajoute -3 à la caractéristique, *afin de la rendre divisible par* 4, puis, par compensation, on ajoute $+3$ à la partie décimale, et on dit : le quart de $\overline{8}$ est $\overline{2}$, le quart de 36 est 9…

Le quotient demandé est $\overline{2},907\,07$, à un cent millième près.

7° *Soit à calculer le logarithme de l'expression*

$$x=\frac{64\times0,0826\times16,57}{13,48\times0,0017\times9,465}.$$

On ajoute ensemble les logarithmes des facteurs du numérateur, et les cologarithmes des facteurs du dénominateur (n° 229).

$$
\begin{aligned}
\text{Log.}\quad 64\ &=1,806\,18,\\
\text{Log.}\quad 0,0826\ &=\overline{2},916\,98,\\
\text{Log.}\quad 16,57\ &=1,219\,32,\\
\text{Colog.}\quad 13,48\ &=\overline{2},870\,31,\\
\text{Colog.}\quad 0,0017\ &=2,769\,55,\\
\text{Colog.}\quad 9,467\ &=\overline{1},023\,79,\\
\hline
\text{Log.}\ x\ &=2,606\,13.
\end{aligned}
$$

8° *Soit enfin à calculer l'expression*

$$x=\frac{6,462\sqrt{6}\times\sqrt[3]{2}\left(\overline{64,13}^{2}+0,\overline{426\,36}^{2}\right)}{196\,\pi\,\sqrt{21}}.$$

Calculs auxiliaires.

$$
\begin{aligned}
\text{Log.}\ 64,13\ &=1,807\,06\\
2\ \text{log.}\ 64,13\ &=3,614\,12\\
\overline{64,13}^{2}\ &=4112,72\\
\text{Log.}\ 0,426\,36\ &=\overline{1},629\,78\\
2\ \text{log.}\ 0,426\,36\ &=\overline{1},259\,56\\
0,\overline{426\,36}^{2}\ &=0,181\,78\\
\overline{64,13}^{2}+0,\overline{426\,36}^{2}\ &=4112,90\\
\text{Log.}\ 4112,9\ &=3,614\,16\\
\text{Log.}\ 2\ &=0,301\,03\\
\text{Log.}\ \sqrt[3]{2}=\tfrac{1}{3}\,\text{log.}\ 2\ &=0,100\,34\\
\text{Log.}\ 6\ &=0,778\,15\\
\text{Log.}\ \sqrt{6}=\tfrac{1}{2}\,\text{log.}\ 6\ &=0,389\,07\\
\text{Log.}\ 21\ &=1,322\,22\\
\text{Log.}\ \sqrt{21}=\tfrac{1}{2}\,\text{log.}\ 21\ &=0,661\,11
\end{aligned}
$$

Opération.

$$
\begin{aligned}
\text{Log.}\ 6,462\ &=0,810\,37\\
\text{Log.}\ \sqrt{6}\ &=0,389\,07\\
\text{Log.}\ \sqrt[3]{2}\ &=0,100\,34\\
\text{Log.}\ \left(\overline{64,13}^{2}+0,\overline{426\,36}^{2}\right)\ &=3,614\,16\\
\text{Colog.}\ 196\ &=\overline{3},707\,74\\
\text{Colog.}\ \pi\ &=\overline{1},502\,85\\
\text{Colog.}\ \sqrt{21}\ &=\overline{1},338\,89\\
\hline
\text{Log.}\ x\ &=1,463\,42\\
x\ &=29,068.
\end{aligned}
$$

§ III. — Intérêts composés.

237. Une somme est placée à *intérêts composés*, lorsque, chaque année, l'intérêt rapporté s'ajoute au capital pour produire des intérêts l'année suivante.

Appelons a, un capital placé,

« r,   l'intérêt annuel d'un franc ou le $\dfrac{1}{100}$ du taux,

« n, le temps,

«   A,   le capital augmenté de ses intérêts.

1 franc devient en un an . . . . . . $1+r$,

a francs deviendront a fois plus ou . $a(1+r)$.

Ainsi, en multipliant un capital quelconque par $(1+r)$, on trouve ce que devient ce capital au bout d'un an.

$a(1+r)$ est le capital qui devra produire des intérêts pendant la deuxième année; ce capital deviendra à la fin de ladite année

$$a(1+r)(1+r)   \quad \text{ou} \quad a(1+r)^2.$$

De même, $a(1+r)^2$ étant le capital qui doit produire des intérêts pendant la troisième année, ce capital deviendra à la fin de ladite année

$$a(1+r)^2(1+r)   \quad \text{ou} \quad a(1+r)^3,$$

et ainsi de suite.

Donc, après n années, la valeur A du capital augmenté de ses intérêts composés sera

$$A = a(1+r)^n. \tag{1}$$

238. Telle est la formule générale des intérêts composés; elle renferme quatre quantités variables : A, a, n et r; trois de ces quantités étant connues, on peut calculer la quatrième.

Pour isoler a, il faut diviser les deux membres par $(1+r)^n$, et on trouve

$$a = \frac{A}{(1+r)^n}. \tag{2}$$

Pour isoler r, on divise par a les deux membres de l'équation (1), et on prend la racine $n^\text{ème}$ du quotient; il vient

$$1+r = \sqrt[n]{\frac{A}{a}},$$

d'où
$$r = \sqrt[n]{\frac{A}{a}} - 1. \tag{3}$$

Enfin, pour isoler n, on emploie les logarithmes et on écrit
$$\text{Log. } A = \log. a + n \log. (1+r),$$

d'où
$$n = \frac{\log. A - \log. a}{\log. (1+r)}. \tag{4}$$

Toutes ces formules sont calculables par logarithmes. Lorsque le logarithme de $(1+r)$ doit être répété n fois (n étant ordinairement compris entre 1 et 100), il est bon de le prendre avec huit ou neuf décimales; car, dans les tables, le dernier chiffre *n'étant qu'approché*, le produit du log. par n pourrait rendre l'erreur considérable; alors, après avoir multiplié par n le log. de $(1+r)$, on ne conserve au produit que cinq chiffres ou sept chiffres décimaux, suivant les tables dont on s'est servi, et l'on a soin *de forcer le dernier*, si le chiffre qui suit est plus grand que 4.

APPLICATIONS. 1° *Trouver ce que devient une somme de 40000 fr. placée à intérêts composés à 4,5 p. % pendant 12 ans.*

La formule (1) donne :

$$A = 40\,000\,(1,045)^{12}.$$
$$\text{Log. } 40\,000 = 4,602\,06$$
$$+\,12 \log. 1,045 = 0,229\,40$$
$$\overline{\text{Log. } A = 4,831\,46}, \quad \text{d'où } A = 67\,835,7.$$

2°. *Quel est le capital qui, placé à intérêts composés et à 5 p. % pendant 10 ans, est devenu 12640 fr. ?*

La formule (2) donne :

$$a = \frac{12\,640}{(1,05)^{10}}.$$
$$\text{Log. } 12\,640 = 4,101\,75$$
$$\text{colog. } (1,05)^{10} = \overline{1},788\,11$$
$$\overline{\text{Log. } A = 3,889\,86}, \quad \text{d'où } a = 7\,760 \text{ fr.}$$

3° *Une somme de 10000 fr. placée à intérêts composés est devenue 20360 fr. après 15 ans : à quel taux a-t-elle été placée?*

La formule (3) donne :

$$r = \sqrt[15]{\frac{20\,360}{10\,000}} - 1.$$

$$\text{Log. } 20\,360 = 4,308\,78$$
$$\text{Log. } 10\,000 = 4,000\,00$$

$$\text{Différence} \quad 0,308\,78$$

Le $\dfrac{1}{15}$ $\quad$ 0,020 58, $\quad$ correspondant à 1,049,

par excès,

d'où $\qquad\qquad\qquad r = 0,049,$

et par suite le taux est $\qquad$ 4,90.

4° *Une somme de 40 000 fr. placée à intérêts composés à 4,5 p. %$_0$ est devenue 67 835 fr. 7 : pendant combien d'années a-t-elle été placée?*

La formule (4) donne :

$$n = \frac{\log. 67\,835,7 - \log. 40\,000}{\log. 1,045}.$$

$$\text{Log. } 67\,835,7 = 4,831\,46$$
$$\text{Log. } 40\,000 \ = 4,602\,06$$

Différence $\ = 0,229\,40$, qu'il faut diviser par 0,019 12, log. de 1,045. On trouve pour quotient 12 ans.

5° *Combien faut-il de temps pour qu'une somme placée à intérêts composés et à 5 p. %$_0$ soit doublée?*

Si dans la formule (1) on fait $\ \text{A} = 2a,\ $ il vient :

$$2a = a(1+r)^n \quad \text{ou} \quad 2 = (1+r)^n.$$

$$\text{Log. } 2 \ = n \log. (1+r),$$

d'où $\qquad\qquad n = \dfrac{\log. 2}{\log. 1,05} = \dfrac{0,301\,03}{0,021\,19}.$

En effectuant la division, on trouve un peu plus de 14 ans.

240. REMARQUE I. Souvent l'intérêt se capitalise tous les six mois; alors, dans les formules, $2n$ représente le nombre de se-

                    ÉLÉMENTS D'ALGÈBRE

mestres écoulés, et r, le $\dfrac{1}{100}$ du taux pour six mois. Les formules prennent dans ce cas les formes suivantes :

$$A = a\left(1 + \frac{r}{2}\right)^{2n},$$

$$a = \frac{A}{\left(1 + \frac{r}{2}\right)^{2n}},$$

$$\frac{r}{2} = \sqrt[2n]{\frac{A}{a}} - 1,$$

$$2n = \frac{\log. A - \log. a}{\log.\left(1 + \frac{r}{2}\right)}.$$

APPLICATION. *Trouver ce que devient un capital de 4000 fr. placé à intérêts composés pendant 15 ans, à 4 p. %, les intérêts se capitalisant tous les 6 mois.*

On a : $A = 4000(1,02)^{30}$,
d'où $A = 7245$ fr. 50.

241. REMARQUE II. La formule (1), page 197, suppose que n exprime un nombre entier d'années. S'il n'en est pas ainsi, on calcule généralement ce que deviendra le capital augmenté de ses intérêts à la fin des n années, puis on cherche les intérêts simples que rapporte pendant la fraction d'année le capital ainsi augmenté.

Appelons n le nombre d'années, f la fraction d'année, r étant toujours l'intérêt de 1 fr. en un an.

A la fin des n années, le capital sera devenu

$$a(1 + r)^n.$$

1 fr. rapportant r en un an, rapportera fr en un temps f, et le capital $a(1 + r)^n$ rapportera dans le même temps :

$$a(1 + r)^n \times fr.$$

Donc $A = a(1 + r)^n + a(1 + r)^n \times fr.$

Mettons $a(1 + r)^n$ en facteur commun,

$$A = a(1 + r)^n (1 + fr) \tag{5}$$

La formule (5) s'applique sans peine lorsque l'inconnue est A ou a; elle est d'une application moins facile lorsque l'inconnue est r, car elle fournit généralement une équation d'un degré supérieur au second *; enfin, lorsqu'on cherche le temps, on peut encore l'appliquer, bien qu'on ait alors deux inconnues.

En effet, on a :

$$\text{Log. } A = \log. a + n \log. (1+r) + \log. (1+fr).$$

d'où
$$n = \frac{\log. A - \log. a}{\log. (1+r)} - \frac{\log. (1+fr)}{\log. (1+r)}. \qquad (6)$$

Si nous effectuons la division indiquée dans la première partie du second membre, on aura, en appelant q le quotient et R le reste :

$$\frac{\log. A - \log. a}{\log. (1+r)} = q + \frac{R}{\log. (1+r)}.$$

Portant cette valeur dans l'équation (6), il vient :

$$n = q + \frac{R}{\log. (1+r)} - \frac{\log. (1+fr)}{\log. (1+r)}.$$

Or n et q sont entiers par hypothèse, $\dfrac{R}{\log. (1+r)}$ et $\dfrac{\log. (1+fr)}{\log. (1+r)}$, sont des fractions, car $1+fr$ est plus petit que $1+r$; on aura donc (n° 133) :

$$n = q, \quad \text{et} \quad \frac{R}{\log. (1+r)} = \frac{\log. (1+fr)}{\log. (1+r)},$$

d'où
$$R = \log. (1+fr).$$

Ainsi, la partie entière du quotient donne le nombre exact d'années, et le reste est le log. de $(1+fr)$, d'où on tire facilement la valeur de f.

PROBLÈMES : 1° *Une ville voit sa population croître chaque année du cent vingtième; on demande dans combien de temps la population sera doublée.*

Soient p la population,

$\dfrac{1}{m}$ le rapport exprimant l'accroissement annuel,

n le temps,

P la population finale après n années.

---

* Voir le renvoi de la page 205.

Après un an la population sera p plus l'accroissement $p\frac{1}{m}$,

ou $\quad p+\frac{p}{m}, \quad$ ou $\quad p\left(1+\frac{1}{m}\right), \quad$ ou $\quad p\left(\frac{m+1}{m}\right).$

Ainsi, en multipliant par $\frac{m+1}{m}$ la population au commencement d'une année, on obtient ce qu'elle sera à la fin de cette année.

Après 2 ans la population sera :

$$p\left(\frac{m+1}{m}\right)^2.$$

après 3 ans, elle sera :

$$p\left(\frac{m+1}{m}\right)^3.$$

et après n années elle sera :

$$p\left(\frac{m+1}{m}\right)^n,$$

alors on aura pour formule générale,

$$P=p\left(\frac{m+1}{m}\right)^n.$$

Pour résoudre le problème proposé, posons $P=2p$, et il vient :

$$2p=p\left(\frac{m+1}{m}\right)^n, \quad \text{ou} \quad 2=\left(\frac{m+1}{m}\right)^n.$$

$$\text{Log } 2=n\log.\left(\frac{m+1}{m}\right), \quad \text{d'où} \quad n=\frac{\log.2}{\log.\left(\frac{m+1}{m}\right)},$$

remplaçant les lettres par leur valeur, on trouve :

$$n=\frac{\log.2}{\log.\frac{121}{120}}.$$

$$\text{Log. } 2 =0,301\,03$$

$$\text{Log.}\frac{121}{120}=0,003\,61.$$

Le quotient de $0,301\,03$ par $0,003\,61$ est 83, plus une fraction. Ainsi la population sera doublée dans 83 ans environ.

2° *Une somme de 6 000 fr. a été placée à intérêts composés pendant un certain temps. Si elle était restée placée pendant un an de moins, le capital définitif eût été inférieur de 3 996 fr. 12 ; si, au contraire, elle était restée placée un an de plus, le capital définitif eût été supérieur de 4 156 fr. 02. On demande quel était le taux de l'intérêt et la durée du placement.* (Donné à Clermont-Ferrand, en août 1872, aux aspirants au diplôme de fin d'études.)

Pour résoudre ce problème, remarquons que la différence $4156,02 - 3996,12$ ou $159,9$, provient uniquement de l'intérêt pour un an du nombre 3 996,12. On obtiendra donc le taux en posant :

$$\frac{3996,12}{159,9} = \frac{100}{x},$$

d'où $x = 4,001$, soit 4 pour cent.

Le capital définitif après n années est $6000(1,04)^n$.

Après $n-1$ années, ce capital a pour expression
$$6000(1,04)^{n-1}.$$

La différence entre ces deux capitaux étant 3 996 fr. 12, on aura l'égalité,

$$6000(1,04)^n - 6000(1,04)^{n-1} = 3996,12. \qquad (1)$$

or, $6000(1,04)^n$ est la même chose que $6000(1,04)^{n-1}(1,04)$.

L'équation précédente peut alors s'écrire :

$$6000(1,04)^{n-1}(1,04) - 6000(1,04)^{n-1} = 3996,12.$$

Mettons $6000(1,04)^{n-1}$ en facteur commun, il vient :

$$6000(1,04)^{n-1}(1,04-1) = 3996,12,$$

ou
$$6000(1,04)^{n-1} \times 0,04 = 3996,12,$$

$$240(1,04)^{n-1} = 3996,12.$$

$$\text{Log. } 240 + (n-1)\log. 1,04 = \log. 3996,12,$$

d'où $n-1 = \dfrac{\log. 3996,12 - \log. 240}{\log. 1,04} = 71$ ans 8 mois 20 jours,

et par suite $n = 72$ ans 8 mois 20 jours.

§ IV. — Annuités et amortissement.

242. On appelle *annuité* la somme que l'on verse chaque année, pendant un temps déterminé, pour constituer un capital ou pour amortir une dette.

Dans le calcul des annuités on tient toujours compte des intérêts composés.

Constitution d'un capital.

243. Supposons que l'on place au commencement de chaque année, pendant un certain temps, une même somme a, et proposons-nous de calculer quelle sera la valeur du capital ainsi constitué, à la fin de la $n^{\text{ème}}$ année.

Appelons A le capital cherché,

a l'annuité placée,

r l'intérêt annuel de 1 fr.,

n le temps.

Entre le premier placement et le jour où le capital sera constitué, il s'écoulera n années.

Le premier placement a rapportera donc des intérêts composés pendant n années et deviendra

$$a(1+r)^n.$$

Le second placement rapportera des intérêts composés pendant $n-1$ années et deviendra

$$a(1+r)^{n-1}.$$

Le troisième placement deviendra pareillement

$$a(1+r)^{n-2},$$

et ainsi de suite, de sorte que l'avant-dernier placement deviendra

$$a(1+r)^2,$$

et le dernier, un an avant le règlement,

$$a(1+r).$$

Le capital ainsi constitué sera donc :

$$A = a(1+r)^n + a(1+r)^{n-1} + a(1+r)^{n-2} \ldots a(1+r)^2 + a(1+r),$$

ou $\qquad A = a[(1+r) + (1+r)^2 + (1+r)^3 \ldots (1+r)^n].$

La partie comprise entre les crochets est la somme des termes d'une progression géométrique croissante de n termes dont la raison est $1+r$, ainsi que le premier terme. Cette somme est donc (nᵒ 201) :

$$A = \frac{a(1+r)[(1+r)^n - 1]}{1+r-1},$$

ou

$$A = \frac{a(1+r)[(1+r)^n - 1]}{r}. \tag{1}$$

Cette formule générale renferme quatre quantités variables, A, a, r et n, qu'on peut isoler facilement, excepté cependant r, qui est donnée ordinairement par une équation d'un degré supérieur au second *.

Si on isole a, il vient :

$$a = \frac{Ar}{(1+r)[(1+r)^n - 1]}. \tag{2}$$

Si on isole n, on trouve successivement :

$$Ar - a(1+r)(1+r)^n - a(1+r),$$

$$Ar + a(1+r) = a(1+r)(1+r)^n,$$

$$\frac{Ar + a(1+r)}{a(1+r)} = (1+r)^n,$$

$$n \log. (1+r) = \log. [Ar + a(1+r)] - \log. a(1+r),$$

d'où

$$n = \frac{\log. [Ar + a(1+r)] - \log. a(1+r)}{\log. (1+r)}. \tag{3}$$

Exercice. *Un père de famille place chaque année, depuis la*

---

* Lorsque r est l'inconnue, on essaie successivement divers taux, et celui qui résout l'équation fait connaître r.

Pour faciliter ces essais, l'équation (1) se met généralement sous la forme

$$\frac{Ar}{a(1+r)} + 1 = (1+r)^n$$

On cherche le quotient de Ar par $a(1+r)$, et si ce quotient augmenté de 1 égale $(1+r)^n$, le taux essayé est le taux demandé ; dans le cas contraire, on essaie un autre taux. Plus on approche du taux véritable, plus la différence entre les valeurs de $\frac{Ar}{a(1+r)} + 1$ et de $(1+r)^n$ est faible ; si cette différence change de signe, le taux cherché est intermédiaire entre les deux derniers taux essayés. On obtient, de cette manière, la valeur de r avec telle approximation que l'on veut.

naissance de son fils, une somme de 200 fr., à intérêts composés et à 4 p. %: que recevra le fils à l'âge de 21 ans?

Il y a en tout 21 placements, car le premier s'est fait le jour de la naissance du fils, le deuxième au commencement de la seconde année..., le vingt-unième au commencement de la vingt-unième année.

La formule (1) donne :

$$A = \frac{200 \times 1{,}04\,(1{,}04^{21} - 1)}{0{,}04} \quad \text{ou} \quad 6\,649 \text{ fr. } 70.$$

243. Si le capital ne devait être constitué que m années après le $n^{\text{ème}}$ et dernier versement, on raisonnerait comme il suit :

La dernière annuité payée rapporterait pendant m années et deviendrait

$$a(1+r)^m,$$

l'avant-dernière deviendrait

$$a(1+r)^{m+1},$$

la deuxième avant la dernière

$$a(1+r)^{m+2},$$

et ainsi de suite, de telle sorte que la première annuité deviendrait

$$a(1+r)^{m+(n-1)},$$

d'où en faisant la somme

$$A = a(1+r)^m + a(1+r)^{m+1} + (a+r)^{m+2} \ldots a(1+r)^{m+n-1}.$$

Le second membre est la somme des termes d'une progression géométrique croissante dont la raison est $1+r$ et le nombre des termes n; donc (n° 201) :

$$A = \frac{a(1+r)^m\,[(1+r)^n - 1]}{r}. \tag{1}$$

Remarque. Constituer un capital m années après le $n^{\text{ème}}$ et dernier versement, c'est la même chose que le constituer $m+(n-1)$ années après le premier versement.

EXERCICE. *Un fermier a placé chaque année pendant 15 ans une somme de 500 fr. au taux de 4 p. %: quel capital aura-t-il cinq années après le dernier versement?*

Ici $m=5$, $n=15$; et la formule (4) devient :

$$A = \frac{500}{0,04}(1,04)^5[1,04^{15}-1] \quad \text{ou} \quad 12181,5.$$

Amortissement.

244. Lorsqu'une compagnie, une ville, etc., ont fait un emprunt, elles s'acquittent généralement de la dette contractée en effectuant chaque année, pendant un temps déterminé, le versement d'une annuité, entre les mains de celui qui a fourni les fonds.

Cette opération porte le nom d'*amortissement*.

Amortir une dette, c'est donc l'acquitter au moyen d'un certain nombre d'annuités.

Appelons   A   un capital emprunté,

     a l'annuité à payer pour amortir ce capital,

     r l'intérêt annuel de 1 franc,

     n le temps.

Le capital A deviendra après n années

$$A(1+r)^n.$$

La première annuité, payée à la fin de la première année, rapportera des intérêts composés pendant $n-1$ années et deviendra

$$a(1+r)^{n-1}.$$

La seconde annuité, payée à la fin de la deuxième année, rapportera des intérêts composés pendant $n-2$ années et deviendra

$$a(1+r)^{n-2}.$$

La troisième annuité deviendra pareillement

$$a(1+r)^{n-3},$$

et ainsi de suite, de sorte que l'annuité payée deux ans avant la $n^{\text{ème}}$ année deviendra

$$a(1+r)^2.$$

Celle qui est payée un an avant la $n^{\text{ème}}$ année deviendra

$$a(1+r),$$

et la dernière annuité n'aura que sa valeur a.

Mais alors la dette est payée ; donc la somme de toutes ces annuités augmentées de leurs intérêts composés doit valoir

$$A(1+r)^n ,$$

d'où l'équation

$$A(1+r)^n = a + a(1+r) + a(1+r)^2 + a(1+r)^3 + \ldots a(1+r)^{n-1}.$$

Le second membre de cette équation est la somme des termes d'une progression géométrique croissante dont le premier terme est a, et la raison $(1+r)$; cette somme est égale à

$$\frac{a[(1+r)^n - 1]}{1+r-1}, \quad \text{ou} \quad \frac{a}{r}[(1+r)^n - 1],$$

et l'équation devient

$$A(1+r)^n = \frac{a}{r}[(1+r)^n - 1],$$

d'où

$$a = \frac{Ar(1+r)^n}{(1+r)^n - 1}. \tag{1}$$

Telle est la formule générale de l'amortissement ; elle renferme quatre quantités variables, A, a, r et n, qu'on peut isoler facilement, excepté cependant r, qui est donnée ordinairement par une équation d'un degré supérieur au second *.

Si on isole A, il vient :

$$A = \frac{a[(1+r)^n - 1]}{r(1+r)^n}. \tag{2}$$

Si on isole n, on trouve successivement :

$$Ar(1+r)^n = a(1+r)^n - a,$$
$$Ar(1+r)^n - a(1+r)^n = -a,$$
$$(1+r)^n(Ar - a) = -a,$$
$$(1+r)^n(a - Ar) = a,$$
$$n\log.(1+r) + \log.(a - Ar) = \log. a,$$

---

* Lorsque r est l'inconnue, on fait des essais successifs, comme il a été dit au renvoi de la page 205. On facilite ces essais en mettant l'équation (1) sous la forme

$$\frac{a}{Ar} = \frac{(1+r)^n}{(1+r)^n - 1}.$$

d'où
$$n = \frac{\log. a - \log. (a - Ar)}{\log. (1 + r)}.$$
(3)

Dans toutes ces formules, l'annuité a est évidemment supérieure à l'intérêt simple de la somme empruntée; il est d'ailleurs aisé de le démontrer.

En effet, dans l'équation (3) il faut que n soit réel; par suite, $a - Ar$ doit être positif, car les nombres négatifs n'ont pas de logarithmes; donc a est plus grand que Ar, intérêt simple de A.

Si $a = Ar$, la même formule (3) devient :

$$n = \frac{\log. a - \log. 0}{\log. (1 + r)} = \frac{\log. a - (-\infty)}{\log. (1 + r)},$$

$$n = \frac{\log. a + \infty}{\log. (1 + r)} = \infty,$$

ce qui prouve que si l'annuité servie égale seulement l'intérêt simple du capital, l'amortissement est impossible.

1° APPLICATIONS. *Une commune emprunte 50 000 fr. au taux de 4 p. %, et veut amortir cette dette en 20 ans : quelle annuité doit-elle payer ?*

La formule (1) donne :

$$a = \frac{50\,000 \times 0,04\,(1,04)^{20}}{(1,04)^{20} - 1}.$$

On a d'abord pour le numérateur :

$$\text{Log. } 50\,000 = 4,698\,97$$
$$\text{Log. } 0,04 \ = \overline{2},602\,06$$
$$20 \text{ log. } 1,04 \ = 0,340\,67$$

Log. du numérateur   3,644 70.

Pour le dénominateur, on a :

$$20 \text{ log. } 1,04 = 0,340\,67, \quad \text{d'où} \quad (1,04)^{20} = 2,1911,$$

et par suite la valeur de $(1,04)^{20} - 1$ est . . 1,1911

$$\text{Log. } 1,1911 = 0,075\,95.$$

Retranchant ce logarithme de celui du numérateur, on a :

$$\text{Log. } a = 3{,}56575,$$

d'où
$$a = 3679 \text{ fr. } 25 \text{ c.}$$

2° *Une commune qui peut disposer pendant 24 ans d'une somme de 8000 fr., demande quel capital elle doit emprunter à 5 p. %, pour que ce capital soit amorti au bout de 24 ans.*

La formule (2) donne :

$$A = \frac{8000[(1{,}05)^{24} - 1]}{0{,}05\,(1{,}05)^{24}}.$$

En effectuant les calculs, on trouve $A = 110387$ fr.

EXERCICES SUR LA QUATRIÈME PARTIE

1. Trouver le 85ᵉ terme de la progression 3 . 7 . 11 . 15 . 19...

2. Trouver le 100ᵉ terme de la progression   8 . $7\frac{7}{8}$. $7\frac{6}{8}$. $7\frac{5}{8}$...

3. Combien faut-il prendre de termes de la progression suivante, 0,01 . 0,02 . 0,03 . 0,04... pour que le dernier soit plus grand que 1000 ?

4. Connaissant le premier terme 3 d'une progression arithmétique, la raison 2, et le nombre des termes 13, trouver le dernier terme et la somme des termes de la progression.

5. Trouver les 3 angles d'un triangle rectangle, sachant que ces angles sont en progression arithmétique.

6. Combien faut-il prendre de termes de la progression

$$100 \ . \ 99\tfrac{3}{4} \ . \ 99\tfrac{2}{4} \ . \ 99\tfrac{1}{4}$$

pour que le dernier soit plus petit que $\frac{1}{1000}$?

7. Connaissant le premier terme 23, la raison —2 et le dernier terme 5, d'une progression arithmétique, trouver le nombre des termes et leur somme.

8. Trouver la somme des termes de la progression 80 . 75 . 70 . 65... composée de 33 termes.

9. Trouver 4 nombres en progression arithmétique, connaissant leur somme s et le dernier d.

10. Connaissant le premier terme 95, le dernier 5 et le nombre des

termes 19 d'une progression arithmétique, trouver la raison et la somme des termes.

11. Insérer entre 6 et 1, 12 moyens arithmétiques et écrire la progression qui en résultera.

12. Trouver la somme des n premiers nombres de la suite $1 . 2 . 3 \dots n$.

13. Connaissant le premier terme 2, le dernier $4\frac{3}{8}$ et la somme des termes 63,75 d'une progression arithmétique, trouver la raison et le nombre des termes.

14. Trois nombres en progression arithmétique ont pour produit 16 640, le plus petit est 20 : trouvez les deux autres.

15. Un particulier a acquitté une dette en plusieurs paiements; le premier a été de 12 fr. et le dernier de 104 fr., chaque paiement augmentait de 4 fr. : on demande combien il a fait de paiements.

16. Connaissant le 1er terme 100, le nombre des termes 9 et la somme des termes 864 d'une progression arithmétique, trouver la raison et le dernier terme.

17. Trouver 3 nombres en progression arithmétique, connaissant leur somme 60 et leur produit 7 500.

18. Connaissant le dernier terme 199, le nombre des termes 100, et la somme des termes 10 000 d'une progression arithmétique, trouver le premier terme et la raison.

19. Trouver 5 nombres en progression arithmétique, connaissant leur somme s et leur produit p.

20. Connaissant la raison —4, le dernier terme 3 et le nombre des termes 10 d'une progression arithmétique, trouver le premier terme et la somme des termes.

21. Trouver 3 nombres en progression arithmétique connaissant leur somme s et la somme b^2 de leurs carrés.

22. Connaissant la raison 4, le nombre des termes 9 et la somme des termes 243 d'une progression arithmétique, trouver le premier terme et le dernier.

23. Un colonel qui commande à 3 003 hommes veut former ses soldats en triangle, de manière que le premier rang ait 1 soldat, le deuxième 2, le troisième 3..., et ainsi de suite : combien y aura-t-il de rangs.

24. Connaissant le premier terme 6, la raison 5 et la somme 402 des termes d'une progression arithmétique, trouver le dernier terme et le nombre des termes.

25. Trouver les 3 côtés d'un triangle rectangle, sachant qu'ils forment une progression arithmétique dont la raison est 16.

26. On a les deux progressions $1 . 4 . 7 . 10\dots$ et $20 . 21 . 22 . 23\dots$; déterminer le nombre des termes qui doit être le même dans les deux progressions, de manière que la somme des termes de la première soit le double de la somme des termes de la seconde.

27. Connaissant la raison —$^1/_2$, le dernier terme 16 et la somme des termes 162 d'une progression arithmétique, trouver le premier terme et le nombre des termes.

28. La surface d'un triangle rectangle est a^2 : trouver ses trois

côtés, sachant qu'ils sont en progression arithmétique ayant pour raison r.

29. Trouver 5 nombres en progression arithmétique, connaissant leur somme 45 et la somme de leurs carrés 445.

30. Démontrer que si les 3 termes $\dfrac{1}{a+b}$, $\dfrac{1}{a+c}$, $\dfrac{1}{b+c}$ sont en progression arithmétique, les carrés a^2, b^2, c^2, seront aussi en progression arithmétique.

31. Combien faut-il prendre de termes d'une progression arithmétique dont la raison est 3 et le premier terme 7 pour que la somme soit 205.

32. Une personne charitable rencontrant des pauvres donne au premier 0 fr. 20, au second 0 fr. 25, au troisième 0 fr. 30..., et ainsi de suite, en augmentant de 5 centimes : combien a-t-elle assisté de pauvres si elle a dépensé 5 fr. 70 ?

33. Quelle condition doit remplir un triangle rectangle pour que ses côtés, exprimés en nombres entiers, soient en progression arithmétique ?

34. Trouver le n^e terme de la suite $0 . 1 . 3 . 6 . 10 . 15 . 21...$ tel que chaque terme égale celui qui le précède, plus autant de fois l'unité qu'il y a de termes avant lui.

35. On écrit la suite des nombres impairs $1 . 3 . 5 . 7 . 9 . 11 . 13 . 15 . 17 . 19...$, et on forme des groupes tels que le premier ait 1 terme, le second 2, le troisième 3, et ainsi de suite : trouver la somme des termes du $n^{\text{ième}}$ groupe.

36. Les côtés de 10 carrés sont $1 . 2 . 3 . 4 . 5 . 6 . 7 . 8 . 9 .$ et 10 : on demande la somme et le produit de leurs diagonales.

37. Si un nombre est la différence de deux carrés entiers, il est égal à une somme de nombres impairs consécutifs.

38. Calculer directement le nombre de boulets que contient une pile triangulaire ayant n boulets de côté, sachant que dans une telle pile la tranche supérieure est formée par 1 boulet, la seconde par un triangle équilatéral de 2 boulets de côté, le troisième par un triangle équilatéral de 3 boulets de côté... et ainsi de suite, la $n^{\text{ième}}$ tranche ayant n boulets de côté.

39. Trouver la somme des carrés des n premiers nombres, sachant que $1^2 = 1$, que $2^2 = 1+3$, que $3^2 = 1+3+5$, que $4^2 = 1+3+5+7...$ et ainsi de suite.

40. Calculer la somme des termes de la suite $1^3 + 2^3 + 3^3 + 4^3... + n^3$ et démontrer que la somme des cubes des n premiers nombres est toujours un carré.

41. Quel est le 11e terme de la progression $3 . 6 . 12 . 24...$

42. Quel est le 17e terme de la progression $4096 . 2048 . 1024 . 512...$

43. Insérer entre 161 et 4347 deux moyens géométriques.

44. Connaissant le premier terme 5, la raison 3 et le nombre des termes 10 d'une progression géométrique, trouver le dernier terme et la somme des termes.

45. Insérer entre 243 et 1 quatre moyens géométriques.

46. Connaissant la raison $1/4$, le nombre des termes 6 et la somme des termes 2730 d'une progression géométrique, trouver le premier terme et le dernier.

47. Combien faut-il prendre de termes de la progression $8.4.2.1...$ pour que le dernier soit plus petit que 0,000001.

48. Trouver les 4 angles d'un quadrilatère, sachant que ces angles sont en progression géométrique et que le dernier égale 9 fois le second.

49. Calculer la somme des termes de la progression $1.2.4.8.16...$ composée de 20 termes.

50. Trouver la somme des m premiers termes de la suite
$$1 . x . x^2 . x^3 . x^4...$$

51. Calculer la somme des m premiers termes de la suite
$$1 . \frac{1}{x} . \frac{1}{x^2} . \frac{1}{x^3} . \frac{1}{x^4}...$$

52. Connaissant le dernier terme 2048, la raison 2 et le nombre des termes 7 d'une progression géométrique, trouver le premier terme et la somme des termes.

53. Calculer la somme des termes de la progression $81.27.9.3...$, composée de 10 termes.

54. Calculer la somme des m premiers termes de la suite
$$x . x^3 . x^5 . x^7 . x^9... \quad \text{et de} \quad \frac{1}{x} . \frac{1}{x^3} . \frac{1}{x^5} . \frac{1}{x^7}...$$

55. Partager le nombre 221 en 3 parties qui forment une progression géométrique telle que le troisième terme surpasse le premier de 136.

56. Trouver la somme des termes et la raison d'une progression géométrique, connaissant le premier terme 768, le dernier 12 et le nombre des termes 4.

57. Trouver 3 nombres en progression géométrique, connaissant leur somme 26 et l'excès 10 du plus grand sur les deux autres.

58. Connaissant le premier terme 4, le dernier 4096 et la somme 5460, des termes d'une progression géométrique, trouver le nombre des termes et la raison.

59. Le 8° terme d'une proportion géométrique est 15309, le 3° 73, trouver les 8 termes.

60. Trouver 5 nombres en progression géométrique, connaissant leur produit 9765625 et la différence 624 du premier au dernier.

61. En supposant qu'une somme placée à intérêts composés soit doublée tous les quinze ans, on demande la valeur en 1875 d'un franc placé en l'an 1500.

62. Connaissant le premier terme 3, la raison 2 et la somme 765 d'une progression géométrique, trouver le dernier terme et le nombre des termes.

63. Une progression géométrique a 5 termes, la raison est égale au quart du premier terme, et la somme des deux premiers termes est 24 : trouver les 5 termes.

64. Le volume d'un parallélipipède rectangle est 3 375 centimèt. cubes : trouver la longueur de ses arêtes, sachant qu'elles sont en progression géométrique et que leur somme est 65.

65. Connaissant le dernier terme 162, la raison 3 et la somme des termes 242 d'une progression géométrique, trouver le premier terme et le nombre des termes.

66. Trouver la somme des m premiers termes de la suite

$$a + \frac{a}{2} + \frac{a}{4} + \frac{a}{8} + \frac{a}{16} \cdots$$

67. Connaissant le premier terme 6, la raison 2 et le dernier terme 192 d'une progression géométrique, trouver la somme des termes et le nombre des termes.

68. Calculer la limite de la suite $0,3 + 0,33 + 0,333 + 0,3333\ldots$

69. Calculer la limite de $0,43 + 0,0043 + 0,000043 + 0,00000043\ldots$ et ainsi de suite.

70. Une progression géométrique a 6 termes, la raison est égale au premier terme changé de signe, et la différence des deux premiers termes est 42 : trouver la somme des termes.

71. Dans un carré dont le côté est a, on joint les milieux des quatre côtés et on forme un autre carré dont on joint encore les milieux pour former un nouveau carré, et ainsi de suite : trouver la limite de la somme des aires de tous les carrés ainsi formés.

72. Trouver la somme des m premiers termes de la suite

$$\frac{1}{1} - \frac{1}{2} + \frac{1}{4} - \frac{1}{8} + \frac{1}{16} - \frac{1}{32} + \frac{1}{64} \cdots$$

73. Dans un triangle équilatéral dont le côté est a, on joint les milieux des côtés et on forme un autre triangle équilatéral dont on joint encore les milieux pour former un nouveau triangle, et ainsi de suite : trouver la somme des aires des n premiers triangles ainsi formés.

74. Le piston d'une machine pneumatique se meut dans un cylindre dont la capacité est les $2/5$ de celle du récipient : on demande quelle fraction de l'air primitif restera dans le récipient après n coups de piston.

75. Démontrer que dans l'escompte en dehors d'un billet a payable dans un temps n et à un taux t, la somme retenue par le banquier est égale à l'intérêt de la somme rendue, plus l'intérêt de cet intérêt, et ainsi de suite indéfiniment.

76. Calculer la somme des m premiers termes de la suite
$$1 + 2x + 3x^2 + 4x^3 + 5x^4 \ldots$$

77. Trouver la somme des m premiers termes de la suite
$$1 + 3x + 5x^2 + 7x^3 + 9x^4 \ldots$$

78. Calculer la somme des m premiers termes de la suite
$$1 + 4x + 9x^2 + 16x^3 + 25x^4 \ldots$$

Effectuer par logarithmes les calculs ci-après :

79. $2\pi \sqrt[3]{\dfrac{3V}{4\pi}}$ si $V = 1$.   80. $\pi \left(\sqrt[3]{\dfrac{3V}{4\pi}} \right)^2$ si $V = 9$.

81. $\dfrac{\pi\sqrt[3]{0,50\sqrt{3}}}{\sqrt{\dfrac{4\pi}{3}}}.$
82. $\dfrac{0,0028\times 6,969\times\sqrt[5]{\pi}}{0,001465\times 0,04\sqrt{2}}.$

83. $\dfrac{\log. 0,05-\log. 0,006}{\log. 0,0173}.$

84. $\dfrac{\log.. 648+\log. 1,006-\log. 800}{\log. 6,428}.$

Résoudre les équations suivantes :

85. $3^{\frac{x}{2}}=768.$
86. $4^{x}=1.024.$

87. $8^{\frac{x}{8}}=100.000.$
88. $24^{(3x-2)}=10.000.$

89. $5^{\sqrt{x}}=625.$
90. $0,5^{x^3}=0,003\ 906\ 25.$

91. Résoudre les équations $\log.x+\log. y=3$
$$5x^2-3y^2=11\ 300.$$

92. Que deviendra, après 14 ans, un capital de 16 000 fr. placés à intérêts composés à 4 p. $^0/_0$?

93. Que deviendront 15 000 fr. placés à intérêts composés à 3 1/2 p. $^0/_0$ pendant 10 ans, les intérêts se capitalisant tous les 6 mois.

94. Quelle est la somme qui, étant placée à intérêts composés à 6 p. $^0/_0$ pendant 20 ans, est devenue 20 645,5?

95. Une ville ayant vendu un terrain communal 140 000 fr. place cette somme à 4 p. $^0/_0$ et à intérêts composés : on demande dans combien d'années elle aura 200 000 fr.

96. Combien faut-il de temps pour qu'une somme placée à intérêts composés à 4 p. $^0/_0$, à 5 p. $^0/_0$, à 6 p. $^0/_0$, soit augmentée de sa moitié?

97. Trouver l'augmentation subie par une somme de 100 000 fr. placée à intérêts composés pendant 8 ans et 8 mois à 4 p. $^0/_0$.

98. Quelle somme faut-il placer à intérêts composés à 4 p. $^0/_0$ pour recevoir après 18 ans 20 000 fr., les intérêts se capitalisant tous les 6 mois?

99. A quel taux faut-il placer un capital à intérêts composés pour qu'il soit quadruplé après 31 ans?

100. Combien faut-il de temps à une somme placée à intérêts composés et à 3,5 p. $^0/_0$ pour être doublée, triplée, quadruplée, quintuplée?

101. En général, quel temps faut-il à une somme a placée à intérêts composés et à t p. $^0/_0$ pour devenir m fois plus forte?

102. On place 15 000 fr. à intérêts composés et à 4 1/2 p. $^0/_0$ pendant 20 ans; on demande pendant combien d'années il aurait fallu placer la même somme à intérêts simples et à 5 p. $^0/_0$ pour qu'elle subît la même augmentation que dans le premier cas.

103. Une somme de 400 000 fr. a été placée à intérêts composés; si on l'eût laissée un an de moins, le capital définitif eût été inférieur de

22 050 fr.; si, au contraire, on l'eût laissée un an de plus, le capital définitif aurait été augmenté de 23 152 fr. 50 : trouver le taux de l'intérêt et la durée du placement.

104. La somme de 8 000 fr. a été placée à intérêts composés à 5 p. %/₀ pendant 12 ans : quelle somme aurait-il fallu placer à 4,5 p. %/₀ pour retirer le même intérêt et dans le même temps ?

105. Un particulier qui a deux sommes à placer, l'une de 6 000 fr. et l'autre de 5 000, calcule que s'il place la plus forte au taux le plus élevé et la plus faible au taux le plus bas, il retire après 4 ans 13 141 fr. 3, tandis que s'il place la plus faible au taux le plus haut et la plus forte au taux le plus bas, il retire seulement après 4 ans 13 096 fr. 7 : à quels taux ont été placées ces deux sommes ?

106. Une somme de 50 000 fr. a été placée à intérêts composés ; si on l'eût laissée 2 ans de moins, le capital définitif aurait été inférieur de 4 412 fr. 93 ; si, au contraire, on l'eût laissée 2 ans de plus, le capital aurait été augmenté de 4 773 fr. : trouver le taux de l'intérêt et la durée du placement.

107. Une ville emprunte 1 800 000 fr. à 4 p. %/₀ et veut amortir cette dette en 30 ans : quelle annuité doit-elle y consacrer ?

108. Une personne qui a une annuité de 2 500 fr. à débourser pendant 6 ans désire s'acquitter en un seul paiement : quelle somme doit-elle verser, le taux étant de 4 fr. 5 p. %/₀ ?

109. Une société peut consacrer chaque année pendant 40 ans une annuité de 50 000 fr. à éteindre un emprunt qu'elle désire contracter : quelle somme pourra-t-elle emprunter si le taux est de 5 p. %/₀ ?

110. Une commune qui a emprunté 100 000 fr. à 4 p. %/₀ consacre annuellement 3 679 fr. 25 à éteindre cette dette : dans combien de temps sera-t-elle libérée ?

111. Un particulier emprunte une somme de 10 000 fr. et acquitte sa dette en deux annuités de 5 276 fr. : on demande à quel taux s'est fait l'emprunt.

112. Un État voit sa population s'accroître chaque année du 80ᵉ de ce qu'elle était l'année précédente : dans combien de temps sa population sera-t-elle doublée, triplée ?

113. Une ville de 8 000 habitants a vu sa population diminuer de 160 habitants dans une année ; si la diminution se fait à l'avenir dans la même proportion, dans combien d'années n'aura-t-elle plus que 5 000 habitants.

114. Un département qui avait 600 000 habitants il y 16 ans n'en a plus aujourd'hui que 570 000 : quelle a été la diminution annuelle comparée à la population ?

115. L'augmentation éprouvée en 1863 par une ville de 54 000 habitants est telle qu'on en conclut que cette population sera doublée en 1899 : quelle était cette population en 1872 ?

116. Un négociant qui a commencé le commerce avec 16 000 fr. a vu sa fortune s'accroître chaque année du 1/11 : quelle est actuellement sa fortune, s'il y a 18 ans qu'il fait du commerce ?

117. Un ouvrier place tous les ans une somme de 300 fr. à intérêts composés et à 3 p. $^0/_0$: que lui reviendra-t-il un an après le 25ᵉ paiement ?

118. Un négociant âgé de 35 ans désire avoir à 50 ans un capital de 40 000 fr. : quelle somme devra-t-il placer chaque année au taux de 4 p. $^0/_0$ pour réaliser ses espérances ?

119. Un ouvrier demande quelle somme il doit placer à partir de la 21ᵉ année jusqu'à la 60ᵉ à 3,5 p. $^0/_0$ et à intérêts composés, pour avoir à 60 ans un capital de 30 000 fr.

120. Établir la formule de l'amortissement en décomposant l'annuité servie en deux parties, l'une employée à payer les intérêts du capital, l'autre à éteindre le capital.

121. Une compagnie emprunte 15 000 000 en obligations de 300 fr. remboursables à 500 fr. et rapportant annuellement 15 fr. d'intérêts ; elle consacre chaque année 800 000 fr. à payer les intérêts et à rembourser les obligations : indiquer les calculs à faire pour trouver le nombre d'obligations à rembourser chaque année et le temps que durera l'amortissement.

CINQUIÈME PARTIE

---

§ I. — Notions sur la Caisse d'épargne.

245. La *caisse d'épargne* est une institution qui a pour but de recueillir les petites économies et de les faire fructifier.

La première caisse d'épargne a été fondée en 1818.

D'après les statuts de la caisse, aucun versement ne peut être inférieur à 1 fr., ni comprendre des fractions de franc, ni excéder 300 fr. à la fois.

On ne peut faire plus d'un versement par semaine; les versements se font le dimanche.

L'avoir total d'un déposant ne peut dépasser 1 000 fr. Sont exceptés de cette disposition, les versements faits par les sociétés de secours mutuels.

Dès que les versements successifs d'un déposant, augmentés de leurs intérêts, deviennent supérieurs à cette somme, l'administration de la caisse d'épargne lui achète d'office et sans frais 10 fr. de rente. Elle attend cependant trois mois pour faire cet achat, afin de donner au déposant le temps de retirer ses fonds, s'il le désire; les intérêts de la somme diminuée de ses centimes continuent à courir jusqu'au jour de l'achat de la rente.

Un livret est remis gratuitement à chaque nouveau déposant; on y inscrit les versements et les remboursements à mesure qu'ils sont effectués.

Le taux de l'intérêt servi aux déposants a été fixé par une loi à 4 p. %, sur lesquels l'administration retient ordinairement 0 fr. 50 pour frais; il est donc en réalité de 3 fr. 50 p. %.

246. Toute somme versée porte intérêt à partir du *dimanche qui suit le versement*. Les intérêts se règlent à la fin de décembre et s'ajoutent au capital pour porter intérêt l'année suivante; cependant les centimes qui accompagnent le nombre exact de francs du capital ainsi augmenté ne produisent rien.

Le déposant peut retirer son avoir, en tout ou en partie, pourvu qu'il ait soin de prévenir huit jours à l'avance; la somme retirée cesse de porter intérêt le dimanche où se fait la demande de remboursement.

REMARQUE. Dans les problèmes qui suivent, on suppose que le taux est 3 fr. 50 p. %, et que l'année a exactement 52 semaines.

I. *Que deviendra à la fin de décembre une somme de 150 fr. placée à la caisse d'épargne six semaines après le commencement de l'année.*

$$52 - 6 = 46 \text{ semaines.}$$

L'intérêt ne commençant à compter que le dimanche qui suit le dépôt, les 150 fr. ne produiront donc que pendant 45 semaines.

100 fr. rapporteront 3,5 en 52 semaines, 1 fr. rapportera en une semaine

$$\frac{0,035}{52},$$

et 150 fr. rapporteront en 45 semaines

$$\frac{0,035 \times 150 \times 45}{52}, \quad \text{ou} \quad 4 \text{ fr. } 54.$$

II. *Un ouvrier verse chaque semaine 5 fr. à la caisse d'épargne : on demande quel sera son avoir à la fin de l'année.*

Le premier versement produira $\dfrac{5 \times 0,035 \times 51}{52}$,

Le second « $\dfrac{5 \times 0,035 \times 50}{52}$,

Le troisième « $\dfrac{5 \times 0,035 \times 49}{52}$,

. . . .

Le cinquante et unième $\dfrac{5 \times 0,035 \times 1}{52}$.

Le dernier ne produira rien.

En mettant en facteur commun $\dfrac{5 \times 0,035}{52}$, la somme des intérêts des 51 premiers versements sera exprimée par

$$\frac{5 \times 0,035}{52}(1 + 2 + 3 + 4 \ldots + 50 + 51).$$

La partie entre parenthèses est la somme des termes d'une progression arithmétique ; cette somme égale (n° 190) :

$$\frac{(51 + 1)51}{2} \quad \text{ou} \quad 26 \times 51.$$

Ainsi les intérêts seront : $\dfrac{5 \times 0,035 \times 26 \times 51}{2}$, soit 4 fr. 46,

le capital versé étant 52×5 ou 260 fr.,

l'avoir total du déposant sera, à la fin de décembre, 264 fr. 46.

247. REMARQUE. Pour faciliter les calculs, les employés de la caisse appellent *intérêts anticipés* les intérêts que produit une somme à partir du dimanche qui suit le dépôt jusqu'à la fin de l'année, et *intérêts rétrogrades*, ceux qu'une somme retirée aurait produits à partir du dimanche où se fait la demande jusqu'à la fin de l'année. De cette manière, un compte peut être très-facilement réglé.

1er EXEMPLE.

Le 1er dimanche de janvier un ouvrier dépose 100 fr. à la caisse,

le 4e	«	*il dépose encore*	*100 fr.*
le 6e	«	*il demande à retirer*	*50 fr.*
le 20e	«	*il dépose*	*80 fr.*
le 29e	«	*il demande à retirer*	*120 fr.*
le 35e	«	*il dépose*	*100 fr.*
le 39e	«	*il demande à retirer*	*60 fr.*
le 46e	«	*il dépose*	*200 fr.*

Quel sera son avoir à la fin de l'année ?

Le tableau suivant donne la disposition des calculs.

DATES	Sommes versées	Semaines à compter	Intérêts anticipés	Sommes retirées	Semaines à déduire	Intérêts rétrogrades
1er dimanche	100	51	3,43			
4e	100	47	3,16			
6e				50	46	1,55
20e	80	31	1,67			
29e				120	23	2,67
35e	100	16	1,08			
39e				60	13	0,52
46e	200	5	0,67			
	580		10,01	230		4,74
	230		4,74			
	350		5,27	Différence des intérêts.		
	5,27					
	355,27		Somme due au déposant.			

2ᵉ **Exemple.** *Supposons que le même ouvrier laisse les 355 fr. 27, et que :*

le 5ᵉ *dimanche de l'année suivante il dépose*   250 *fr.*
le 20ᵉ   «   *il dépose*   150 *fr.*
le 24ᵉ   «   *il demande à retirer*   100 *fr.*

et qu'il règle son compte 21 semaines avant la fin de l'année. Trouver ce qui lui revient.

DATES	Sommes versées	Semaines à compter	Intérêts anticipés	Sommes retirées	Semaines à déduire	Intérêts rétrogrades
0	355,27	52	12,43			
5ᵉ dimanche	250	46	7,74			
20ᵉ	150	31	3,13			
24ᵉ				100	28	1,88
	755,27		23,30	100		1,88

Pour régler le compte 21 semaines avant la fin de l'année, il faut remarquer que les sommes versées par le déposant, augmentées de leurs intérêts anticipés, égalent les sommes à retirer, augmentées de leurs intérêts rétrogrades.

En appelant x la somme à donner pour solder le compte, et

$$\frac{x \times 0,035 \times 21}{52},$$ ses intérêts rétrogrades, on aura :

$$755,27 + 23,30 = 100 + 1,88 + x + \frac{x \times 0,035 \times 21}{52};$$

résolvant l'équation, on trouve

$$x = 667 \text{ fr. } 25.$$

3ᵉ **Exemple.** *Le compte d'un déposant se monte, à la fin de décembre, à 1 025 fr. 35 ; ce déposant laisse écouler 3 mois sans retirer son dépôt ; alors l'administration de la caisse lui achète 10 fr. de rente 3 p. %₀ au cours de 64 fr. 20. Quel sera l'avoir du déposant après cette opération ?*

Le déposant a . . . .   1 025 fr. 35

l'intérêt de 1 025 fr. pendant 3 mois ou 13 se-

maines à 3,5 p. % est $\dfrac{1\,025 \times 0,035 \times 13}{52}$, ou   8 fr. 97

Total . . .   1 034 fr. 32

10 fr. de rente 3 p. %, au cours de 64 fr. 20, valent . . . .   214 fr.

Reste dû au déposant . . .   820 fr. 32

4° **Exemple.** *Un élève qui a obtenu le premier prix à un concours, reçoit un livret de caisse d'épargne de la valeur de 500 fr. Cette somme doit porter intérêt à partir de la 22° semaine de l'année 1874 : quel sera l'avoir du lauréat au 31 décembre 1882, époque où il aura 21 ans?*

$$52 - 22 = 30 \text{ semaines},$$

$$\frac{0,035 \times 500 \times 30}{52} = 10 \text{ fr. } 1,$$

au 31 décembre 1874 l'avoir sera 510 fr. 1.

Du 31 décembre 1874 au 31 décembre 1882 il y a 8 ans.

$$510,1 \times (1,035)^8 = 671 \text{ fr. } 70.$$

A 21 ans, l'avoir du lauréat sera 671 fr. 70.

Remarque. Ce résultat est un peu trop fort; car (n° 246) les intérêts se règlent chaque année au 31 décembre, et les centimes qui accompagnent les francs ne rapportent pas d'intérêt.

§ II. — Notions sommaires sur l'organisation et les principales opérations des grands établissements de crédit.

248. Les établissements de crédit ont été créés pour servir d'intermédiaires entre les capitalistes qui veulent prêter leur argent et les emprunteurs qui ont besoin de fonds.

Lorsqu'un établissement de crédit se fonde, il fait appel aux capitaux. A cet effet, il émet des actions de 500 fr. ou de 1 000 fr., pour lesquelles il promet un intérêt fixe et un bénéfice éventuel basé chaque année sur les gains réalisés. L'emprunteur s'adresse directement à un de ces établissements, qui lui prête à un taux convenable et sur des garanties suffisantes.

Si les garanties offertes par l'emprunteur reposent sur le sol, le *crédit est foncier;* si elles reposent sur des biens meubles, le *crédit est mobilier;* si elles sont fondées sur des marchandises, le *crédit est commercial.*

Les principaux établissements de crédit sont la *Banque de France** et le *Crédit foncier.*

Crédit foncier.

249. Le Crédit foncier a été fondé en 1852 pour une durée de 99 ans. Son capital actuel est de 90 millions, formé par 180000 actions de 500 fr., dont la moitié seulement a été versée.

Le but de cette institution est de prêter aux propriétaires d'immeubles. Les prêts ne sont faits que sur première hypothèque et ne peuvent dépasser la moitié de la valeur de l'immeuble hypothéqué.

Les prêts sont de deux sortes : les uns sont à courte échéance et remboursables en capital, sans amortissement; les autres sont à long terme, remboursables par annuités, dans un délai de 10 ans au moins et de 60 ans au plus.

Les prêts ne sont pas faits en espèces, mais en obligations remises à l'emprunteur, qui les négocie ensuite.

Ces obligations sont également de deux sortes : les unes, à court terme, à échéance déterminée; les autres à long terme et se remboursant par voie de tirage au sort, avec lots ou sans lots.

Ces dernières obligations sont, en effet, de trois espèces différentes :

1º Obligations remboursables à 500 fr., rapportant 25 fr., sans lots;

2º Obligations remboursables à 500 fr., rapportant 20 fr., avec lots;

3º Obligations remboursables à 600 fr., rapportant 15 fr., avec lots.

Il y a aussi des obligations communales et départementales

---

* Ce qui a rapport à la Banque de France se trouve dans l'Arithmétique.

qui représentent les emprunts contractés par les communes ou par les départements.

Pour les prêts à long terme, l'annuité à payer par l'emprunteur se compose :

1º De l'intérêt des sommes empruntées dont le taux est fixé par le conseil ;

2º De l'annuité nécessaire pour amortir au temps fixé le capital emprunté * ;

3º D'une commission qui ne peut excéder 0 fr. 60 par 100 fr.

Ces annuités sont payables par semestres. On fait leur somme et on complète les centimes.

250. L'emprunteur qui se libère par anticipation peut donner à cet effet, soit des espèces, soit des obligations, que le crédit reprend au pair, quel que soit leur cours ; seulement, dans ce cas, la société du Crédit prélève pour frais d'administration un droit qui ne peut dépasser 3 p. $^0/_0$ de la somme payée par anticipation.

Dans les problèmes qui suivent, le taux de l'intérêt est supposé de 4 $^1/_4$ p. $^0/_0$.

PROBLÈME I. *Un propriétaire emprunte 60 000 fr. pour 50 ans : qu'aura-t-il à payer par semestre ?*

Pour 100 fr. d'emprunt, l'annuité se compose :

1º Des intérêts, 4 $^1/_4$ p. $^0/_0$. . . . . 4 fr. 25

2º De l'amortissement pour 50 ans (voir le tableau). . . . . 0 fr. 591 22

3º Des frais d'administration . . . . . . 0 fr. 60

Total. . . . 5 fr. 441 22

Et en complétant les centimes. . . . . . 5 fr. 45

Pour un emprunt de 60 000 fr., ou 600 fois 100 fr., l'annuité sera
$$600 \times 5,45 = 3270,$$
soit 1 635 fr. par semestre.

---

* Voir, à la fin du volume, le tableau donnant la valeur de cet amortissement.

PROBLÈME II. *Un cultivateur qui a besoin de 40 000 fr. s'adresse au Crédit foncier, dont les obligations de 500 fr. sont au cours de 495 fr., il demande : 1° quelle somme il devra emprunter ; 2° quelle annuité il devra servir pour éteindre sa dette en 35 ans ?*

1° Le nombre des obligations à prendre sera $\dfrac{40\,000}{495}$ ou 81 , pour lesquelles il devra au crédit $81 \times 500 = 40\,500$ fr.;

2° Pour 100 fr. d'emprunt l'annuité se composera :

1° Des intérêts, 4 ¹/₄ p. %. . . . .   4 fr. 25
2° De l'amortissement pour 35 ans (voir le tableau). . . . .   1 fr. 265 796
3° Des frais d'administration . . . . . .   0 fr. 60

Total. . . .   6 fr. 12

Pour un emprunt de 40 500 fr., l'annuité sera 405 fois plus forte, ou $405 \times 6,12 = 2478$ fr. 60 ,   et par semestre 1239 fr. 30.

PROBLÈME III. *Un cultivateur qui paie au Crédit foncier 653 fr. par semestre n'aura acquitté sa dette qu'après 30 ans ; quelle somme avait-il empruntée ?*

Pour 100 fr. d'emprunt, l'annuité se composerait :

1° Des intérêts, 4 ¹/₄ p. % . . . .   4 fr. 25
2° De l'amortissement pour 30 ans (voir le tableau). . . . .   1 fr. 679 036
3° Des frais d'administration . . . .   0 fr. 60

Total. . . .   6 fr. 53
Et par semestre. . . . .   3 fr. 265

Autant de fois cette somme sera contenue dans 653 fr., autant de fois le cultivateur aura emprunté 100 fr.

$$\frac{653}{3,265} \times 100 = 20\,000 \text{ fr.}$$

PROBLÈME IV. *Un particulier qui a emprunté 36 000 fr. pour 50 ans veut se libérer après avoir payé 30 annuités. On demande : 1° la somme qu'il devra payer ; 2° le bénéfice qu'il réalisera si, au lieu de payer en argent, il se libère au moyen d'obligations de 1 000 fr. au cours de 990.*

1° L'amortissement pour 50 ans étant (voir le tableau) 0,591 220, ou, en complétant les centimes, 0 fr. 60.

Au bout de 30 ans, cette annuité produira un capital exprimé par.

$$\frac{\dfrac{0,60}{2}\left[\left(1+\dfrac{r}{2}\right)^{60}-1\right]}{\dfrac{r}{2}} \quad \text{ou} \quad \frac{0,60\left[(1,021\,25)^{60}-1\right]}{0,425},$$

soit 35 fr. 728 51.

Sur 100 fr. il resterait encore dû :
$$100-35,728\,51,$$
c'est-à-dire. . . . . 64 fr. 271 49

à cette somme ajoutons 3 p. % de commission (n° 250). . . . . , ... 1 fr. 928 14

sur 100 fr. la somme à payer serait donc. . . 66 fr. 199 63

et sur 36 000 fr., cette somme sera 23 831 fr. 85.

Ainsi l'emprunteur devra verser, pour se libérer, 23 831 fr. 85.

2° S'il désire acquitter sa dette en obligations du Crédit au cours de 990, lesquelles lui seront reprises au pair, c'est-à-dire à 1 000 fr., il devra acheter à la Bourse un nombre d'obligations marqué par $\dfrac{23\,831,85}{1\,000}$, soit 23 obligations 8 dizièmes, et ajouter encore en argent 31 fr. 85.

Or une obligation lui coûtera . . . . 990 fr.

plus ⅛ pour courtage. . . . . 1 fr. 24

Total pour une obligation, ... 991 fr. 24

Les 23,8 obligations lui coûteront donc
$$991,24 \times 23,8 \quad \text{ou} \quad 23\,596 \text{ fr. } 56.$$

Et il déboursera en tout : 23 596 fr. 56 + 31 fr. 85, soit 23 622 fr. 41, au lieu de 23 831 fr. 85.

Par cette combinaison, l'emprunteur réalisera un bénéfice de 209 fr. 45.

§ III. — Des Probabilités.

251. On entend par *probabilité* d'un événement le rapport du nombre des chances favorables à cet événement au nombre total des chances.

Dans un jeu de 32 cartes, si on en tire une au hasard, la probabilité d'amener un roi est $\frac{4}{32}$ ou $\frac{1}{8}$, car il y a 4 cas favorables sur 32 cas possibles.

De même, si l'on tire au hasard un des 90 numéros d'un jeu de lotos, la probabilité d'extraire un multiple de 5 est $\frac{18}{90}$ ou $\frac{1}{5}$.

La probabilité mathématique est donc une fraction qui diffère d'autant moins de l'unité que les chances favorables sont plus nombreuses, comparées aux chances possibles.

Si toutes les chances étaient favorables, il n'y aurait plus probabilité, mais certitude.

Voici quelques principes relatifs aux probabilités *.

252. **1ᵉʳ Principe.** *La somme des probabilités de tous les événements possibles est toujours égale à l'unité.*

Si on a dans une urne 5 boules blanches, 7 rouges et 8 noires, et qu'on en tire une, la probabilité d'amener une blanche est $\frac{5}{20}$, celle d'amener une rouge est $\frac{7}{20}$, celle d'amener une noire est $\frac{8}{20}$,

et $$\frac{5}{20} + \frac{7}{20} + \frac{8}{20} = 1.$$

CONSÉQUENCE. *La somme des probabilités de 2 événements contraires est toujours égale à l'unité.*

Dans une urne il y a 12 numéros, dont 5 seulement donnent droit à un lot ; la probabilité d'extraire un numéro gagnant

---

* D'après le programme officiel, ces principes pourront être admis sans démonstration.

est $\frac{5}{12}$, et celle d'extraire un numéro perdant est $\frac{7}{12}$. La somme de ces probabilités contraires est $\frac{5}{12} + \frac{7}{12}$ ou 1.

Ainsi, dès qu'on connaît la probabilité d'un événement, on obtiendra la probabilité de l'événement contraire en retranchant la première de l'unité.

253. 2e Principe. *La probabilité générale d'un ensemble d'événements indépendants les uns des autres est égale au produit des probabilités particulières.*

1° Soient $\frac{5}{12}$ et $\frac{3}{8}$ les probabilités particulières de deux événements dont le concours doit amener un résultat demandé, 5 et 3 étant des cas favorables, 12 et 8 des cas possibles.

Chacun des 5 cas favorables au premier événement pourra correspondre à l'un quelconque des 3 cas favorables au second, ce qui fait en tout 5×3, ou 15 cas favorables au résultat attendu.

D'autre part, chacun des 12 cas possibles, dans le premier événement, pourra correspondre à un quelconque des 8 cas possibles dans le second, ce qui fait en tout 12×8, ou 96 cas possibles.

La probabilité sera donc (n° 251) $\frac{5 \times 3}{12 \times 8}$.

2° Si $\frac{3}{4}$, $\frac{5}{6}$ et $\frac{7}{9}$ étaient les probabilités particulières de trois événements dont le concours doit amener un résultat demandé, on chercherait d'abord les probabilités favorables à ce résultat pour les probabilités particulières $\frac{3}{4}$ et $\frac{5}{6}$, et on trouverait $\frac{3 \times 5}{4 \times 6}$; puis, en combinant cette probabilité, qu'on pourrait regarder comme simple, avec la probabilité $\frac{7}{9}$, on obtiendrait, en raisonnant comme ci-dessus, $\frac{3 \times 5 \times 7}{4 \times 6 \times 9}$ pour la probabilité demandée.

On opèrerait d'une manière analogue pour quatre, cinq, etc. probabilités particulières.

Ainsi, dans tous les cas, la probabilité générale est le produit des probabilités particulières.

Les tables de mortalité fournissent le moyen de faire diverses applications très-intéressantes du calcul des probabilités.

254. Une table de mortalité est un document qui donne le nombre des survivants, à un âge donné, sur un nombre déterminé d'enfants nés en même temps.

En France, on fait usage des tables de Duvillars et de Déparcieux. La première, qui date de 1806, suppose 1 000 000 d'enfants nés la même année, et donne une mortalité trop rapide. La seconde, calculée depuis 1746, pour des têtes choisies, ne suppose que 1 286 enfants nés en même temps *et bien constitués*; elle donne une mortalité trop lente. (Ces tables se trouvent à la fin du volume.)

Les compagnies d'assurances se servent de la table de Duvillars pour calculer les sommes payables après décès, et de celle de Déparcieux pour les rentes viagères. On voit que les compagnies font usage, dans chaque cas, des tables qui leur sont le plus avantageuses.

PROBLÈME I. *Sur 54 285 enfants nés à Paris en 1866, combien, d'après la table de Déparcieux, parviendront à l'âge de 40 ans ?*

On voit dans la table que sur 1 286 enfants nés la même année, 657 seulement arrivent à 40 ans ; on fera donc la proportion :

$$\frac{1\,286}{657} = \frac{54\,285}{x}, \quad \text{d'où} \quad x = 27\,734, \text{ à une unité près.}$$

PROBLÈME II. *Il est né dans le département du Nord, en 1864, 45 708 enfants ; on demande quel sera, d'après la table de Déparcieux, l'âge des survivants, lorsque ce nombre se trouvera réduit à 20 000.*

On écrira la proportion :

$$\frac{45\,708}{20\,000} = \frac{1\,286}{x} \quad \text{d'où} \quad x = 563, \text{ à une unité près.}$$

En regardant la table, on voit que le nombre 563 correspond à un âge compris entre 51 et 52 ans.

PROBLÈME III. *Sur 300 000 jeunes gens qui, chaque année, sont soumis à la conscription (20 ans), combien y en a-t-il, d'après la table de Duvillars, qui ont la chance d'atteindre 70 ans?*

On voit dans la table que sur 502216 personnes âgées de 20 ans, 117656 seulement parviennent à l'âge de 70 ans.

On posera donc la proportion :

$$\frac{502216}{117656} = \frac{300000}{x} ; \quad \text{d'où } x = 70280.$$

PROBLÈME IV. *D'après la table de Déparcieux, à quel âge le nombre des vivants est-il réduit au tiers de ce qu'il était à 40 ans?*

On voit dans la table qu'à 40 ans, le nombre des vivants est 657, dont le tiers est 219; en cherchant dans la table, on trouve que 219 est compris entre 231 et 211, correspondant à 74 et 75 ans. C'est donc entre 74 et 75 ans que le nombre des personnes vivantes à 40 ans est réduit au tiers.

255. *Durée de la vie probable.* La vie probable d'une personne d'un âge donné est égale aux années qui doivent s'écouler pour que le nombre des vivants de cet âge soit réduit à sa moitié.

PROBLÈME V. *Quelle est la vie probable d'une personne âgée de 16 ans.*

On voit, dans la table de Déparcieux, qu'à 16 ans le nombre des vivants est 842, dont la moitié, 421, tombe entre 63 et 64 ans, et très-près de 63.

Ainsi, à 63 ans, la moitié des personnes qui vivaient à 16 ans n'existent plus. Une personne de 16 ans a donc autant à espérer de se trouver à 63 ans parmi les vivants, qu'à craindre d'être comptée au nombre des morts.

La vie probable à 16 ans sera donc 63—16, ou 47 ans.

La formule empirique

$$y = 59 - \frac{3a}{4},$$

dans laquelle y exprime la vie probable et a l'âge actuel, donne avec une approximation suffisante la vie probable pour tout âge compris entre 6 ans et 64 ans.

Cette formule, appliquée au problème précédent, donne :

$$y = 59 - \frac{3 \times 16}{4}, \quad \text{ou 47 ans.}$$

256. *Chance d'atteindre un âge donné.* La probabilité qu'une personne d'un âge donné a d'atteindre un autre âge est le rapport qui existe entre le nombre des vivants du second âge et le nombre des vivants du premier.

Pʀᴏʙʟèᴍᴇ VI. *Quelle probabilité une personne de 30 ans a-t-elle d'arriver à l'âge de 50 ans ?*

D'après la table de Déparcieux, le nombre des vivants à 30 ans est 734 ; le nombre des vivants 20 ans plus tard, c'est-à-dire à 50 ans, est 581 ; la probabilité demandée est donc :

$$\frac{581}{734}, \quad \text{environ} \quad \frac{5}{6}.$$

Pʀᴏʙʟèᴍᴇ VII. *Un propriétaire âgé de 45 ans prend un fermier de 30 ans : quelle probabilité y a-t-il qu'ils seront l'un et l'autre vivants dans 20 ans ?*

D'après la table de Déparcieux,

à 45 ans, le nombre des vivants est de. . .   622

à 45+20, ou à 65 ans   « il est de. . .   395

La probabilité qu'a le propriétaire de vivre dans 20 ans est $\dfrac{395}{622}$;

à 30 ans, le nombre des vivants est de. . .   734

à 30+20, ou à 50 ans   « il est de. . .   581

La probabilité qu'a le fermier d'être vivant dans 20 ans est $\dfrac{581}{734}$.

La probabilité générale étant égale au produit des probabilités particulières (nᵒ 253, 2ᵒ), on aura, pour la probabilité demandée,

$$\frac{395 \times 581}{622 \times 734}, \quad \text{ou} \quad \frac{1}{2} \text{ environ.}$$

Pʀᴏʙʟèᴍᴇ VIII. *Un particulier a 54 ans, son frère en a 42 : quelle probabilité y a-t-il que le plus jeune, parvenu à 62 ans, n'ait plus son frère ?*

De 42 ans pour aller à 62 ans il y a 20 ans.

D'après la table de Déparcieux,

à 54 ans, le nombre des vivants est de. . .   538

à 54+20 ans, ou à 74 ans, il est de . . .   231

La probabilité que le frère aîné a d'être vivant dans 20 ans est $\frac{231}{538}$;

à 42 ans, le nombre des vivants est de. . . 643
à 42+20 ans, ou à 62 ans, il est de. . . . 437

La probabilité que le jeune frère a d'être vivant dans 20 ans est $\frac{437}{643}$.

La probabilité que les deux frères seront vivants dans 20 ans est donc :

$$\frac{231 \times 437}{538 \times 643}, \quad \text{ou} \quad \frac{3}{10} \text{ environ.}$$

Par suite, la probabilité demandée sera (n° 252)

$$1 - \frac{3}{10}, \quad \text{soit} \quad \frac{7}{10}.$$

§ IV. — Rentes viagères.

257. Une *rente viagère* est une somme payée chaque année à une personne jusqu'à la fin de sa vie.

On distingue :

1° Les rentes viagères *immédiates*, qui commencent à être servies un an après la signature du contrat;

2° Les rentes viagères *différées*, qui ne commencent à être payées qu'après une époque convenue,

3° Enfin, les rentes viagères *temporaires*, qui ne sont servies que durant un certain temps.

258. Le capital nécessaire pour obtenir une rente viagère immédiate se paie en entier au moment de la signature du contrat; on dit alors qu'il y a prime unique.

Le capital nécessaire pour obtenir une rente viagère différée se paie en une seule fois, et alors il y a prime unique, ou bien on paie une même somme au commencement de chaque année, et seulement en cas de vie, jusqu'au moment où on commence à servir la rente, et alors il y a prime annuelle. En cas de mort, les primes versées avant la jouissance de la rente ne sont pas rendues.

Dans le calcul des rentes viagères, le taux de l'intérêt composé est ordinairement de 4 ou de $4 \frac{1}{2}$ p. %.

La table de mortalité employée est celle de Déparcieux.

259. Pour résoudre les questions sur les rentes viagères, on a besoin d'un élément de calcul appelé *espérance mathématique*.

L'espérance mathématique d'un gain plus ou moins probable est le produit de ce gain par la probabilité de l'obtenir.

260. *Rente immédiate.* Soient V_n le nombre des vivants du même âge que la personne qui veut acheter une rente viagère, V_{n+1} le nombre des vivants ayant un an de plus, V_{n+2} le nombre des vivants ayant 2 ans de plus, ... V_{n+z} le nombre des vivants du dernier âge marqué dans la table, et P la prime unique à payer pour avoir une rente annuelle de A francs.

La somme A, qui doit être payée au bout d'un an, a pour valeur actuelle $\frac{A}{1+r}$, car (n° 237) $\frac{A}{1+r}$ deviendra au bout d'un an $\frac{A(1+r)}{1+r}$ ou A.

La probabilité qu'a la personne de vivre encore un an est (n° 256) $\frac{V_{n+1}}{V_n}$.

L'espérance mathématique de cette probabilité sera donc :

$$\frac{A}{1+r} \times \frac{V_{n+1}}{V_n}.$$

La somme A, qui doit être payée au bout de 2 ans, a pour valeur actuelle $\frac{A}{(1+r)^2}$, car $\frac{A}{(1+r)^2}$ deviendra, au bout de 2 ans, $\frac{A(1+r)^2}{(1+r)^2}$, ou A.

La probabilité qu'a la personne de vivre encore 2 ans est $\frac{V_{n+2}}{V_n}$, et l'espérance mathématique pour cette probabilité sera :

$$\frac{A}{(1+r)^2} \times \frac{V_{n+2}}{V_n}.$$

En continuant le même raisonnement, on trouvera que l'espérance mathématique pour 3 ans sera :

$$\frac{A}{(1+r)^3} \times \frac{V_{n \times 3}}{V_n} \dots,$$

et celle correspondant au dernier âge marqué dans la table :

$$\frac{A}{(1+r)^z} \times \frac{V_{n+z}}{V_n}.$$

On aura donc, pour la somme des espérances mathématiques formant l'espérance totale, c'est-à-dire la valeur actuelle de la rente ou *prime unique* :

$$P = \frac{A}{1+r} \times \frac{V_{n+1}}{V_n} + \frac{A}{(1+r)^2} \times \frac{V_{n+2}}{V_n} + \frac{A}{(1+r)^3} \times \frac{V_{n+3}}{V_n} \ldots$$

$$\frac{A}{(1+r)^z} \times \frac{V_{n+z}}{V_n},$$

ou, en mettant $\frac{A}{V_n}$ en facteur commun,

$$P = \frac{A}{V_n}\left[\frac{V_{n+1}}{1+r} + \frac{V_{n+2}}{(1+r)^2} + \frac{V_{n+3}}{(1+r)^3} \ldots + \frac{V_{n+z}}{(1+r)^z}\right]. \quad (1)$$

En désignant par S_n la valeur de la parenthèse, on aura :

$$P = A \times \frac{S_n}{V_n}. \qquad (2)$$

Dans cette formule $\frac{S_n}{V_n}$ exprime la prime unique pour une rente annuelle de 1 franc.

PROBLÈME I. *Un particulier âgé de 88 ans veut se procurer une rente viagère de 2000 fr. : quelle somme devra-t-il donner ?*

En faisant dans la formule (1) $A = 2000$, $V_n = 88$ et $(1+r) = 1,04$, on trouve :

$$P = \frac{2000}{V_{88}}\left[\frac{V_{89}}{1,04} + \frac{V_{90}}{(1,04)^2} + \frac{V_{91}}{(1,04)^3} + \frac{V_{92}}{(1,04)^4} + \frac{V_{93}}{(1,04)^5} + \frac{V_{94}}{(1,04)^6} + \frac{V_{95}}{(1,04)^7}\right].$$

Et, en remplaçant V_{88}, V_{89}, V_{90} V_{91} par les nombres fournis par la table de Déparcieux, il vient :

$$P = 2000\left(\frac{16}{1,04} + \frac{11}{(1,04)^2} + \frac{7}{(1,04)^3} + \frac{4}{(1,04)^4} + \frac{2}{(1,04)^5} + \frac{1}{(1,04)^6} + \frac{0}{(1,04)^7}\right).$$

$$P = \frac{2000}{22}(15,38461 + 10,17 + 6,23 + 3,41923 + 1,64384 + 0,7903 + 0).$$

$$P = 2000 \times \frac{37,63798}{22} = 2000 \times 1,7105 = 3421 \text{ fr.}$$

Ainsi, la prime à verser immédiatement par une personne de 88 ans, pour avoir 2 000 fr. de rente, est de 3 421 fr.

On voit, par cet exemple, que la valeur de la parenthèse est très-longue à calculer, surtout lorsque les termes sont nombreux, et que la confection des tables en usage dans les compagnies d'assurances a exigé un travail sérieux et assez long, malgré les simplifications qu'on a pu y apporter. (On trouvera, à la fin du volume, un tableau donnant la valeur de $\dfrac{S_n}{V_n}$, pour tous les âges compris entre 20 et 95 ans, et aux taux de 4 p. $^0/_0$ et de 4 $^1/_2$ p. $^0/_0$.)

PROBLÈME II. *Un oncle place en viager sur la tête de son neveu, âgé de 20 ans, une somme de 30 000 fr., et au taux de 4,5 p. $^0/_0$: quelle sera la valeur de la rente annuelle ?*

On a :
$$30\,000 = A \times \frac{S_{20}}{V_{20}},$$

$$30\,000 = A \times 16,624. \quad \text{(Voir le tableau.)}$$

d'où
$$A = \frac{30\,000}{16,624} = 1\,804 \text{ fr. } 62.$$

La rente viagère sera donc : 1 804 fr. 62.

261. *Rente viagère différée.* Soient V_n l'âge d'une personne qui désire acquérir une rente dont elle ne commencera à jouir qu'après m années, c'est-à-dire lorsqu'elle aura $n + m +$ années, A la valeur de cette rente, P la prime *unique* qu'elle devra donner pour l'obtenir, et V_{n+m+z}, le dernier âge marqué dans la table de Déparcieux.

La somme A, qui devra être payée après $m +$ années, a pour valeur actuelle $\dfrac{A}{(1 + r)^{m+1}}$, car (n° 237) $\dfrac{A}{(1 + m)^{m+1}}$ deviendra après $m + r$ années, $\dfrac{A(1 + r)^{m+1}}{(1 + r)^{m+1}}$, ou A.

La probabilité qu'a la personne de vivre encore $m + 1$ années pour en jouir est $\dfrac{V_{n+m+1}}{V_n}$.

L'espérance mathématique pour cette probabilité sera donc :
$$\frac{A}{(1 + r)^{m+1}} \times \frac{V_{n+m+1}}{V_n}.$$

La somme A, qui doit être payée au bout de $m+2$ années, a pour valeur actuelle $\dfrac{A}{(1+r)^{m+2}}$.

La probabilité qu'a la personne de vivre encore $m+2$ ans est $\dfrac{V_{n+m+2}}{V_n}$, et l'espérance mathématique correspondante sera

$$\frac{A}{(1+r)^{m+2}} \times \frac{V_{n+m+2}}{V_n}.$$

En continuant le même raisonnement, on trouvera que l'espérance mathématique pour $m+3$ années sera

$$\frac{A}{(1+r)^{m+3}} \times \frac{V_{n+m+3}}{V_n} ;$$

pour $m+4$ années,

$$\frac{A}{(1+r)^{m+4}} \times \frac{V_{n+m+4}}{V_n} ;$$

et celle correspondant au dernier âge marqué dans la table sera

$$\frac{A}{(1+r)^{m+z}} \times \frac{V_{n+m+z}}{V_n}.$$

La somme des espérances mathématiques formant l'espérance totale, c'est-à-dire la valeur actuelle de la rente ou prime unique, sera :

$$P = \frac{A}{(1+r)^{m+1}} \times \frac{V_{n+m+1}}{V_n} + \frac{A}{(1+r)^{m+2}} \times \frac{V_{n+m+2}}{V_n} \ldots$$

$$\frac{A}{(1+r)^{m+z}} \times \frac{V_{n+m+z}}{V_n},$$

en mettant $\dfrac{A}{(1+r)^m V_n}$ en facteur commun, il vient :

$$P = \frac{A}{(1+r)^m V_n} \left[\frac{V_{n+m+1}}{1+r} + \frac{V_{n+m+2}}{(1+r)^2} + \ldots + \frac{V_{n+m+z}}{(1+r)^z} \right].$$

En désignant par S_{n+m} la valeur de la parenthèse, on obtient :

$$P = A \times \frac{1}{(1+r)^m} \times \frac{S_{n+m}}{V_n}. \qquad (1)$$

Dans cette formule, S_{n+m} est la même chose que S_n, dans celle du n° 260.

PROBLÈME I. *Quel capital doit verser une personne qui a 50 ans, pour jouir à l'âge de 60 ans d'une rente annuelle et viagère de 2000 fr., à 4 1/2 p. %.*

En faisant dans la formule $A = 2000$; $(1 + r)^m = (1,045)^{10}$ ou $1,552969$; $V_n = V_{50} = 581$; $S_{n+m} = S_{60} = 4327,433$ (voir le tableau), on trouve :

$$P = \frac{2000 \times 4327,433}{1,552969 \times 581} = 9592 \text{ fr. } 30.$$

PROBLÈME II. *Un négociant âgé de 35 ans place une somme de 40000 fr. pour acquérir un rente viagère dont il ne désire jouir qu'à l'âge de 50 ans : quelle sera cette rente, si on la calcule au taux de 4 p. %.*

La formule (1) donne :

$$40000 = \frac{A \times S_{50}}{(1,04)^{15} \times V_{35}}.$$

Or $S_{50} = 7277,3962$ et $V_{35} = 694$;

d'où $A = \dfrac{40000 \times 1,800944 \times 694}{7277,3962} = 6869 \text{ fr. } 80.$

PROBLÈME III. *Une personne âgée de 50 ans désire se faire pendant 10 ans une rente annuelle de 1200 fr. : quelle somme ou prime doit-elle verser immédiatement, si le taux convenu est 4 p. %.*

Pour résoudre ce problème, il suffit de remarquer que la prime à débourser égale celle qu'il faudrait donner pour une rente viagère immédiate, moins celle qui serait nécessaire pour obtenir une rente différée de 10 ans.

La première prime sera :

$$P = \frac{1200}{V_{50}} \times S_{50}.$$

La seconde sera :

$$P' = \frac{1200 \times S_{60}}{(1,04)^{10} \times V_{50}}.$$

Donc la prime P″ sera :

$$P'' = P - P' = \frac{1200}{V_{50}} \left(S_{50} - \frac{S_{60}}{1,04^{10}} \right) = 8755 \text{ fr. } 84.$$

EXERCICES SUR LA CINQUIÈME PARTIE

1. Une personne a versé à la caisse d'épargne 300 fr. le premier dimanche de janvier et 250 fr. 15 dimanches après : quel sera son avoir au 31 décembre suivant?

2. Un ouvrier dépose 6 fr. tous les dimanches à la caisse d'épargne : quel sera son avoir à la fin de l'année?

3. Une jeune ouvrière a déposé à la caisse d'épargne 2 fr. chaque semaine pendant 5 ans : quelle somme possède-t-elle?

4. Un déposant qui avait 600 fr. à la caisse d'épargne au 1er janvier 1874 retire 300 fr. 4 semaines après et verse 200 fr. la 12e semaine; il demande à régler son compte 5 semaines avant la fin de l'année : que lui devra-t-on?

5. Un ouvrier dont le compte à la caisse d'épargne s'élevait à 960 fr. au 1er janvier, dépose 43 fr. 20 semaines avant la fin de l'année et demande à régler son compte la 40e semaine de l'année suivante : que lui rendra-t-on?

6. Un propriétaire emprunte 45000 fr. au Crédit foncier et veut se libérer en 40 ans : qu'aura-t-il à payer par semestre pour amortir cette dette?

7. Un agronome qui veut améliorer sa propriété a besoin de 100000 fr.; il demande 1° quelle somme il devra emprunter au Crédit foncier, si les obligations du Crédit sont au cours de 490 fr.; 2° quelle annuité il devra servir pour éteindre sa dette en 30 années?

8. Un propriétaire qui paie au Crédit foncier 300 fr. par semestre ne sera libéré que dans 15 ans : dire la somme qu'il a empruntée.

9. Un propriétaire qui avait emprunté 60000 fr. pour 40 ans veut se libérer après avoir acquitté la 25e annuité, et il désire savoir 1° quelle somme il devra donner; 2° quel bénéfice il réalisera si, au lieu de payer en espèces, il donne des obligations de 1000 fr. au cours de 980?

10. Sur 12684 enfants nés dans la même année, combien, d'après la table de Déparcieux, parviendront à l'âge de 50 ans?

11. Sur 2000 enfants nés la même année, combien, d'après la table de Duvillars, atteindront l'âge de 20 ans?

12. On suppose qu'il y ait en France 624800 habitants qui ont 21 ans : combien, d'après la table de Déparcieux, arriveront à 60 ans?

13. D'après la table de Duvillars, à quel âge le nombre des vivants est-il réduit aux $2/5$ de ce qu'il était à 25 ans?

14. Quel est, d'après Déparcieux, la vie probable 1° d'un enfant de 8 ans; 2° d'un vieillard de 72 ans?

15. Quelle probabilité, d'après la table de Duvillars, un jeune homme de 17 ans a-t-il d'atteindre 70 ans?

16. Un homme âgé de 40 ans prend avec lui son neveu qui a 12 ans

et l'adopte pour son héritier : on demande quelle probabilité il y a qu'ils seront vivants l'un et l'autre dans 30 ans?

17. Une personne a 45 ans et sa sœur en a 34 : quelle probabilité y a-t-il que la plus jeune, à 50 ans, n'ait plus sa sœur?

18. Un homme âgé de 60 ans veut se procurer une rente viagère de 1500 fr. : quelle prime devra-t-il verser?

19. Un parrain place en viager sur la tête de son filleul âgé de 18 ans une somme de 20000 fr à 4,5 p. $0/0$: quelle rente viagère lui procurera-t-il?

20. Un père place en viager, le jour de la naissance de son fils, une somme de 15000 fr. : trouver la rente qui sera servie à son fils après que celui-ci aura 21 ans, au taux de 4 p. $0/0$.

21. Quel capital doit verser immédiatement une personne de 40 ans pour jouir, 15 ans plus tard, d'une rente annuelle et viagère de 1200 fr., le taux étant de 4 p. $0/0$?

22. Un particulier âgé de 60 ans désire se faire pendant 8 ans une rente annuelle de 1500 fr. : quelle somme doit-il verser immédiatement, le taux étant de 4 p. $0/0$?

APPENDICE

QUESTIONS DIVERSES

---

§ I. — Premières notions de Géométrie analytique.

Manière de fixer la position d'un point sur un plan.

262. Lorsqu'on veut fixer la position d'un point P sur un plan, on mène par ce point des parallèles à deux droites OX et OY, placées dans ce plan. La distance PA ou OB est appelée *ordonnée* du point P, tandis que la distance OA est *l'abscisse* du même point; OA et PA, considérées simultanément, sont les *coordonnées* du point P.

Les droites OX et OY sont les axes des coordonnées et se désignent souvent, le premier sous le nom d'axe des x, le second sous celui d'axe des y.

Par convention, le point O, où se coupent les axes, est pris pour origine des distances; on regarde comme positives les ordonnées mesurées au-dessus de l'axe OX, et comme négatives celles qui sont mesurées au-dessous de cet axe; de même, on regarde comme positives les abscisses comptées à droite de O sur OX, et comme négatives celles qui sont comptées à gauche de O.

263. La position d'un point P est déterminée si l'on donne ses coordonnées.

EXEMPLES. I. *Soit à déterminer la position d'un point dont les coordonnées sont* x = 3 *et* y = 2.

On porte sur OX et dans le sens des valeurs positives une lon-

gueur Ox égale à 3 fois l'unité adoptée, et sur OY, dans le sens des valeurs positives, une longueur Oy égale à 2 fois l'unité; les parallèles xP, yP aux axes se coupent en un point P, qui est le point demandé.

En effet, les points de la droite yP sont les seuls qui aient une ordonnée égale à 2, et les points de xP sont les seuls qui aient une abscisse égale à 3; et comme ces droites ne se coupent qu'en un point, il s'ensuit que ce point P satisfait seul aux conditions données.

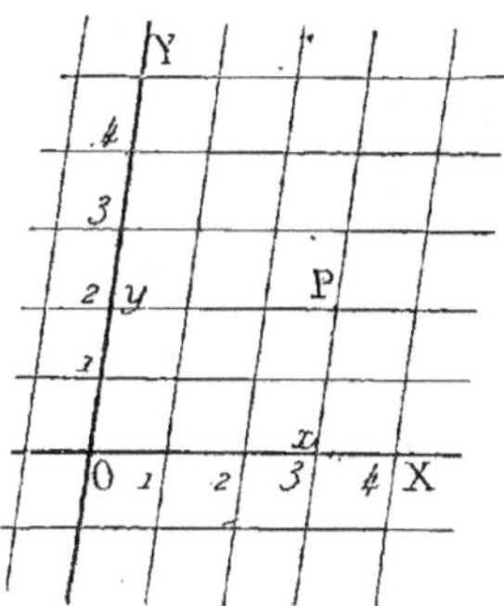

II. *Soit à déterminer les positions d'un point dont les coordonnées sont*

$$x = -2 \text{ et } y = 3.$$

On porte sur OX, et à gauche du point O, une longueur Ox égale à 2, et sur OY, au-dessus du point O, une longueur égale à 3. Les parallèles xP, 3P aux axes, se coupent en un point P, qui est le point demandé.

On voit que la position d'un point dont les coordonnées sont $x = -2$ et $y = -2$ est en Q, et celle d'un point qui a pour co-ordonnées $x = 4$ et $y = -2$ est en R.

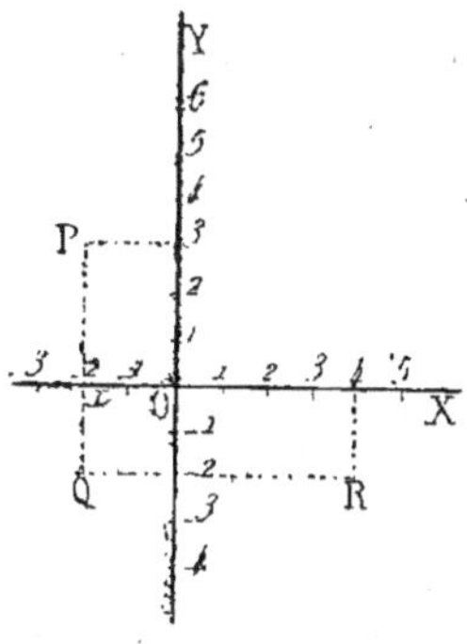

Représentation graphique d'une équation du premier degré.

264. Une équation du premier degré à une inconnue peut toujours être ramenée à la forme

$$ax = b, \text{ d'où } x = \frac{b}{a};$$

ou, en représentant $\frac{b}{a}$ par une seule quantité m,

$$x = m,$$

dans laquelle m est une quantité connue, positive ou négative, entière ou fractionnaire, monôme ou polynôme, ou même nulle.

Cette équation, $x = m$, représente une droite dont tous les points ont pour abscisse m : c'est donc une parallèle à l'axe des y.

7*

Pour la construire, on porte sur OX, à droite ou à gauche du point O, suivant que m est positif ou négatif, une longueur égale en valeur absolue à m, et par ce point on mène AB ou A'B' parallèlement à l'axe des y. Tous les points des droites AB et A'B' ont, en effet, pour abscisses $+m$ ou $-m$.

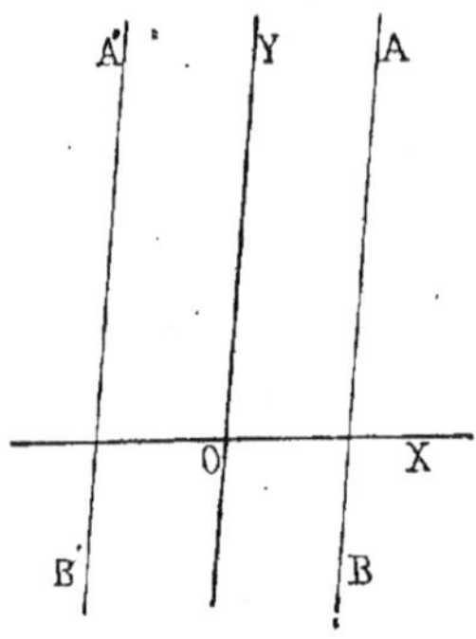

Fig. 1.

Une équation telle que

$$y = +b$$

représente une droite CD parallèle à l'axe des x (fig. 2).

Les équations

$$y = 0, \quad \text{et} \quad x = 0$$

représentent, l'une l'axe des x, l'autre l'axe des y.

Les droites AB (fig. 1), et CD (fig. 2), sont les lieux géométriques exprimés par les équations

$$x = a \quad \text{et} \quad y = b.$$

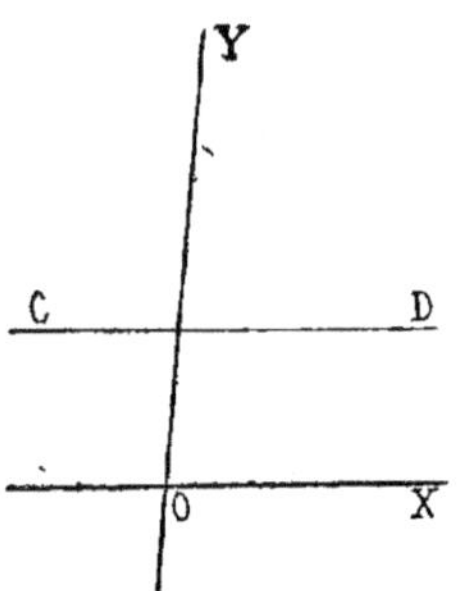

Fig. 2.

265. Une équation du premier degré, à deux inconnues, peut toujours être ramenée à la forme

$$ax + by = c,$$

dans laquelle a, b et c sont des quantités connues.

Cette équation résolue par rapport à une des inconnues, y par exemple, donne :

$$y = -\frac{a}{b}x + \frac{c}{b}.$$

Remplaçons $-\frac{a}{b}$ par m et $\frac{c}{b}$ par n, il vient :

$$y = mx + n.$$

266. I. Supposons d'abord le cas ou n est nul ; alors l'équation a la forme :

$$y = mx \quad \text{ou} \quad \frac{y}{x} = m.$$

Si m est positif, x et y auront même signe.

Donnons à x une valeur quelconque positive, par exemple $x = OB$; menons BA parallèle à OY et prenons sur l'axe dés y, ou mieux sur BA, une longueur $y = BA$ telle qu'on ait $\dfrac{AB}{OB} = m$, A est un point du lieu cherché.

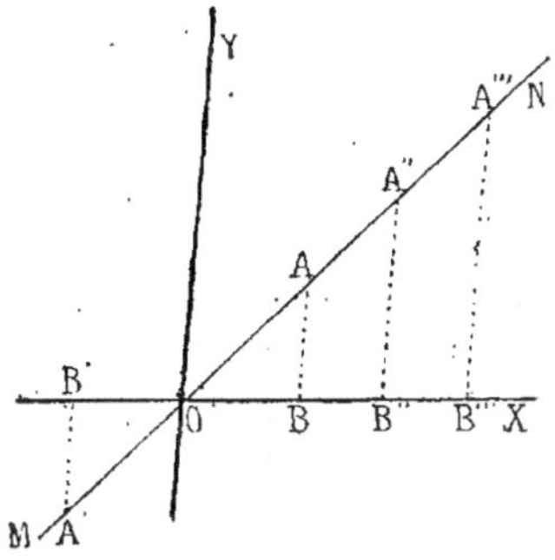

Donnons encore à x une valeur quelconque négative, $x = -OB'$; menons B'A' parallèle à l'axe des y et prenons sur cette droite une longueur négative $y = -B'A'$, telle qu'on ait $\dfrac{-A'B'}{-OB'} = m$, A est est aussi un point du lieu.

Soient encore A″, A‴… d'autres points construits de la même manière, on aura :

$$m = \frac{AB}{OB} = \frac{A'B'}{OB'} = \frac{A''B''}{OB''} = \frac{A'''B'''}{OB'''} \cdots$$

Les triangles AOB, A'OB', A″OB″, A‴OB‴… sont donc semblables comme ayant en B, B', B″… un angle égal compris entre des côtés proportionnels; donc les angles AOB, A'OB', A″OB″, A‴OB‴… sont égaux, et il en résulte que les points A, A', A″, A‴… appartiennent à la droite MM', qui passe par l'origine.

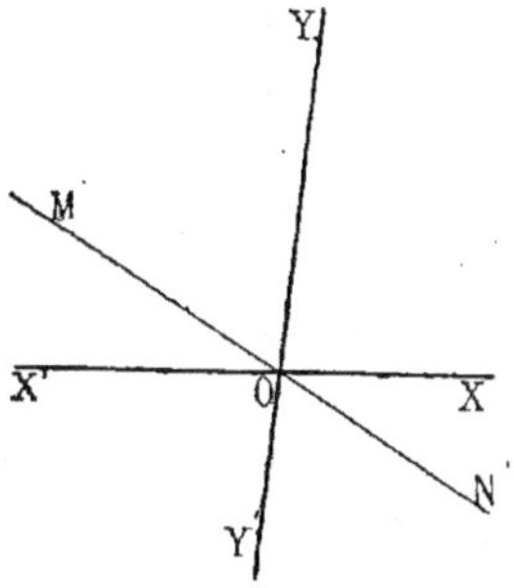

Si m était négatif, x et y auraient des signes contraires, et le lieu serait une droite M'N', passant par l'origine et dans les angles X'OY et XOY'.

Ainsi le lieu géométrique représenté par une équation du premier degré de la forme

$$y = mx$$

est une droite passant par l'origine O.

Pour construire ce lieu, il suffit de déterminer un point quelconque, et de tracer la droite qui passe par ce point et par l'origine.

EXEMPLES. I. *Construire le lieu représenté par l'équation*

$$3y = 5x,$$

ou

$$\frac{x}{y} = \frac{5}{3}.$$

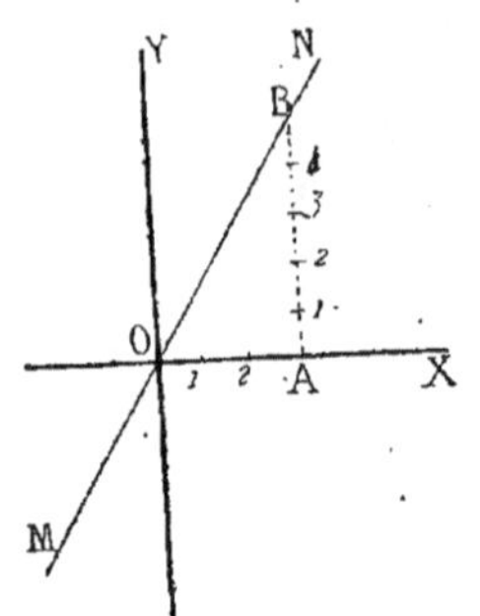

Prenons sur l'axe des x une longueur OA égale à 3 unités; menons BA parallèle à l'axe des y et égale à 5 unités; joignons le point B au point O par la droite MN.

Cette droite MN est le lieu demandé.

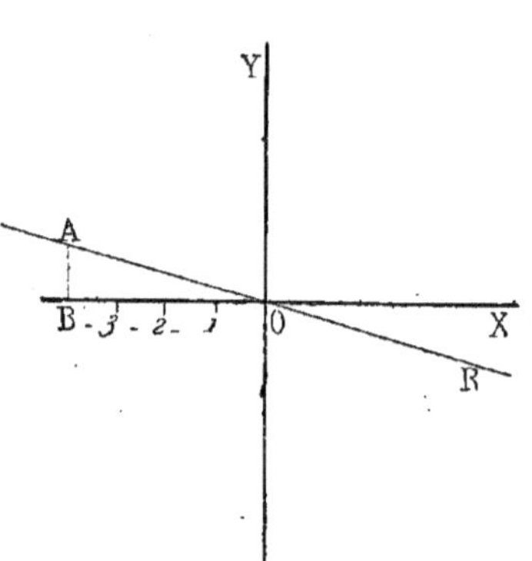

II. *Construire le lieu représenté par l'équation*

$$x = -4y,$$

ou

$$\frac{x}{y} = -\frac{4}{1}.$$

Prenons sur l'axe des x une longueur OB égale à -4; menons BA parallèle à l'axe des y et égale à $+1$.

La droite AR est le lieu demandé.

267. Supposons maintenant le cas où dans l'équation

$$y = mx + n,$$

n n'est pas nul.

Si nous comparons cette équation avec la précédente,

$$y = mx,$$

nous voyons que les ordonnées y, correspondant à une même abscisse x, diffèrent constamment d'une longueur fixe n.

Dès qu'on aura construit le lieu représenté par l'équation $y = mx$, on obtiendra le lieu représenté par $y = mx + n$, en augmentant ou en diminuant, suivant le signe de n, toutes les ordonnées de la valeur absolue de n.

Si AA′ représente l'équation $y = mx$, RR′ représentera l'équation : $y = mx + n$.

Ainsi, le lieu géométrique représenté par une équation du premier degré à deux inconnues est une ligne droite.

Pour construire cette droite, il suffit de connaître deux de ses points, et ceux que l'on cherche de préférence sont les points où elle coupe les axes.

Pour trouver les points où une droite coupe les axes, on fait, dans son équation, $x = 0$; la valeur correspondante de y donne le point où la droite rencontre l'axe des y; si l'on fait $y = 0$, la valeur correspondante de x donne le point où la droite coupe l'axe des x.

EXEMPLES. I. *Construire la droite représentée par l'équation*

$$2x - 5y = 6.$$

Si l'on fait $x = 0$,

on trouve : $y = -\dfrac{6}{5}$,

et si l'on fait $y = 0$,

on trouve : $x = 3$.

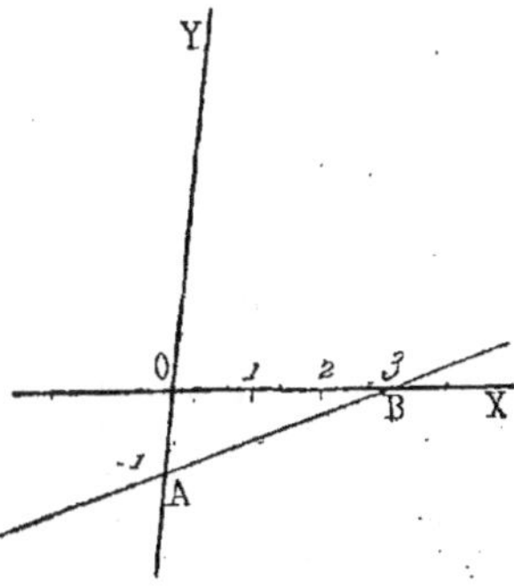

On porte sur l'axe des y une longueur OA égale à $-\dfrac{6}{5}$ d'unité, et sur l'axe des x, une longueur OB égale à 3 unités; AB est donc la droite demandée.

II. *Construire la droite représentée par l'équation*

$$4x + 6y = 12.$$

Si dans cette équation on fait

$$x = 0,$$

on trouve $y = 2$.

Et si l'on fait

$$y = 0,$$

on trouve $x = 3$.

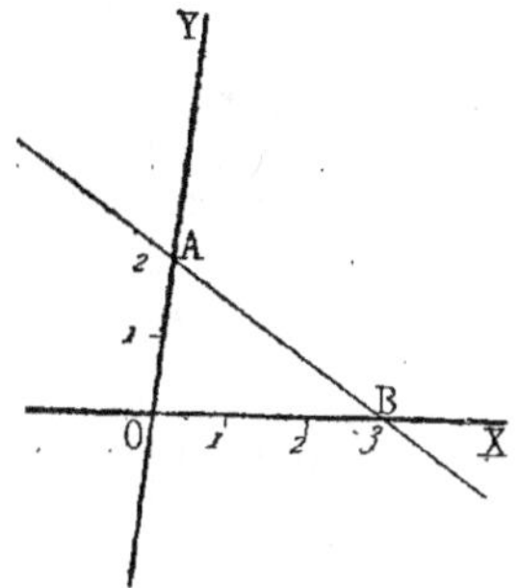

Interprétation géométrique des racines de l'équation du second degré à une inconnue.

268. Nous savons qu'une équation du second degré à une inconnue peut toujours être ramenée à la forme

$$x^2 + px + q = 0,$$

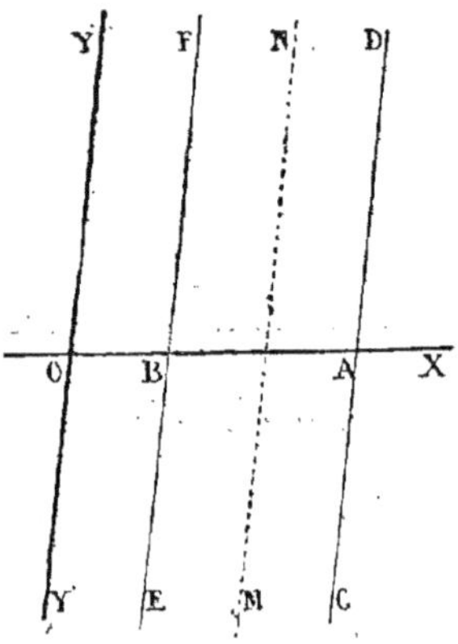

et que ses racines sont :

$$x' = -\frac{p}{2} + \sqrt{\frac{p^2}{4} - q};$$

$$x'' = -\frac{p}{2} - \sqrt{\frac{p^2}{4} - q}.$$

Faisons $-\dfrac{p}{2} = m$ et $\sqrt{\dfrac{p^2}{4} - q} = n$,

et les racines deviennent :

$$x' = m + n$$

$$x'' = m - n.$$

Pour construire ces valeurs de x' et de x'', on porte sur l'axe des x deux longueurs OA et OB, la première égale à la valeur absolue de $m + n$, la seconde, à la valeur absolue de $m - n$. On mène les parallèles CD, EF à l'axe des y : ces parallèles représentent les deux racines de l'équation.

En effet, tous les points de la droite CD ont pour abscisse $m + n$, et tous les points de la droite EF ont pour abscisse $m - n$, et dans le plan il n'y a pas d'autres points qui aient ces abscisses.

Ainsi le lieu des points représentés par une équation du second degré à une inconnue se compose généralement de deux droites parallèles.

269. REMARQUE I. La droite MN représentant la quantité m, on obtient immédiatement les racines x' et x'' en augmentant et en diminuant successivement dé n l'abscisse de la droite m.

REMARQUE II. Lorsque les deux racines x' et x'' sont positives, les parallèles qui les représentent se trouvent à droite de OY ; si elles sont négatives, les parallèles sont à gauche de OY ; si l'une est positive et l'autre négative, les parallèles sont de part et d'autre de l'axe des y ; si les racines sont égales, les deux parallèles se confondent en une seule ; enfin, si les racines sont imaginaires, on ne peut les représenter graphiquement.

EXEMPLES I. *Construire les racines de l'équation*

$$x^2 - 2x - 8 = 0.$$

Ces racines sont :

$$x' = 4$$

et $\qquad x'' = -2.$

Elles sont représentées par les droites AB, CD, dont les abscisses sont respectivement 4 et —2.

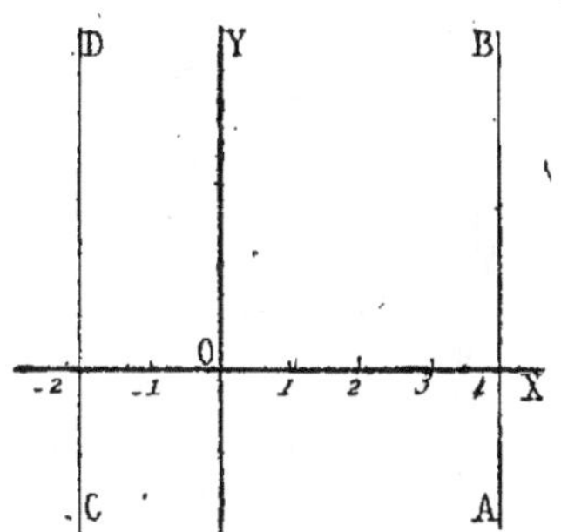

II. *Construire les racines de l'équation*

$$x^2 + 4x + 3 = 0.$$

Ces racines sont :

$$x' = -1 ;$$

$$x'' = -3.$$

Elles sont représentées par les droites EF et GH, dont les abscisses sont respectivement —1 et —3.

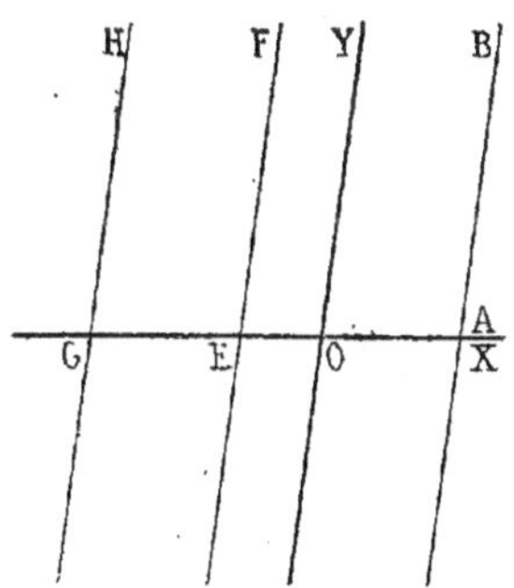

III. *Construire les racines de l'équation*

$$x^2 - 4x + 4 = 0.$$

Ces racines sont :

$$x' = x'' = 2.$$

Elles sont représentées l'une et l'autre par la droite AB.

IV. *Construire les racines de l'équation*

$$x^2 - 8x + 20 = 0.$$

Ces racines étant imaginaires, il est impossible de les construire.

Représentation graphique des variations du trinôme du second degré.

270. Considérons un trinôme quelconque du second degré.

$$x^2 - 4x + 3.$$

Appelons y sa valeur, et cherchons à représenter par une courbe les variations de ce trinôme lorsqu'on donne à x des valeurs arbitraires.

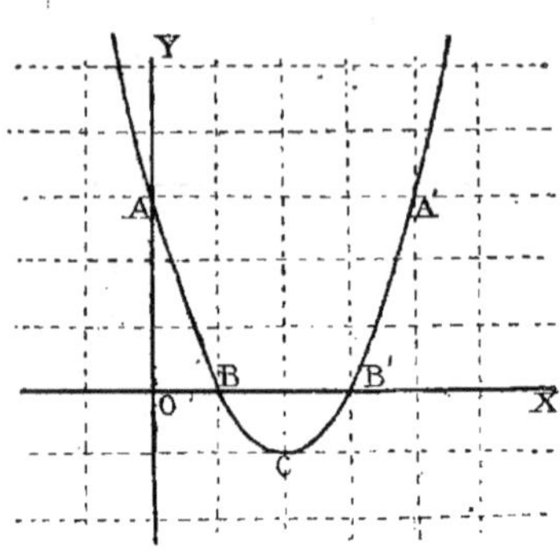

Posons

$$y = x^2 - 4x + 3.$$

Si nous faisons $x = 0$, on trouve pour valeur du trinôme $y = +3$. Portons donc sur OY la valeur positive 3, et marquons le point A.

Faisons $x = +1$, et la valeur du trinôme devient $y = 0$.

Marquons encore le point B, situé sur OX, et ayant pour coordonnées $x = 1$ et $y = 0$.

Faisons $x = +2$, d'où $y = -1$, et marquons le point C, ayant pour coordonnées

$$x = 2 \quad \text{et} \quad y = -1.$$

Faisons encore $x = 3$, d'où $y = 0$, et marquons le point B' ayant pour coordonnées $x = 3$ et $y = 0$.

Pour $x = 4$, on trouve $y = +3$, ce qui donne le point A'.

Pour $x = +5$, « $y = +8$.

Pour $x = -1$, « $y = +8$;

et ainsi de suite.

En joignant les différents points A, B, C, B', A'... par un trait continu, on obtient une courbe dont les deux branches sont infinies, et qui représente les variations du trinôme proposé.

Cette courbe montre :

1° Que le trinôme s'annule pour $x = 1$ et $x = 3$; 1 et 3 sont, en effet, les racines du trinôme $x^2 - 4x + 3$, égalé à zéro;

2° Que le trinôme reste positif pour toute valeur de x plus grande que 3 et plus petite que 1. On sait, en effet, que le trinôme conserve le signe de son premier terme pour toute valeur de x non comprise entre les deux racines (n° 162);

3° Que le trinôme est négatif pour $x = 2$ et en général pour toute valeur plus grande que 1, mais plus petite que 3. On sait, en effet, que le trinôme prend un signe contraire à celui de son premier terme pour toute valeur de x comprise entre les deux racines;

4° Que la valeur minimum du trinôme correspond à $x = 2$.

271. En général, lorsque le trinôme

$$ax^2 + bx + c,$$

ramené à la forme

$$a(x^2 + px + q),$$

est égalé à zéro, si le radical $\sqrt{\dfrac{p^2}{4} - q}$ est positif, le trinôme a ses

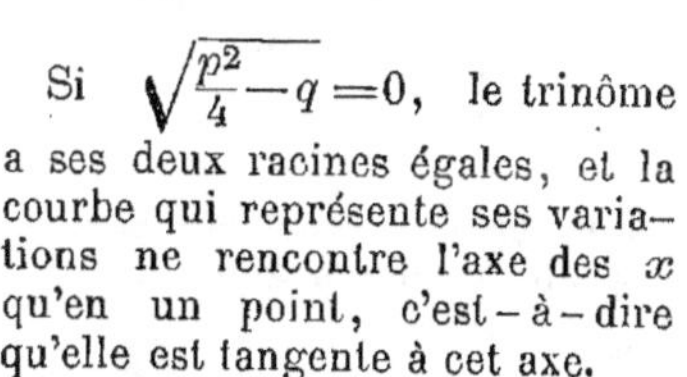

deux racines réelles, et la courbe qui représente ses variations affecte la forme de la figure précédente, et rencontre l'axe des x en deux points qui marquent les racines de ce trinôme.

Si $\sqrt{\dfrac{p^2}{4} - q} = 0$, le trinôme a ses deux racines égales, et la courbe qui représente ses variations ne rencontre l'axe des x qu'en un point, c'est-à-dire qu'elle est tangente à cet axe.

Telle est la courbe ci-contre, qui représente les variations du trinôme

$$x^2 - 4x + 4.$$

Enfin, si la quantité $\sqrt{\dfrac{p^2}{4} - q}$ est négative, le trinôme a ses racines imaginaires, et la courbe qui représente ses variations ne rencontre pas l'axe des x.

Telle est la courbe ci-contre, qui représente les variations du trinôme

$$x^2 - 2x + 2.$$

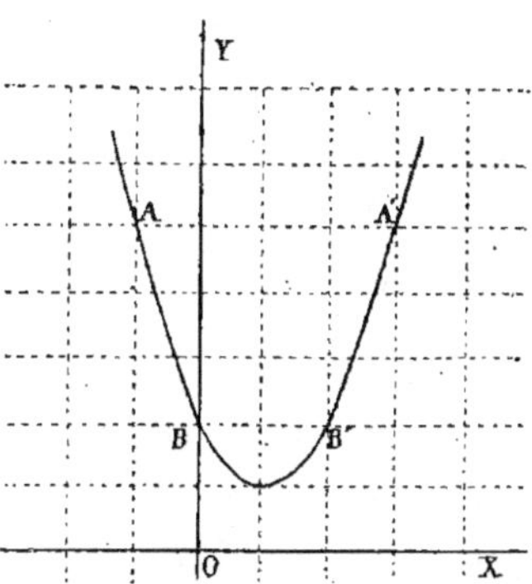

Dans les deux dernières courbes, on voit que le trinôme conserve toujours le signe de son premier terme, quelle que soit la valeur donnée à x.

Si les racines du trinôme étaient négatives, la courbe aurait la forme de la fig. 1, laquelle représente les variations du trinôme

$$x^2 + 4x + 3.$$

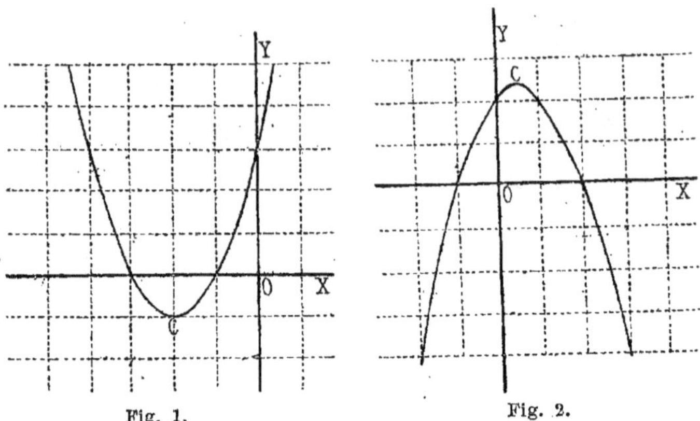

Fig. 1.   Fig. 2.

Enfin, si le premier terme du trinôme était négatif, la courbe affecterait la forme de la fig. 2, laquelle représente les variations du trinôme

$$-x^2 + x + 2.$$

On peut remarquer, dans toutes ces courbes, que la parallèle à l'axe des y, passant par le sommet C, représente la valeur exprimée par $x = -\dfrac{p}{2}$, dans $x = -\dfrac{p}{2} \pm \sqrt{\dfrac{p^2}{4} - q}$, et que la courbe est symétrique par rapport à cette droite.

272. Exercices. I. *Construire la courbe qui représente la fonction suivante* (voir page 149, VII).

$$y = \frac{4x - 2x^2 + 1}{x^2 + 1}.$$

Pour $y = 0$,   on trouve $x = +2{,}22$ et $-0{,}22$.
Pour $x = 0$,   « $y = 1$.
Pour $x = 1$,   « $y = 1{,}5$.
Pour $x = 2$,   « $y = 0{,}20$.
Pour $x = 3$,   « $y = -0{,}5$.

. . . .

Pour $x = -1$,   on trouve $y = -\dfrac{5}{3}$.

Pour $x = -2$,   « $y = -3$.

Pour $x = -3$,   « $y = -\dfrac{29}{10}$.

Pour $x = -4$,   . . .   « $y = -\dfrac{47}{17}$.

Enfin, pour $x=\infty$, il vient $y=\dfrac{\infty}{\infty}$.

Mais on peut mettre la valeur de y sous la forme

$$y=\frac{\dfrac{4x}{x^2}-\dfrac{2x^2}{x^2}+\dfrac{1}{x^2}}{\dfrac{x^2}{x^2}+\dfrac{1}{x^2}}=\frac{\dfrac{4}{x}-2+\dfrac{1}{x^2}}{1+\dfrac{1}{x^2}}.$$

alors si l'on fait $x=\pm\infty$, on trouve

$$y=-2$$

Les valeurs trouvées pour y montrent qu'il y a un maximum entre 1 et 1,5, ou bien entre 1,5 et 0,20. Ces mêmes valeurs font voir qu'il y a un minimum entre $-\dfrac{1}{5}$ et -3, ou entre -3 et $-\dfrac{29}{10}$.

L'étude directe (page 149) nous a donné pour maximum 2, correspondant à $x=\dfrac{1}{2}$, et pour minimum -3, correspondant à $x=-2$.

La courbe a la forme ci-dessous; A est un maximum, et B un minimum.

Remarque. Si par le point -2 l'on menait une parallèle à OX, on aurait l'asymptote de la courbe, c'est-à-dire une droite de laquelle s'approchent de plus en plus les deux branches de la courbe sans pouvoir jamais l'atteindre.

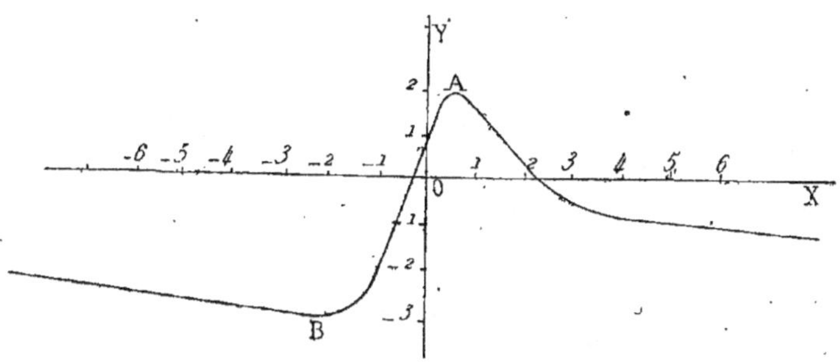

II. *Construire la courbe qui représente la fonction*

$$y=x^3-3x^2-x+3.$$

Pour $x=0$,   on trouve $y=3.$
             $x=1$,   « $y=0.$
             $x=2$,   « $y=-3.$
             $x=3$,   .   « $y=0.$
             $x=4$,   « $y=+15.$
             $x=5$,   « $y=+48.$

Pour $x = -1$, on trouve $y = 0$.

           $x = -2$,   « $y = -15$.

           $x = -3$,   « $y = -48$.

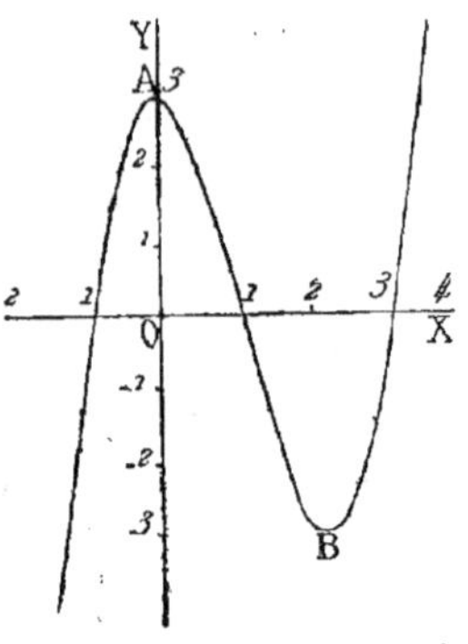

La courbe a la forme ci-dessous.

Elle coupe l'axe des x en trois points correspondant aux valeurs de x pour lesquelles la fonction s'annule.

Le maximum $y = 3,08$ a lieu pour $x = -0,15$, et le minimum $y = -3,08$, pour $x = 2,15$.

Ce maximum et ce minimum ont été calculés au moyen des *dérivées*, dont la théorie n'est point du domaine de l'algèbre élémentaire.

§ II. — Carré et racine carrée d'un polynôme.

1° Carré des polynômes.

273. Nous savons déjà que le carré d'un monôme a est un autre monôme a^2;

que le carré d'un binôme $a + b$ est $a^2 + 2ab + b^2$.

Si l'on fait le carré d'un trinôme $a + b + c$, on trouve

$$(a + b + c)^2 = a^2 + 2ab + b^2 + 2ac + 2bc + c^2.$$

De même, pour le carré d'un polynôme de quatre termes $a + b + c + d$, on aurait

$$(a + b + c + d)^2 = a^2 + 2ab + b^2 + 2ac + 2bc + c^2 + 2ad + 2bd + 2cd + d^2,$$

et ainsi de suite.

Nous voyons, pour ces différents cas, 1° que le carré d'un binôme égale le carré du premier terme plus deux fois le produit du premier par le second, plus le carré du second;

2° Que le carré d'un trinôme égale le carré du premier terme, plus deux fois le produit du premier par le second, plus le carré du second, plus le double produit de chacun des deux premiers par le troisième, plus le carré du troisième;

3° Que le carré d'un polynôme de quatre termes égale le carré du premier, plus deux fois le produit du premier par le second, plus le carré du second, plus le double produit de chacun des deux premiers termes pour le troisième, plus le carré du troisième, plus le double produit de chacun des trois premiers termes par le quatrième, plus le carré du quatrième.

274. Faisons voir que cette loi est générale, c'est-à-dire que si elle est vraie pour un polynôme de m termes, elle est vraie aussi pour un polynôme qui a $m+1$ termes.

Soit $a+b+c+d...+l$ un polynôme de m termes; appelons S la somme de ces m termes; alors un polynôme $a+b+c+d...+l+k$, qui a un terme de plus, sera représenté par $s+k$, et son carré sera:

$$s^2+2ks+k^2;$$

d'où, en remplaçant s par sa valeur :

$$(a+b+c+d...+l+k)^2=(a+b+c+d...l)^2+2k(a+b+c+d...+l)+k^2.$$

La première parenthèse du second membre est supposée connue et renferme la *somme des carrés des* m *premiers termes*, plus *deux fois le produit de ces termes pris deux à deux.*

Le dernier terme k^2 *est le carré du nouveau terme.*

Et la seconde parenthèse contient *deux fois le produit de* k *par chacun des premiers termes.* Donc...

La loi étant vraie pour le polynôme de 3 termes, le sera pour un polynôme de 4 termes; étant vraie pour un polynôme de 4 termes, elle sera vraie encore pour un polynôme de 5 termes, et ainsi de suite.

275. Ainsi, le carré d'un polynôme se compose du carré du premier terme, plus du double produit du premier terme par le second, plus du carré du second, plus du double produit de chacun des deux premiers termes par le troisième, plus du carré du troisième, plus du double produit de chacun des trois premiers termes par le quatrième, plus le carré du quatrième, etc.

Le signe des termes carrés est toujours positif, et celui des doubles produits dépend des signes des facteurs.

On peut dire encore que le carré d'un polynôme se compose de la somme des carrés de chacun de ses termes, plus deux fois le produit de ses termes pris deux à deux.

2° Racine carrée des polynômes.

276. La racine carrée d'un polynôme est un autre polynôme qui, étant multiplié par lui-même, reproduit le premier. Si donc on suppose la racine ordonnée par rapport aux puissances décroissantes d'une même lettre, le polynôme proposé pourra, lui aussi, être ordonné de la même manière. Alors le premier terme de ce polynôme sera le carré du pre-

mier terme de la racine, et le second terme, le double produit du premier terme de la racine par le second; car *ces termes ne se réduisent avec aucun autre.*

Pour une raison analogue, le dernier terme du polynôme sera le carré du dernier terme de la racine, et l'avant-dernier terme, le double produit du dernier terme par l'avant-dernier.

277. Soit maintenant P le polynôme donné, soit aussi $a+b+c+d\ldots l$ sa racine carrée, on aura :

$$P=(a+b+c+d\ldots l)^2=a^2+2ab+b^2+2ac+2bc+c^2+\ldots$$

On obtiendra immédiatement le premier terme de la racine en prenant la racine carrée du premier terme du polynôme : appelons a cette racine.

Le carré de a ou a^2 retranché du polynôme donne un reste R de la forme : $2ab+b^2+2ac+2bc+c^2+2ad\ldots$

Le premier terme de ce reste divisé par le double du terme trouvé donnera b pour second terme de la racine. Il faut retrancher du polynôme proposé le carré de $a+b$, c'est-à-dire $a^2+2ab+b^2$; a^2 ayant déjà été soustrait, il suffira d'ôter du reste R, $2ab+b^2$ ou $(2a+b)b$. On voit qu'on obtiendra la partie à retrancher en *multipliant par le second terme le double du premier terme, plus ce second terme.* La soustraction faite, on aura un deuxième reste R' de la forme : $2ac+2bc+d^2+2ad+2bd\ldots$

Le premier terme de ce reste est le double produit du premier terme de la racine par le troisième terme (n° 275); on aura donc le troisième terme de la racine en divisant le premier terme du second reste par le double du premier terme déjà trouvé. Il faut retrancher du polynôme proposé le carré des trois termes obtenus, c'est-à-dire $a^2+2ab+b^2+2ac+2bc+c^2$; $a^2+2ab+b^2$ ayant déjà été soustraits, il suffira d'ôter du reste R', $2ac+2bc+c^2$ ou $(2a+2b+c)c$. On voit qu'on obtiendra la partie à retrancher en *multipliant* par le troisième terme le double de chacun des deux premiers termes, plus le troisième. La soustraction faite, on aura un troisième reste R'' de la forme : $2ad+2bd+2cd+c^2+\ldots$

Le premier terme de ce reste est le double produit du premier terme de la racine par le quatrième terme (n° 275); on aura donc le quatrième terme de la racine en divisant le premier terme du troisième reste par le double du premier terme déjà trouvé..., et ainsi de suite.

Donc, *pour extraire la racine carrée d'un polynôme, on ordonne ce polynôme par rapport aux puissances décroissantes d'une même lettre; on prend la racine carrée de son premier terme et on obtient le premier terme de la racine; ce terme, élevé au carré et retranché du polynôme proposé, donne un reste. On divise ce reste par le double du terme trouvé, et on a le second terme de la racine, qu'on écrit à la suite du premier et aussi à côté du double de ce premier. On multiplie ce second terme par le double du premier et par lui-même, on retranche le produit du premier reste, et on a ainsi le second reste.*

On divise ce reste par le double de la racine déjà trouvée; le premier terme du quotient donne le troisième terme de la racine, qu'on écrit à la suite des deux premiers et aussi à côté du double de la racine. On multiplie ce troisième terme par le double des deux premiers et par lui-même, on retranche le produit du second reste, et on a le troisième reste, et ainsi de suite.

On dispose l'opération de la même manière que pour l'extraction de la racine carrée d'un nombre entier.

Exemples :

$$
\begin{array}{l|l}
a^6 - 10a^5b + 31a^4b^2 - 30a^3b^3 + 9a^2b^4 & a^3 - 5a^2b + 3ab^2. \\
-a^6 & \\
\hline
\text{1er R.} \quad -10a^5b + 31a^4b^2 - 30a^3b^3 + 9a^2b^4 & 2a^3 - 5a^2b \\
\qquad\qquad +10a^5b - 25a^4b^2 & \\
\hline
\text{2e R.} \qquad\qquad 6a^4b^2 + 30a^3b^3 - 9a^2b^4 & 2a^3 - 10a^2b + 3ab^2. \\
\qquad\qquad\qquad -6a^4b^2 + 30a^3b^3 - 9a^2b^4 & \\
\hline
\text{3e R.} \qquad\qquad\qquad 0 &
\end{array}
$$

$$
\begin{array}{l|l}
4a^2x^6 + 16a^3x^5 - 20a^5x^3 + 40a^6x^2 - 24a^7x + 9a^8. & 2ax^3 + 4a^2x^2 - 4a^3x + 3a^4. \\
-4a^2x^6 & \\
\hline
\text{1er R.} \quad 16a^3x^5 - 20a^5x^3 + 40a^6x^2 - 24a^7x + 9a^8 & 4ax^3 + 4a^2x^2 \\
\qquad\quad -16a^3x^5 - 16a^4x^4 & \\
\hline
\text{2e R.} \quad -16a^4x^4 - 20a^5x^3 + 40a^6x^2 - 24a^7x + 9a^8 & 4ax^3 + 8a^2x^2 - 4a^3x \\
\qquad\quad +16a^4x^4 + 32a^5x^3 - 16a^6x^2 & \\
\hline
\text{3e R.} \qquad 12a^5x^3 + 24a^6x^2 - 24a^7x + 9a^8 & 4ax^3 + 8a^2x^2 - 8a^3x + 3a^4. \\
\qquad\quad -12a^5x^3 - 24a^6x^2 + 24a^7x - 9a^8 & \\
\hline
\text{4e Reste} \qquad\qquad 0 &
\end{array}
$$

278. On reconnaît qu'un polynôme donné n'est pas un carré parfait :

1° Lorsque, étant ordonné par rapport aux puissances décroissantes d'une même lettre, son premier terme et son dernier terme ne sont pas des carrés;

2° Lorsque son second terme et son avant-dernier terme ne sont pas divisibles l'un par le double de la racine du premier, l'autre par le double de la racine du dernier;

3° Lorsque dans le cours de l'extraction on arrive à un reste dont le premier terme n'est pas divisible par deux fois le premier terme de la racine trouvée.

279. Remarque I. Toutes les fois que le premier terme d'un polynôme sera un carré parfait, on pourra essayer l'extraction de la racine carrée de ce polynôme et la continuer jusqu'à ce qu'on arrive à un reste dont le premier terme ne soit pas divisible par le double du premier terme de la racine trouvée. Les calculs effectués montrent alors que le polynôme proposé *égale un carré parfait, augmenté du reste de l'opération*; et ce polynôme peut être décomposé en deux autres, dont l'un est un carré parfait.

En appliquant ce que nous venons de dire au polynôme

$$9a^2x^4 - 24a^3x^3 + 46a^4x^2 - 20a^5x + 13x^6$$

qui n'est pas un carré parfait, ce polynôme pourra être décomposé en

$$(3ax^2 - 4a^2x + 5a^3)^2 + 20a^5x - 12a^6.$$

280. REMARQUE II. Nous avons supposé qu'on prenait avec le signe $+$ la racine carrée du premier terme du polynôme; on pourrait cependant la prendre avec le signe $-$ (n° 113). Dans ce cas, il est aisé de voir que la suite des calculs donnerait pour la racine les mêmes termes que dans le premier cas, seulement ces termes auraient des signes contraires. Il est donc nécessaire d'affecter du double signe $\pm$ la racine carrée d'un polynôme.

§ III. — Binôme de Newton.

281. Formons les puissances successives d'un binôme quelconque $(a+b)$.

$$
\begin{aligned}
(a+b)^1 &= a + b, \\
(a+b)^2 &= a^2 + 2ab + b^2, \\
(a+b)^3 &= a^3 + 3a^2b + 3ab^2 + b^3, \\
(a+b)^4 &= a^4 + 4a^3b + 6a^2b^2 + 4ab^3 + b^4, \\
(a+b)^5 &= a^5 + 5a^4b + 10a^3b^2 + 10a^2b^3 + 5ab^4 + b^5.
\end{aligned}
$$

$$\cdots \cdots \cdots \cdots \cdots \cdots \cdots$$

On voit aisément la loi de la formation des exposants : ceux de la lettre a vont sans cesse en diminuant et ceux de la lettre b vont en augmentant, le plus fort exposant de chacune de ces lettres est égal à l'indice de la puissance du binôme ; mais on n'aperçoit pas la loi suivant laquelle sont formés les coefficients.

Pour arriver à découvrir cette loi, il faut connaître la théorie des combinaisons.

Des combinaisons.

282. On appelle *arrangements* de m objets n à n, les différents groupes qu'on peut former en prenant ces objets n à n, et les disposant de toutes les manières possibles, de sorte que deux arrangements quelconques diffèrent au moins par la place d'une lettre.

Ainsi, les arrangements qu'on peut faire avec trois lettres a, b, c, prises deux à deux, sont :

$$ab, \quad ba, \quad ac, \quad ca, \quad bc, \quad cb.$$

283. On donne le nom de *permutations* aux arrangements de m objets pris m à m.

Ce sont les divers groupes que l'on obtient en disposant les uns à la suite des autres et de toutes les manières possibles les m objets, de telle sorte que chacun d'eux se trouve dans tous les groupes et ne s'y trouve qu'une fois.

Ainsi, avec les trois lettres a, b, c, les permutations possibles sont :

$$abc, \quad acb, \quad bac, \quad bca, \quad cab, \quad cba.$$

284. Enfin, on donne le nom de *combinaisons* aux arrangements dans lesquels deux groupes quelconques diffèrent au moins par un objet.

Ainsi, les combinaisons qu'on peut former avec trois lettres a, b, c, prises deux à deux, sont :

$$ab, \quad ac, \quad bc.$$

Ce sont les produits différents qu'on obtient avec trois facteurs pris deux à deux.

Calcul du nombre des arrangements.

285. Soit à trouver le nombre des arrangements possibles entre les m premières lettres de l'alphabet, prises une à une, deux à deux, trois à trois....., m à m.

Il est évident que les arrangements des m lettres une à une sont :

$$a, \quad b, \quad c, \quad d, \quad c..... \; l \, ;$$

leur nombre est m.

Donc, en représentant par A_1^m le nombre des arrangements des m lettres une à une, on aura :

$$A_1^m = m.$$

Pour obtenir les arrangements des m lettres prises deux à deux, il faut écrire successivement à la suite de chaque lettre a, b, $c...$, l, du premier arrangement les $m-1$ lettres qui restent. On a ainsi :

$$
\begin{array}{llllll}
ab, & ba, & ca, & da....., & la, \\
ac, & bc, & cb, & db....., & lb, \\
ad, & bd, & cd, & dc....., & lc, \\
\cdot & \cdot & \cdot & \cdot & \cdot \\
al, & bl, & cl, & dl....., & lk.
\end{array}
$$

Les arrangements deux à deux que chaque lettre a formés avec les $m-1$ lettres qui restent, se trouvent tous dans une même colonne verticale.

Dans la formation du tableau précédent, aucun arrangement deux à deux n'a été omis ; car, par la manière dont nous avons procédé, on a écrit successivement à la suite de chaque lettre les $m-1$ autres lettres; aucun arrangement n'a été répété; car les arrangements qui se trouvent sur une même colonne horizontale diffèrent tous par la première lettre, et ceux qui sont sur une même colonne verticale diffèrent tous par la dernière lettre.

Mais chaque arrangement un à un a fourni $m-1$ arrangements nouveaux; les m arrangements un à un ont donc fourni un nombre d'arrangements deux à deux marqué par $m(m-1)$.

En représentant par A_2^m le nombre des arrangements deux à deux, on aura :

$$A_2^m = m(m-1).$$

Pour obtenir les arrangements de m lettres trois à trois, il faut écrire successivement à la suite de chaque arrangement deux à deux chacune des $m-2$ lettres qui ne font point partie de cet arrangement; on a ainsi :

$$abc, \quad acb, \quad adb\dots, \quad bac, \quad bca\dots, \quad cab, \quad cba\dots$$
$$abd, \quad acd, \quad adc\dots, \quad bad, \quad bcd\dots, \quad cad, \quad cbd\dots$$
$$abe, \quad ace, \quad ade\dots, \quad bae, \quad bce\dots, \quad cae, \quad cbe\dots$$
$$\cdots\cdots\cdots\cdots\cdots\cdots\cdots$$
$$abl, \quad acl, \quad adl\dots, \quad bal, \quad bcl\dots, \quad cal, \quad cbl\dots$$

Les arrangements trois à trois que chaque arrangement deux à deux a formés avec les $m-2$ lettres qui restent, se trouvent tous dans une même colonne verticale.

Nous prouverions comme précédemment que, dans la formation du tableau ci-dessus, aucun arrangement n'a été omis, aucun arrangement n'a été répété. Mais chaque arrangement deux à deux a fourni $m-2$ arrangements nouveaux; les $m(m-1)$ arrangements deux à deux auront donc donné un nombre d'arrangements trois à trois marqué par $m(m-1)(m-2)$.

En représentant A_3^m le nombre des arrangements des m lettres trois à trois, on aura :

$$A_3^m = m(m-1)(m-2).$$

D'où l'on conclut la loi suivante :

Le nombre des arrangements n *à* n *de* m *objets sera donné par un produit de* n *facteurs, dont le premier sera* m, *les autres diminueront successivement d'une unité.*

Ainsi le nombre des arrangements de 8 objets 5 à 5 sera :

$$A_5^8 = 8 \times 7 \times 6 \times 5 \times 4 = 6720,$$

En général :

$$A_n^m = m(m-1)(m-2)(m-3)\dots m-(n-1).$$

Calcul du nombre des permutations.

286. Si l'on veut obtenir le nombre des permutations, il faut calculer celui des arrangements des m lettres m à m (n° 283).

En appelant P_m ce nombre des permutations, on aura :

$$P_m = A_n^m = m(m-1)(m-2)(m-3)\ldots 3.2.1.,$$

ou bien, en écrivant les facteurs dans l'ordre inverse,

$$P_m = 1.2.3.4.5\ldots m.$$

Ainsi le nombre des permutations qu'on peut faire avec cinq lettres est :

$$P_5 = 1.2.3.4.5 = 120.$$

Calcul du nombre des combinaisons.

287. La formule qui donne le nombre des combinaisons de m objets n à n se déduit de la formule des arrangements et de celle des permutations.

Représentons par C_n^m le nombre supposé connu, des combinaisons de m objets n à n. En permutant les n objets qui entrent dans chacune de ces combinaisons, on aurait tous les arrangements de m objets n à n; aucun arrangement ne sera omis, puisque nous formons successivement tous ceux qu'une même combinaison peut fournir; de plus, aucun arrangement ne sera répété, car chacune des combinaisons contient au moins un objet qui ne se trouve pas dans les autres.

Or, chaque combinaison renfermant n objets fournira entre ces n objets un nombre de permutations représenté par P_n. Donc le nombre des arrangements des m objets n à n s'obtiendra en faisant le produit des combinaisons n à n des m objets, par les permutations de n objets.

Ainsi

$$A_n^m = C_n^m \times P_n;$$

d'où

$$C_n^m = \frac{A_n^m}{P_n} = \frac{m(m-1)(m-2)(m-3)\ldots[m-(n-1)]}{1.2.3.4.5.6\ldots n}.$$

288. *Le nombre des combinaisons de* m *objets* n *à* n *est le même que celui des combinaisons des* m *objets pris* m $-$ n *à* m $-$ n.

En effet, supposons les m objets réunis dans un même lieu; chaque fois que l'on en prendra n, on aura une combinaison n à n entre les m objets; mais chaque fois aussi les $m-n$ objets restant formeront eux-mêmes une combinaison.

Donc, s'il y a C_n^m combinaisons des m objets n à n, il y aura un nombre égal de combinaisons des m objets pris $m-n$ à $m-n$.

Formule du binôme.

289. Nous avons vu (n° 23) que, pour faire le produit d'un polynôme par un polynôme, on multiplie tous les termes du multiplicande par chacun des termes du multiplicateur.

D'après cela, le produit d'un polynôme par un polynôme se composera des produits deux à deux, des termes du multiplicande et du multiplicateur; c'est-à-dire que *dans chaque terme du produit entrera un terme du premier facteur et un terme du second.*

Si l'on multiplie ce produit par un troisième polynôme, on obtiendra pour résultat un polynôme dont les termes seront encore les produits deux à deux des termes du premier produit et du troisième polynôme : ce seront, par suite, les produits trois à trois des termes des trois polynômes, et *dans chaque terme entrera un terme du premier facteur, un du second et un du troisième.*

En multipliant ce résultat par un quatrième polynôme, on obtiendrait un produit dont les termes seraient les produits quatre à quatre des termes des quatre polynômes.

En général, si on a n polynômes à multiplier entre eux, les termes du produit seront les produits n à n des termes des n polynômes; *et dans chaque terme du produit il entrera un terme du premier facteur, un du second, un du troisième....., un du $n^{ème}$.*

290. Soit maintenant à effectuer le produit de m facteurs binômes.

$$(x+a)(x+b)(x+c)(x+d).....x+l.$$

Ce produit, que nous supposons ordonné par rapport aux puissances décroissantes de x, sera la somme des produits obtenus en prenant m à m les termes des m binômes; c'est-à-dire que chaque terme du produit contiendra un terme de chacun des m facteurs.

On aura le premier terme du produit, en prenant le premier terme de chacun des m facteurs binômes, ce qui donnera :

$$x.x.x.x..... \quad \text{ou} \quad x^m.$$

En prenant le second terme a dans le premier facteur et le premier dans les $m-1$ facteurs qui restent, on aura ax^{m-1}.

En prenant le second terme b dans le second facteur et le premier dans tous les autres, on aura bx^{m-1}.

En prenant le second terme c dans le troisième facteur et le premier dans tous les autres, on aura cx^{m-1}.

Et ainsi de suite.

Le second terme du produit sera du degré $m-1$ par rapport à x, et aura pour expression :

$$(a+b+c+d.....+l)x^{m-1}.$$

Si l'on représente par S_1 la somme des m termes contenus dans la parenthèse, on a : $S_1 x^{m-1}$.

En prenant le second terme dans deux facteurs quelconques et le premier dans les $m-2$ qui restent, on aura des produits tels que :

$$ab x^{m-1}, \quad ac x^{m-2}, \quad ad x^{m-2}, \quad ae x^{m-2}, \quad af x^{m-2}.....$$
$$bc x^{m-2}, \quad bd x^{m-2}, \quad be x^{m-2}, \quad bf x^{m-2}.....$$
$$cd x^{m-2}, \quad ce x^{m-2}, \quad cf x^{m-2}.....$$

La somme de tous ces termes du degré $m-2$ par rapport à x, formant le second terme du produit, aura pour expression :

$$(ab+ac+ad.....+bc+bd+be.....+cd+ce+cf.....)x^{m-2}.$$

On voit que le coefficient de x^{m-2} est la somme des combinaisons deux à deux des m termes a, b, $c...$, l.

Si l'on désigne par S_2 la somme de ces combinaisons, le troisième terme du produit sera : $S_2 x^{m-2}$.

En prenant le second terme dans trois facteurs quelconques et le premier dans les $m-3$ qui restent, on aura des produits tels que :

$$\begin{array}{lll}
abc\,x^{m-3}, & abd\,x^{m-3}, & abe\,x^{m-3}..... \\
acd\,x^{m-3}, & ace\,x^{m-3}, & acf\,x^{m-3}..... \\
. \quad . \quad . & . \quad . \quad . & . \quad . \quad . \\
bcd\,x^{m-3}, & bce\,x^{m-3}, & bcf\,x^{m-3}..... \\
bde\,x^{m-3}, & bdf\,x^{m-3}, & bdg\,x^{m-3}..... \\
. \quad . \quad . & . \quad . \quad . & . \quad . \quad . \\
cde\,x^{m-3}, & cdf\,x^{m-3}, & cdg\,x^{m-3}..... \\
. \quad . \quad . & . \quad . \quad . & . \quad . \quad .
\end{array}$$

La somme de tous ces termes du degré $m-3$ en x, formant le quatrième terme du produit, aura pour expression :

$$(abc+abd.....+acd+ace.....+bcd+bce.....)x^{m-3}.$$

On voit que le coefficient de x^{m-3} est la somme des combinaisons trois à trois des m termes a, b, $c.....$, l.

Si l'on désigne par S_3 la somme de ces combinaisons, le quatrième terme du produit sera $S_3 x^{m-3}$.

291. En général, si l'on prend le second terme dans n quelconques des facteurs et le premier dans les $m-n$ qui restent, on formera le terme $n+1^{\text{ème}}$ du produit ; ce terme sera du degré $m-1$ en x et aura pour coefficient la somme des combinaisons n à n des m termes a, b, $c.....$, l.

Si l'on désigne par S_n la somme de ces combinaisons, le $n+1^{\text{ème}}$ terme du produit sera $S_n x^{m-n}$.

En prenant le premier terme dans un des facteurs et le second dans les $m-1$ qui restent, on aura des produits tels que :

$$(b\times c\times d.....l)x, \quad (a\times c\times d.....l)x, \quad (a\times b\times d.....l)x.....$$

La somme de tous ces termes du degré 1 en x, formant le $m^{\text{ème}}$ terme, ou l'avant-dernier du produit, aura pour expression :

$$(b\times c\times d.....+a\times c\times d.....+a\times b\times d....)x.$$

On voit que le coefficient de x est la somme des combinaisons $m-1$ à $m-1$ des m termes a, b, $c.....$, l.

Si l'on désigne par S_{m-1} la somme de ces combinaisons, le $m^{\text{ème}}$ terme du produit sera $S_{m-1}x$.

Enfin, on aura le dernier terme du produit en prenant le dernier terme de chacun des m facteurs, ce qui donnera : $abcd.....m$.

Ce terme du degré zéro en x se représente par S_m.

Le produit de m facteurs binômes se développe donc comme il suit :

$$x^m + S_1 x^{m-1} + S_2 x^{m-2}..... S_n x^{m-n}..... S_{m-1}x + S_m. \qquad (1)$$

Le terme général, c'est-à-dire le $n+1^{\text{ème}}$ du développement, est :

$$S_n x^{m-n}.$$

292. Supposons maintenant que les seconds termes des m facteurs binômes soient les mêmes dans tous ces facteurs.

Le produit $(x+a)(x+b)(x+c).....(x+l)$ sera $(x+a)^m$.

Cherchons ce que deviendra le développement oi-dessus, si

$$a = b = c = d..... = l.$$

La somme S_1 dont la valeur est $a+b+c..... +l$ deviendra ma.

S_2 exprimera toujours la somme des combinaisons deux à deux de m quantités; il y aura $\dfrac{m(m-1)}{1.2}$ combinaisons, et chacune d'elles valant a^2, S_2 vaudra :

$$\frac{m(m-1)}{1.2} a^2.$$

S_3 exprimera la somme des combinaisons trois à trois de m quantités; il y aura $\dfrac{m(m-1)(m-2)}{1.2.3}$ combinaisons, et chacune d'elles valant a^3, S_3 vaudra :

$$\frac{m(m-1)(m-2)}{1.2.3} a^3.$$

293. En général, S_n exprimant la somme des combinaisons n à n de m quantités; il y aura $\dfrac{m(m-1)(m-2).....[m-(n-1)]}{1.2.3.4.....n}$ combinaisons, et chacune d'elles valant a^n, S_n vaudra :

$$\frac{m(m-1)(m-2).....[m-n(n-1)]}{1.2.3.4.....n} a^n.$$

S_{m-1} exprimant la somme des combinaisons $m-1$ à $m-1$ de m quantités, il y aura m combinaisons (n° 288), et chacune d'elles valant a^{m-1}, S_{m-1} vaudra

$$\frac{m}{1} a^{m-1}.$$

S_m exprimant le produit $abcd.....l$, deviendra a^m.

On aura donc :

$$(x+a)^m = x^m + \frac{m}{1}ax^{m-1} + \frac{m(m-1)}{1.2}a^2x^{m-2} + \frac{m(m-1)(m-2)}{1.2.3}a^3x^{m-3}\ldots$$

$$\ldots\frac{m(m-1)(m-2)(m-3)\ldots[m-(n-1)]}{1.2.3.4\ldots n}a^n x^{m-n}\ldots\frac{m}{1}a^{m-1}x + a^m.$$

294. Telle est la formule découverte par Newton et qui est connue sous le nom de *formule du binôme*; elle permet d'écrire immédiatement une puissance quelconque d'un binôme donné sans passer par les puissances inférieures.

Cette formule contient $m+1$ termes, m étant l'indice de la puissance à obtenir; son terme général est le $n+1^{\text{ème}}$ du développement; il a pour expression (n° 293) :

$$\frac{m(m-1)(m-2)(m-3)\ldots[m-(n-1)]a^n x^{m-n}}{1.2.3.4\ldots n}.$$

295. REMARQUES. I. Les termes extrêmes x^m et a^m du développement ont le même exposant; c'est l'indice de la puissance du binôme. Dans les autres termes, les exposants de x diminuent graduellement d'une unité, tandis que ceux de a augmentent, de sorte que la somme des exposants de x et de a dans un même terme est toujours m. Nous avons déjà reconnu cette loi n° 281.

296. II. Les coefficients des termes également distants des extrêmes sont égaux; car le terme qui a n termes avant lui a pour coefficient S_n ou C_n^m, et le terme qui a n termes après lui, c'est-à-dire $m-n$ avant lui, a pour coefficient S_{m-n} ou C_{m-n}^m.

Or (n° 288) $C_n^m = C_{m-n}^m$. Donc...

Il résulte de cette remarque que lorsque l'on a trouvé les coefficients de la moitié des termes du développement, on peut se dispenser de calculer les autres.

297. III. Pour obtenir un coefficient d'un terme quelconque, il faut multiplier l'exposant de x dans le terme qui précède par le coefficient de ce terme et diviser le produit par le rang qu'occupe ce même terme.

En effet, le terme général étant

$$\frac{m(m-1)(m-2)(m-3)\ldots[m-(n-2)][m-(n-1)]a^n x^{m-n}}{1.2.3.4\ldots(n-1)n},$$

le terme qui précède sera :

$$\frac{m(m-1)(m-2)(m-3)\ldots[m-(n-2)]a^{n-1}x^{m-(n-1)}}{1.2.3.4\ldots(n-1)}.$$

D'où l'on voit que le coefficient du terme général égale le coefficient du terme qui précède, multiplié par $\dfrac{m-(n-1)}{n}$. Donc...

D'après cela, le binôme $(x+a)^6$ aura pour développement :
$$(x+a)^6 = x^6 + 6ax^5 + 15a^2x^4 + 20a^3x^3 + 15a^4x^2 + 6a^5x + a^6.$$

Le coefficient d'un terme quelconque, le quatrième, par exemple, a été obtenu en multipliant 4, exposant de x, par 15, coefficient de a dans le troisième terme, et ce produit a été divisé par 3.

298. Si le binôme dont on cherche le développement est une différence, on se rappellera que les puissances paires d'un nombre négatif sont positives, et les puissances impaires sont négatives.

Le développement $(x-a)^5$ sera :
$$(x-a)^5 = x^5 - 5ax^4 + 10a^2x^3 - 10a^3x^2 + 5a^4x - a^5.$$

On voit que les termes de rang impair sont seuls positifs, les termes de rang pair sont négatifs, parce que $-a$ y entre à une puissance impaire.

299. Si dans l'expression $(x+a)^m$ on fait $x=1$ et $a=1$, le développement se réduit aux coefficients des termes, et on a :
$$(1+1)^m = 2^m = 1 + \frac{m}{1} + \frac{m(m-1)}{1.2} + \frac{m(m-1)(m-2)}{1.2.3} \dots \frac{m}{1} + 1.$$

Ainsi la somme des coefficients des termes du développement de la puissance $m^{ème}$ d'un binôme est 2^m.

300. Retranchons des deux membres le premier coefficient 1 qui ne désigne pas une combinaison, il vient :
$$2^m - 1 = C_1^m + C_2^m + C_3^m \dots C_n^m \dots C_{m-1}^m + C_m^m.$$

Ainsi la somme de toutes les combinaisons qu'on peut faire avec m objets en les prenant un à un, deux à deux, trois à trois... m à m, est égale à $2^m - 1$.

Enfin, si dans le binôme $(x-a)^m$ on fait $a=1$ et $x=1$, le développement se réduit à des coefficients alternativement positifs et négatifs (n° 298), et leur somme algébrique est $(1-1)^m$ ou zéro.

Triangle de Pascal.

301. On peut trouver immédiatement les coefficients des puissances successives d'un binôme en consultant le tableau suivant, appelé *triangle arithmétique* ou de Pascal.

1	1										
1	2	1									
1	3	3	1								
1	4	6	4	1							
1	5	10	10	5	1						
1	6	15	20	15	6	1					
1	7	21	35	35	21	7	1				
1	8	28	56	70	56	28	8	1			
1	9	36	84	126	126	84	36	9	1		
1	10	45	120	210	252	210	120	45	10	1	
1	11	55	165	330	462	462	330	165	55	11	1

La première colonne horizontale renferme les coefficients de la première puissance du binôme.

La deuxième, les coefficients de la deuxième puissance.

La troisième, les coefficients de la troisième puissance.

La $n^{ème}$, les coefficients de la $n^{ème}$ puissance.

302. Pour former ce tableau, on écrit un certain nombre de fois l'unité sur une même colonne verticale.

On obtient une deuxième colonne en écrivant la suite des nombres naturels 1.2.3.4.....

Pour former la troisième colonne, on écrit l'unité en regard du nombre 2, puis on ajoute chacun des nombres de la deuxième colonne au nombre qui est à la même hauteur dans la colonne suivante, et on dit :

$$2 + 1 = 3, \quad \text{qu'on écrit au-dessous de} \quad 1$$
$$3 + 3 = 6, \quad \text{«} \quad \text{«} \quad 3$$
$$4 + 6 = 10, \quad \text{«} \quad \text{«} \quad 6$$
$$5 + 10 = 15, \quad \text{«} \quad \text{«} \quad 10$$

. . . .

Pour former les autres colonnes, on procède de la même manière : ainsi, pour la quatrième on écrit 1 en regard du 3, et on dit :

$$3 + 1 = 4, \quad \text{qu'on écrit au-dessous de} \quad 1$$
$$6 + 4 = 10, \quad \text{«} \quad \text{«} \quad 4$$
$$10 + 10 = 20, \quad \text{«} \quad \text{«} \quad 10$$
$$15 + 20 = 35, \quad \text{«} \quad \text{«} \quad 20$$

. . . .

§ IV. — Sommation des piles de boulets.

303. Proposons-nous d'abord de calculer la somme des carrés des n premiers nombres entiers.

On a :

$$1^3 = \ldots\ldots\ldots\ldots\ 1$$
$$2^3 = (1+1)^3 = 1^3 + 3.1^2 + 3.1 + 1$$
$$3^3 = (2+1)^3 = 2^3 + 3.2^2 + 3.2 + 1$$
$$4^3 = (3+1)^3 = 3^3 + 3.3^2 + 3.3 + 1$$
$$5^3 = (4+1)^3 = 4^3 + 3.4^2 + 3.4 + 1.$$

. . . .

$$(n+1)^3 = (n+1)^3 = n^3 + 3n^2 + 3n + 1.$$

Ajoutons membre à membre ces égalités, les cubes intermédiaires se détruisent, et on a :

$$(n+1)^3 - 1 = 3(1 + 2^2 + 3^2 + 4^2 \ldots n^2) + 3(1 + 2 + 3 \ldots n) + n.$$

Appelons S_n^2 la somme $1+2^2+3^2+4^2\ldots$ des carrés, et remplaçons $1+2+3+4\ldots+n$ par sa valeur $\dfrac{(n+1)n}{2}$.

$$(n+1)^3-1=3S_n^2+\frac{3n}{2}(n+1)+n,$$

$$n^3+3n^2+3n+1-1-\frac{3n^2}{2}-\frac{3n}{2}-n=3S_2,$$

d'où $\quad S_n^2=\dfrac{2n^3+3n^2+n}{6}=\dfrac{n(2n^2+3n+1)}{6}=\dfrac{n(n+1)(2n+1)}{6}.$

304. REMARQUES. I. Si l'on divise par n^3 la formule

$$S_n^2=\frac{2n^3+3n^2+n}{6},$$

on trouve :

$$\frac{S_n^2}{n^3}=\frac{2n^3}{6n^3}+\frac{3n^2}{6n^3}+\frac{n}{6n^3},$$

$$\frac{S_n^2}{n^3}=\frac{1}{3}+\frac{1}{2n}+\frac{1}{6n^2}.$$

Si n croît indéfiniment de manière à dépasser toute grandeur donnée, les termes $\dfrac{1}{2n}$ et $\dfrac{1}{6n^2}$ tendent vers zéro, et la formule

$$\frac{2n^3}{6n^3}+\frac{3n^2}{6n^3}+\frac{n}{6n^3}\quad\text{ou}\quad\frac{1+2^2+3^2+4^2\ldots n^2}{n^3}\quad\text{ou}\quad\frac{S_n^2}{n^3},$$

a pour limite $\dfrac{1}{3}$.

II. Puisque la somme des carrés des n premiers nombres est

$$\frac{2n^3+3n^2+n}{6},$$

on aura la somme des carrés des $n-1$ premiers nombres, en retranchant de cette formule n^2 carré du $n^{\text{ème}}$ nombre.

$$\frac{2n^3}{6}+\frac{3n^2}{6}+\frac{n}{6}-n^2,$$

ou

$$\frac{2n^3}{6}-\frac{3n^2}{6}+\frac{n}{6}.$$

Si l'on divise les trois termes par n^3, la limite sera encore $\dfrac{1}{3}$, lorsque n croîtra indéfiniment.

Pile carrée.

305. Considérons maintenant un pile carrée de boulets; cette pile aura à sa base un carré ayant, par exemple, cinq boulets de côté; ce

carré sera surmonté d'un autre carré ayant quatre boulets de côté ; ce troisième carré sera surmonté lui-même d'un autre ayant trois boulets de côté, et ainsi de suite, de sorte que l'avant-dernière tranche sera formée par un carré ayant deux boulets de côté, et la pile se terminera par un seul boulet.

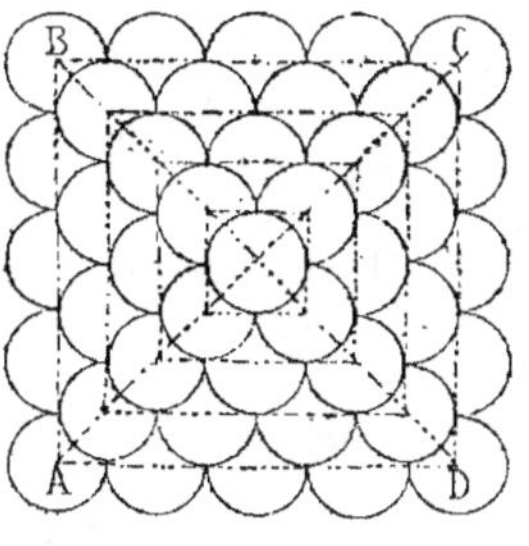

La somme des boulets d'une pile carrée ayant n boulets de côté sera donc la somme $1 + 2^2 + 3^2 + 4^2 \ldots n^2$ des carrés des n premiers nombres, et nous avons vu n° 303 que cette somme est

$$\frac{n(n+1)(2n+1)}{6}. \tag{1}$$

Pile rectangulaire.

306. Une pile rectangulaire est formée de la manière suivante.

La base est un rectangle de m boulets sur n, m étant plus grand que n ; sur ce rectangle est placé un autre rectangle ayant $m-1$ boulets sur $n-1$; sur ce dernier rectangle est placé un troisième rectangle ayant $m-2$ boulets sur $n-2$, et ainsi de suite ; le sommet de la pile est formé par une ligne de $m-(n-1)$ boulets.

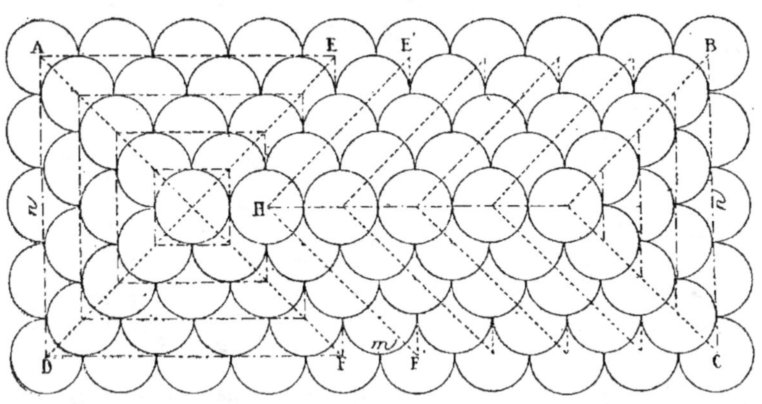

(Mettre au crayon un I au sommet du triangle qui a pour base BC.)

Une telle pile peut être décomposée en une pile carrée ADFE ayant n boulets de côté et une pile E'BICF'H formée de $m-n$ tranches obliques telles que BIC, ayant elles-mêmes chacune $1+2+3 \ldots +n$ boulets.

La pile carrée ayant n boulets de côté renferme un nombre de boulets marqué par

$$\frac{n(n+1)(2n+1)}{6}.$$

Une tranche oblique BIC de la pile E'BICF'H contient

$$1+2+3+4+\ldots n \quad \text{ou} \quad \frac{(n+1)n}{2} \text{ boulets};$$

les $m-n$ tranches en contiendront

$$\frac{(m-n)(n+1)n}{2}:$$

la somme totale des boulets sera donc

$$\frac{n(n+1)(2n+1)}{6} + \frac{(m-n)(n+1)n}{2},$$

$$n(n+1)\left(\frac{2n+1}{6} + \frac{m-n}{2}\right),$$

$$\frac{n(n+1)(3m-n+1)}{6}. \qquad\qquad (2)$$

Pile triangulaire.

307. Une pile triangulaire se compose de boulets arrangés en forme de triangles équilatéraux superposés. Si le triangle inférieur à n boulets de côté, celui qui le précède en a $n-1$, l'autre $n-2$, et ainsi de suite, de telle sorte que la pile se termine par un seul boulet.

La sommation de la pile triangulaire se déduit de celle de la pile carrée.

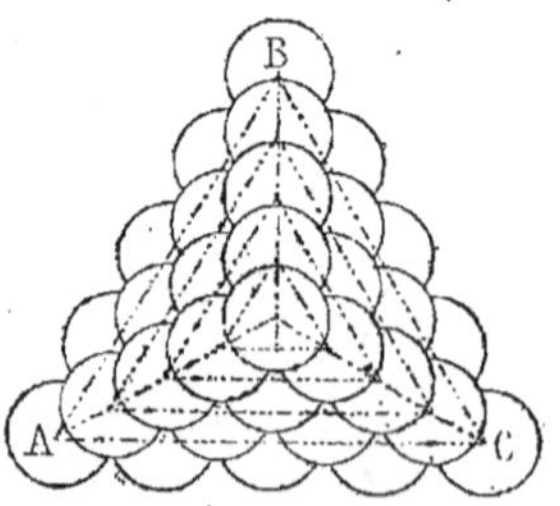
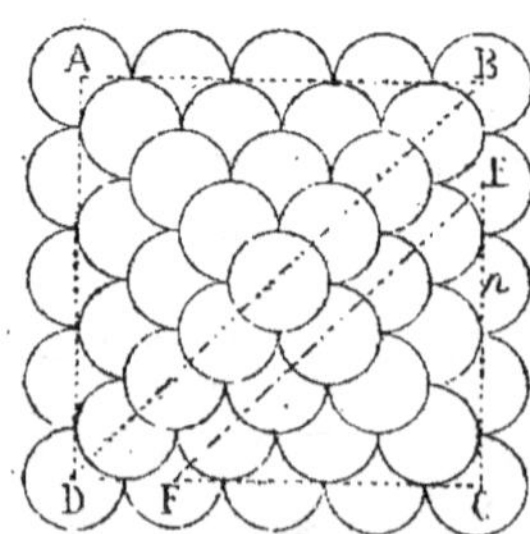

Une pile carrée ABCD se décompose en deux piles triangulaires ABD et CEF, l'une ayant n boulets de côté, et l'autre $n-1$.

Cette dernière pile aura donc, de moins que la première, un triangle équilatéral de n boulets de côté, soit $1+2+3\ldots\ldots+n$, ou $\frac{(n+1)n}{2}$ boulets.

Si nous ajoutons ce nombre de boulets à la pile carrée, cette dernière équivaudra à deux piles triangulaires de n boulets de côté.

En appelant S la somme des boulets d'une pile triangulaire, on aura :

$$2S = \frac{n(n+1)(2n+1)}{6} + \frac{n(n+1)}{2} = \frac{n(n+1)(2n+4)}{6}.$$

d'où
$$S = \frac{n(n+1)(n+2)}{6}. \tag{3}$$

APPLICATIONS. *1° Trouver le nombre de boulets d'une pile triangulaire de 40 boulets de côté.*

La formule (3) donne en remplaçant n par 40

$$\frac{40 \times 41 \times 42}{6} = 11\,480.$$

2° Combien une pile carrée renferme-t-elle de boulets, sachant que chaque côté en a 20.

La formule (1) donne en remplaçant n par 20 :

$$\frac{20 \times 21 \times 41}{6} = 2870.$$

3° Trouver le nombre de boulets que contient une pile rectangulaire, sachant que la base a 25 boulets sur 20.

La formule (2) donne en remplaçant m par 25 et n par 20

$$\frac{20 \times 21 \times 56}{6} = 3920.$$

§ V. — Des logarithmes considérés comme exposants.

308. On peut donner des logarithmes une définition autre que celle du n° 207. Ainsi, *le logarithme d'un nombre est l'exposant de la puissance à laquelle il faut élever un nombre positif constant, appelé base, pour reproduire le nombre proposé.*

309. Il est facile de montrer que cette manière d'envisager les logarithmes ne diffère pas essentiellement de celle qui a été exposée n° 207.

En effet, les progressions

$$\div 1 : 10 : 100 : 1\,000 : 10\,000 : 100\,000 : 1\,000\,000\ldots$$
$$\div 0\,.\,1\,.\,2\,.\,3\,.\,4\,.\,5\,.\,6\ldots$$

peuvent se mettre sous la forme

$$\div 10^0 : 10^1 : 10^2 : 10^3 : 10^4 : 10^5 : 10^6$$
$$\div 0\,.\,1\,.\,2\,.\,3\,.\,4\,.\,5\,.\,6$$

et l'on voit que les nombres qui donnent les logarithmes des termes de la progression géométrique sont les mêmes qui servent d'exposants à ces termes.

310. Si l'on voulait avoir les logarithmes de tous les nombres, il faudrait insérer entre les termes de ces progressions un très-grand nombre de moyens géométriques et un même nombre de moyens arithmétiques.

Soit $m-1$ le nombre de moyens à insérer. La raison de la nouvelle progression géométrique sera (n° 203).

$$\sqrt[m]{10} \quad \text{ou} \quad 10^{\frac{1}{m}}.$$

La raison de la nouvelle progression arithmétique sera (n° 192) $\dfrac{1}{m}$.

Alors, si m est suffisamment grand, les progressions croîtront par degrés insensibles, de telle sorte que deux termes consécutifs différeront l'un de l'autre d'aussi peu qu'on voudra (n°s 210 et 211).

Posons $\dfrac{1}{m}=\alpha$; les nouvelles progressions peuvent s'écrire :

$$\div 10^0 : 10^\alpha : 10^{2\alpha} : 10^{3\alpha} \dots 10^1 : 10^{1+\alpha} : 10^{1+2\alpha} \dots 10^2 : 10^{2+\alpha} \dots$$
$$\div 0 \;.\; \alpha \;.\; 2\alpha \;.\; 3\alpha \;\dots\; 1 \;.\; 1+\alpha \;.\; 1+2\alpha \dots 2 \;.\; 2+\alpha \dots$$

Et l'on voit encore que les logarithmes des nombres sont égaux aux exposants des puissances de 10 qui doivent reproduire ces nombres.

Ainsi, dire que $0{,}602\,06$ est le logarithme de 4, c'est dire qu'en élevant le nombre 10, base du système, à une puissance marquée par $\dfrac{60\,206}{100\,000}$, on reproduit 4; ou bien que $4=10^{\frac{60\,206}{100\,000}}$.

En général, soient n un nombre et x son logarithme dans le système dont la base est b, on aura :

$$n=b^x.$$

En considérant les logarithmes sous ce point de vue, les propriétés établies n° 214... subsistent et se démontrent directement.

311. 1re PROPRIÉTÉ. *Le logarithme d'un produit égale la somme des logarithmes des facteurs de ce produit.*

Soient y et y' deux nombres ayant respectivement pour logarithmes x et x' dans un système dont la base est a, on aura :

$$y = a^x \tag{1}$$
$$y' = a^{x'} \tag{2}$$

d'où, en multipliant membre à membre,

$$yy' = a^{x+x'}.$$

$x + x'$ est le logarithme de yy'. Donc...

2ᶜ **Propriété.** *Le logarithme d'un quotient égale le logarithme du dividende moins le logarithme du diviseur.*

Divisant membre à membre les égalités (1) et (2), on a :

$$\frac{y}{y'} = a^{x-x'}.$$

$x - x'$ est le logarithme de $\frac{y}{y'}$. Donc...

3ᵉ **Propriété.** *Le logarithme d'une puissance d'un nombre égale le logarithme de ce nombre multiplié par l'indice de la puissance.*

Soit
$$y = a^x ;$$
élevons à la puissance m les deux membres de l'égalité

$$y^m = a^{mx}.$$

mx est le logarithme de y^m. Donc...

4ᵉ **Propriété.** *Le logarithme d'une racine d'un nombre égale le logarithme de ce nombre divisé par l'indice de la racine.*

Soit
$$y = a^x .$$
Extrayons la racine $m^{\text{ème}}$ des deux membres de l'égalité

$$\sqrt[m]{y} = a^{\frac{x}{m}}.$$

$\frac{x}{m}$ est le logarithme de $\sqrt[m]{y}$. Donc...

312. **Remarque.** Lorsque plusieurs nombres sont en progression géométrique, les logarithmes de ces nombres sont en progression arithmétique.

Soit la progression

$$\div a : aq : aq^2 : aq^3 : aq^4 \ldots\ldots aq^n .$$

Les logarithmes des termes qui la composent seront respectivement :

$$\log. a, \quad \log. a + \log. q, \quad \log. a + 2\log. q, \quad \log. a + 3\log. q \ldots$$

et l'on voit que ces logarithmes forment une progression arithmétique dont la raison est $\log. q$.

Cette remarque, qui a frappé Néper, a été le point de départ de la théorie des logarithmes. C'est elle qui a servi de base à la définition que nous avons donnée (nᵒ 207).

313. Étant donné le logarithme x d'un nombre n dans le système dont la base est a, on peut obtenir son logarithme x' dans le système dont la base est a'.

On a
$$a^x = n \quad \text{et} \quad a'^{x'} = n,$$
d'où
$$a^x = a'^{x'}.$$

Prenons les logarithmes des deux membres dans le système dont la base est a, il vient, en remarquant que $\log. a = 1$.
$$x \text{ fois } 1 = x' \log. a',$$
d'où
$$x' = \frac{1}{\log. a'} \times x.$$

Ainsi, pour passer d'un système de logarithme à un autre, il faut multiplier les logarithmes des nombres dans le premier système par l'inverse du logarithme de la base du second système pris dans le premier.

314. On appelle *module* d'un système de logarithme le nombre constant par lequel il faut multiplier les logarithmes népériens pour obtenir les logarithmes dans ledit système.

D'après ce qui a été dit au numéro précédent, le module M d'un système dont la base est a sera
$$M = \frac{1}{La},$$

L désignant les logarithmes népériens.

Si la base a est 10, comme dans les logarithmes vulgaires,
$$M = \frac{1}{L10} = \frac{1}{2.3025851} = 0,434294482...$$

Ainsi, connaissant un logarithme népérien, on aura le logarithme vulgaire correspondant en multipliant le logarithme népérien par 0,434294482.

Le logarithme népérien de 15 étant 2,7080502, son logarithme vulgaire sera :
$$\log. 15 = 2,7080502 \times 0,434294482 = 1,17609126...$$

Si l'on voulait passer des logarithmes vulgaires aux logarithmes népériens, on aurait pour *module relatif* M'.
$$M' = \frac{1}{\log. e} = \frac{1}{\log. 2,7182818} = \frac{1}{0,434294482} = 2,3025851...$$

Le logarithme vulgaire de 2 étant 0,30103, son logarithme népérien sera :
$$L2 = 0,30103 \times 2,3025851 = 0,69314718...$$

EXERCICES SUR L'APPENDICE

1. Construire la courbe représentée par l'équation
$$x^2 + y^2 = R^2, \quad \text{si} \quad r = 3.$$

2. Construire la courbe représentée par l'équation
$$\frac{x^2}{a^2} + \frac{y^2}{b^2} = 1, \quad \text{si} \quad a = 6 \quad \text{et} \quad b = 4.$$

3. Construire la courbe représentée par l'équation
$$\frac{x^2}{a^2} - \frac{y^2}{b^2} = 1, \quad \text{si} \quad a = 6 \quad \text{et} \quad b = 4.$$

4. Construire la courbe représentée par l'équation
$$x^2 - y^2 = a^3, \quad \text{si} \quad a = 4.$$

5. Construire la courbe représentée par l'équation
$$y^2 = 2px, \quad \text{si} \quad p = 2.$$

Écrire immédiatement le carré des polynômes suivants :

6. $\quad a + b - c.$ 7. $\quad a - b + c - d.$

8. $\quad a + b + c - d + 1.$ 9. $\quad a - 2b + 3c - 4d.$

10. $\quad 4a - 3b + 2c - d - 1.$ 11. $\quad a^2 + b^2 - c^2.$

12. $\quad a^2 - 2b^2 + 3c^2 - 4d^2.$ 13. $\quad -a + b^2 - c^2 + 1.$

14. Faire le carré de $\quad a - b + c - d \quad$ et de $\quad b - a + d - c, \quad$ et comparer les résultats.

Extraire la racine carrée des polynômes suivants :

15. $\quad a^4 + 9c^2 + 4b^4 - 6a^2c + 4a^2b^2 - 12b^2c.$

16. $\quad 4a^4b^4 + 16a^6b^2 + 36a^8 - 16a^5b^3 - 24a^6b^2 + 48a^7b.$

17. $\quad 9x^4 + 36a^2x^2 + a^4 - 36ax^3 + 6a^2x^2 - 12ax^3.$

18. $\quad 144a^4 - 144a^3b + 36a^2b^2 + 24a^2 + 1 - 12ab.$

19. $\quad a^2 + 4b^2 + 9c^2 + 16 - 4ab - 6ac - 8a + 12bc + 16b + 24c.$

Écrire immédiatement le développement des binômes suivants :

20. $\quad (a + b)^5.$ 21. $\quad (a - b)^7.$

22. $\quad (a - 1)^4.$ 23. $\quad (x + 1)^9.$

24. $\quad (2a + 4b)^3.$ 25. $\quad (4a - 1)^6.$

26. Trouver le nombre de boulets que contient une pile triangulaire complète ayant 150 boulets de côté.

27. Trouver le nombre de boulets que contient une pile triangulaire tronquée renfermant 50 tranches, sachant qu'à sa base elle a 100 boulets de côté.

28. Calculer le nombre de boulets que contient une pile carrée complète ayant 100 boulets de côté.

29. Calculer le nombre de boulets que contient une pile carrée tronquée renfermant 40 tranches, sachant qu'à sa base elle a 70 boulets de côté.

30. Trouver le nombre de boulets que contient une pile rectangulaire complète ayant à sa base 100 boulets de côté sur 30.

31. Trouver le nombre de boulets que contient une pile rectangulaire tronquée renfermant 25 tranches, sachant que sa base a 60 boulets sur 40.

FIN

TABLEAU [1]

DES ANNUITÉS A PAYER POUR PRODUIRE UN CAPITAL DÉFINITIF DE 100 FR.
AU BOUT DE 20 ANS, 21 ANS, 22 ANS.... ET AINSI DE SUITE JUSQU'A
50 ANS, AU TAUX DE $4\ 1/4$ P. $^0/_0$, LES INTÉRÊTS SE CAPITALISANT
CHAQUE SEMESTRE.

Nombre d'années	Annuités	Nombre d'années	Annuités
20	3,222 374	36	1,198 960
21	2,996 114	37	1,136 382
22	2,791 676	38	1,077 716
23	2,606 206	39	1,022 652
24	2,437 322	40	0,970 916
25	2,283 028	41	0,922 254
26	2,141 628	42	0,876 440
27	2,011 682	43	0,833 270
28	1,891 956	44	0,792 554
29	1,781 382	45	0,754 124
30	1,679 036	46	0,717 820
31	1,584 116	47	0,683 504
32	1,495 916	48	0,651 044
33	1,413 816	49	0,620 320
34	1,337 270	50	0,591 220
35	1,265 796		

[1] Ce tableau est extrait du Dictionnaire des Mathématiques appliquées,
par M. H. Sonnet.

TABLE

DE LA MORTALITÉ EN FRANCE, D'APRÈS DÉPARCIEUX

Ages	Vivants	Ages	Vivants	Ages	Vivants	Ages	Vivants
0	1286	24	782	48	599	72	271
1	1071	25	774	49	590	73	251
2	1006	26	766	50	581	74	231
3	970	27	758	51	571	75	211
4	947	28	750	52	560	76	192
5	930	29	742	53	549	77	173
6	917	30	734	54	538	78	154
7	906	31	726	55	526	79	136
8	896	32	718	56	514	80	118
9	887	33	710	57	502	81	101
10	879	34	702	58	489	82	85
11	872	35	694	59	476	83	71
12	866	36	686	60	463	84	59
13	860	37	678	61	450	85	48
14	854	38	671	62	437	86	38
15	848	39	664	63	423	87	29
16	842	40	657	64	409	88	22
17	835	41	650	65	395	89	16
18	828	42	643	66	380	90	11
19	821	43	636	67	364	91	7
20	814	44	629	68	347	92	4
21	806	45	622	69	329	93	2
22	798	46	615	70	310	94	1
23	790	47	607	71	291	95	0

TABLE

DE LA MORTALITÉ EN FRANCE, D'APRÈS DUVILLARD

Ages	Vivants	Ages	Vivants	Ages	Vivants	Ages	Vivants
0	1 000 000	28	451 635	56	248 782	84	15 175
1	767 525	29	444 932	57	240 214	85	11 886
2	671 834	30	438 183	58	231 488	86	9 224
3	624 668	31	431 398	59	222 605	87	7 165
4	598 713	32	424 583	60	213 567	88	5 670
5	583 151	33	417 744	61	204 380	89	4 686
6	573 025	34	410 886	62	195 054	90	3 830
7	565 838	35	404 012	63	185 600	91	3 093
8	560 245	36	397 123	64	176 035	92	2 466
9	555 486	37	390 219	65	166 377	93	1 938
10	551 122	38	383 300	66	156 651	94	1 499
11	546 888	39	376 363	67	146 882	95	1 140
12	542 630	40	369 404	68	137 102	96	850
13	538 255	41	362 419	69	127 347	97	621
14	533 711	42	355 400	70	117 656	98	442
15	528 969	43	348 342	71	108 070	99	307
16	524 020	44	341 235	72	98 637	100	207
17	518 863	45	334 072	73	89 404	101	135
18	513 502	46	326 843	74	80 423	102	84
19	507 949	47	319 539	75	71 745	103	51
20	502 216	48	312 148	76	63 424	104	29
21	496 317	49	304 662	77	55 511	105	16
22	490 267	50	297 070	78	48 057	106	8
23	484 083	51	289 361	79	41 107	107	4
24	477 777	52	281 527	80	34 705	108	2
25	471 366	53	273 560	81	28 886	109	1
26	464 863	54	265 450	82	23 680	110	0
27	458 282	55	257 193	83	19 106	»	»

TABLEAU

DONNANT LA VALEUR ACTUELLE D'UNE RENTE VIAGÈRE DE 1 FR.

SUR LA TÊTE D'UNE PERSONNE AGÉE DE n ANNÉES

ET A 4 1/2 P. 0/0, D'APRÈS LA TABLE DE DÉPARCIEUX — *Formule* $\frac{S_n}{V_n}$

Ages.	Valeur de $\frac{S_n}{V_n}$	Ages.	Valeur de $\frac{S_n}{V_n}$	Ages.	Valeur de $\frac{S_n}{V_n}$
20	16,62397	45	13,16400	70	6,22057
21	16,54448	46	12.91294	71	5,92493
22	16,46230	47	12,67186	72	5,64775
23	16,37731	48	12,41896	73	5,37301
24	16,28938	49	12,17578	74	5,10092
25	16,19842	50	11,92080	75	4,83572
26	16,10405	51	11,67539	76	4,55339
27	16,00634	52	11,44044	77	4,28089
28	15,90505	53	11,19480	78	4,02545
29	15,80000	54	10,93775	79	3,76335
30	15,69098	55	10,69052	80	3,53261
31	15,57778	56	10,43261	81	3,31293
32	15,46014	57	10,16269	82	3,11468
33	15,33788	58	9,90234	83	2,89540
34	15,21074	59	9,63056	84	2,64409
35	15,07846	60	9,34649	85	2,39242
36	14,94074	61	9,04925	86	2,15799
37	14,79730	62	8,73778	87	1,95496
38	14,62449	63	8,43319	88	1,69296
39	14,44371	64	8,11434	89	1,43257
40	14,25449	65	7,78003	90	1,17751
41	14,05647	66	7,45106	91	0,93364
42	13,84880	67	7,12861	92	0,70740
43	13,63129	68	6,81436	93	0,47847
44	13,40322	69	6,51060		

TABLEAU

DONNANT LA VALEUR DE S_n AU TAUX DE $4\,{}^1/_2$ P. $^0/_0$

ET D'APRÈS LA TABLE DE DÉPARCIEUX

Ages.	Valeur de S_n	Ages.	Valeur de S_n	Ages.	Valeur de S_n
20	13 531,9154	45	8 188,0060	70	1 928,3780
21	13 334,8516	46	7 941,4640	71	1 724,1550
22	13 136,9200	47	7 691,8290	72	1 530,7416
23	12 938,0807	48	7 438,9000	73	1 348,6248
24	12 738,2944	49	7 183,7120	74	1 178,3129
25	12 537,5177	50	6 925,9800	75	1 020,3369
26	12 335,7062	51	6 666,6478	76	874,2521
27	12 132,8130	52	6 406,6468	77	740,5935
28	11 928,7980	53	6 145,9460	78	619,9201
29	11 723,5956	54	5 884,5129	79	511,8165
30	11 517,1824	55	5 623,3150	80	416,8481
31	11 309,4557	56	5 362,3646	81	334,6062
32	11 100,3813	57	5 101,6707	82	264,6634
33	10 889,8985	58	4 842,2459	83	205,5573
34	10 677,9440	59	4 584,1470	84	155,8241
35	10 464,4508	60	4 327,4330	85	114,8361
36	10 249,3510	61	4 072,1670	86	82,00376
37	10 032,5720	62	3 818,4140	87	56,69393
38	9 813,0380	63	3 567,2424	88	37,24515
39	9 590,6248	64	3 318,7684	89	22,92119
40	9 365,2030	65	3 073,1130	90	12,95264
41	9 136,6370	66	2 831,4031	91	6,535509
42	8 904,7846	67	2 594,8162	92	2,829606
43	8 669,5004	68	2 364,5831	93	0,9569388
44	8 430,6280	69	2 141,9885	94	0,000000

TABLEAU

DONNANT LA VALEUR ACTUELLE D'UNE RENTE VIAGÈRE DE **1** FR.

SUR LA TÊTE D'UNE PERSONNE AGÉE DE n ANNÉES

ET A **4** P. $^0/_0$, D'APRÈS LA TABLE DE DÉPARCIEUX — *Formule* $\dfrac{S_n}{V_n}$.

Ages.	Valeur de $\dfrac{S_n}{V_n}$	Ages.	Valeur de $\dfrac{S_n}{V_n}$	Ages.	Valeur de $\dfrac{S_n}{V_n}$
20	17,93805	45	13,90422	70	6,39375
21	17,84074	46	13,62497	71	6,08366
22	17,74038	47	13,35673	72	5,79394
23	17,63683	48	13,07652	73	5.50584
24	17,52995	49	12,80703	74	5,22183
25	17,41958	50	12,52564	75	4,94547
26	17,30557	51	12,25480	76	4,65226
27	17,18774	52	11,99534	77	4,36973
28	17,06592	53	11,72511	78	4,10520
29	16,93992	54	11,44344	79	3,83448
30	16,80954	55	11,17265	80	3,59618
31	16,67455	56	10,89083	81	3,36953
32	16,53475	57	10,59722	82	3,16395
33	16,38991	58	10,31410	83	2,93934
34	16,23977	59	10,01962	84	2,67866
35	16,08404	60	9,71298	85	2,42422
36	15,92246	61	9,39332	86	2,18466
37	15,75475	62	9,05967	87	1,97716
38	15,55587	63	8,73389	88	1,71051
39	15,34866	64	8,39417	89	1,44602
40	15,13268	65	8,03935	90	1,18744
41	14,90748	66	7,69096	91	0,94061
42	14,67256	67	7,35019	92	0,71191
43	14,42741	68	7,01869	93	0,48077
44	14,17147	69	6,69880	94	0,00000

TABLEAU

DONNANT LA VALEUR DE S_n AU TAUX DE 4 P. $^0/_0$
ET D'APRÈS LA TABLE DE DÉPARCIEUX

Ages.	Valeur de S_n	Ages.	Valeur de S_n	Ages.	Valeur de S_n
20	14 601,5768	45	8 648,4239	70	1 982,0625
21	14 379,6400	46	8 379,3609	71	1 770,3450
22	14 156,8255	47	8 107,5353.	72	1 570,1589
23	13 933,0985	48	7 832,8367	73	1 381,9652
24	13 708,4225	49	7 556,1502	74	1 206,2438
25	13 482,7594	50	7 277,3962	75	1 043,4936
26	13 256,0698	51	6 997,4921	76	893,23333
27	13 028,3126	52	6 717,3918	77	755,96266
28	12 799,4451	53	6 437,0874	78	632,20117
29	12 569,4229	54	6 156,5709	79	521,48922
30	12 338,1998	55	5 876,8139	80	424,34879
31	12 105,7278	56	5 597,8864	81	340,32274
32	11 871,9569	57	5 319,8019	82	268,93565
33	11 636,8352	58	5 043,5940	83	208,69308
34	11 400,3086	59	4 769,3377	84	158,04080
35	11 162,3210	60	4 497,1112	85	116,36243
36	10 922,8138	61	4 226,9957	86	83,016929
37	10 681,7264	62	3 959,0755	87	57,337606
38	10 437,9954	63	3 694,4385	88	37,631111
39	10 191,5152	64	3 433,2151	89	23,136355
40	9 942,1759	65	3 175,5437	90	13,061809
41	9 689,8629	66	2 922,5654	91	6,584282
42	9 434,4574	67	2 675,4681	92	2,847633
43	9 175,8357	68	2 435,4868	93	0,961538
44	8 913,8691	69	2 203,9063	94	0,000000

EXERCICES

ET PROBLÈMES DE RÉCAPITULATION

---

1. Trouver la valeur de V dans les égalités suivantes (*Géométrie F. P. B.*, nᵒ 609) :

$$1° \qquad V = \frac{\pi l}{12}(2D^2 + d^2); \qquad 2° \qquad V = \frac{\pi l}{36}(d + 2D)^2;$$

si $\pi = 3,1416$, $D = 0^m,85$, $d = 0^m,75$ et $l = 1$.

2. Trouver la valeur de V dans l'expression

$$V = \frac{\pi l}{60}(8D^2 + 4Dd + 3d^2),$$

si $\pi = 3,1416$, $D = 8^m,85$, $d = 0^m,75$ et $l = 1$.

3. Trouver la valeur de V dans les égalités suivantes :

$$1° \qquad V = \pi h \left(a^2 - \frac{h^2}{3}\right); \qquad 2° \qquad V = \pi h \left(a^2 + \frac{h^2}{3}\right),$$

si $\pi = 3,1416$, $a = 0^m,15$, $h = 0^m,09$.

4. Trouver la valeur de V dans les égalités suivantes (*Géométrie F. P. B.*, nᵒ 594) :

$$1° \qquad V = \frac{\pi h^2}{3}(3a + h); \qquad 2° \qquad V = \pi h \left(\frac{3R^2 - h^2}{6}\right),$$

si $\pi = 3,1416$, $h = 0^m,1$, $a = 0^m,2$ et $R^2 = 2ah + h^2$.

5. Trouver la valeur de V dans les égalités suivantes (*Géométrie F. P. B.*, nᵒ 593) :

$$1° \qquad V = \pi h \left(a^2 - \frac{h^2}{3}\right); \qquad 2° \qquad V = \pi h \left(\frac{2R^2 + R'^2}{3}\right),$$

si $\pi = 3,1416$, $h = 0^m,1$, $R^2 = 2ah - h^2$, $R' = 0$.

6. Trouver la valeur de S dans les égalités suivantes (*Géométrie F. P. B.*, nᵒ 511) :

$$1° \qquad S = \pi ab; \qquad 2° \qquad S = \pi \left(\frac{a+b}{2}\right)^2 - \pi \left(\frac{a-b}{2}\right)^2,$$

si $a = 3^m,20$ et $b = 2^m,40$.

7. Trouver la valeur de R et de r dans les expressions suivantes :

1° $$R = \frac{a^2 + b^2 + (a-b)\sqrt{a^2+b^2}}{2b},$$

2° $$r = \frac{a^2 + b^2 - (a-b)\sqrt{a^2+b^2}}{2a},$$

si $a = 3^m,20$ et $b = 2^m,40,$

et examiner si les valeurs obtenues vérifient la relation suivante (*Géométrie* F. P. B., n° 611) :

$$(R - r)^2 = (a-r)^2 + (R-b)^2.$$

8. Trouver la valeur de l et de l' dans les relations suivantes (*Géométrie* F. P. B., n° 616) :

1° $$l = \frac{d\sqrt{h}}{\sqrt{h}+\sqrt{h'}} \quad \text{et} \quad l' = \frac{d\sqrt{h'}}{\sqrt{h}+\sqrt{h'}};$$

2° $$l = d\left(\frac{h-\sqrt{hh'}}{h-h'}\right) \quad \text{et} \quad l' = d\left(\frac{\sqrt{hh'}-h'}{h-h'}\right).$$

Si $h = 4,225$, $h' = 3,60$ et $d = 40$; examiner quel avantage, pour les calculs, offrent les formules 2° sur les formules 1°.

9. Établir, au moyen des données suivantes, la règle à suivre pour effectuer la division d'un polynôme par un autre polynôme.

$A + B + C + D + E...$ est le dividende, $A' + B' + C' + D' + E'...$ le diviseur, ordonnés l'un et l'autre par rapport aux puissances décroissantes d'une même lettre, et $M + N + P...$ est le quotient qu'il s'agit de trouver.

10. Simplifier l'expression

$$\frac{(a-b)^4 + 4ab(a-b)^2 + 2b^2(a^2-b^2)}{(a-b)^2 + 2b(a-b)}.$$

11. On donne l'équation $y = x\sqrt{\dfrac{x}{a-x}}$ et on pose $y = tx$; rendre rationnelles les valeurs de x et de y en fonction de t.

12. Que devient la formule $\dfrac{\pi h}{2}\left(\dfrac{R^4 - r^4}{R^2 - r^2}\right)$ quand $R = r$. (*Géom.*, par F. P. B., n° 587.)

13. Faire le produit de R par $2r$, sachant que

$$R = \frac{a^2 + b^2 + (a-b)\sqrt{a^2+b^2}}{2b}, \qquad r = \frac{a^2 + b^2 - (a-b)\sqrt{a^2+b^2}}{2a}.$$

14. Que devient la valeur de $2Rr$ lorsqu'on a :

$$R = \frac{\sqrt{a^2+b^2}\left(\sqrt{a^2+b^2}-b\right)}{a+b-\sqrt{a^2+b^2}}, \qquad r = \frac{\sqrt{a^2+b^2}\left(\sqrt{a^2+b^2}-a\right)}{a+b-\sqrt{a^2+b^2}}.$$

15. De la formule $r = \dfrac{l(l-a)}{a+b-l}$, dans laquelle $l = \sqrt{a^2+b^2}$, passer à la formule identique

$$r = \frac{l^2-(a-b)\,l}{2a} \quad \text{ou} \quad \frac{l(l-a+b)}{2a}.$$

Les exercices qui suivent, jusqu'au n° 57 inclusivement, ont été donnés au baccalauréat ès sciences.

16.
$$\frac{x}{y} + \frac{y}{5} = 8$$
$$\frac{x}{9} - \frac{y}{10} = 1$$

17.
$$\frac{5x-2}{4-5y} = \frac{1}{2}$$
$$\frac{3x+5}{y-1} = \frac{2}{3}$$

18.
$$x - y = 6$$
$$x^2 - y^2 = 180$$

19.
$$2x - 3y - z = 1$$
$$3x + 2y - 2z = 13$$
$$5x - 4y - 2z = 11$$

20.
$$5x - 3y + 2z = 19$$
$$4x + 5y - 3z = 31$$
$$3x + 7y - 4z = 31$$

21.
$$2x + 5y + 3z = 46$$
$$3x - 2y - z = 2$$
$$5x + 3y - 2z = 20$$

22.
$$5x - 2y + 3z = 12$$
$$4x + 3y + 7z = 19$$
$$7x - 4y + 8z = 25$$

23.
$$7x - 5y - 4z + 44 = 0$$
$$3x - 8y + 2z + 11 = 0$$
$$9x + 2y - 6z + 23 = 0$$

24.
$$23x + 35y + 52z = 118$$
$$24x - 75y - 42z = 53$$
$$-51x + 67y + 32z = 183$$

25.
$$\frac{x}{3} + \frac{y}{5} + \frac{2z}{7} = 58$$
$$\frac{5x}{4} + \frac{y}{6} + \frac{z}{3} = 76$$
$$\frac{2}{x} - \frac{y}{5} + \frac{7z}{40} = \frac{147}{5}$$

26.
$$3z + 2v - 5y = 18$$
$$3x + y - 4v = 9$$
$$x + 7z - 6y = 33$$
$$5z - 2x - 8y = 15 - 2v$$

27.
$$3x - 3y + 4z - 2u = 1$$
$$3y - 2x - 3z + 3u = 7$$
$$5z - 2x - 3y + 5u = 27$$
$$5x + 2y - 2z + 4u = 19$$

28. $x^2 - 879x + 85\,137 = 0$

29. $x - 5 = \sqrt{x-1}$

30. $\dfrac{7x+10}{x-2} = \dfrac{5x}{12} + \dfrac{35}{6}$

31. $\dfrac{x-a}{b} - 1 = \dfrac{b+x}{x}$

32. $\dfrac{x}{a} + \dfrac{a}{x} = \dfrac{b}{x} + \dfrac{x}{b}$

33. $\dfrac{x-a}{2a} = \dfrac{2b}{2x+a}$

$$34. \quad \begin{aligned} x+y &= 63 \\ \frac{x}{y}+\frac{y}{x} &= 2,05 \end{aligned} \qquad 35. \quad \begin{aligned} x-y &= 1,023 \\ x^2+y^2 &= 13,196 \end{aligned}$$

$$36. \quad \begin{aligned} x+y &= 8 \\ x^3+y^3 &= 224 \end{aligned} \qquad 37. \quad \begin{aligned} x-y &= 1 \\ x^3-y^3 &= 7 \end{aligned}$$

$$38. \quad \begin{aligned} 2x+3y &= 16 \\ 3x^2-2y^2 &= 67 \end{aligned} \qquad 39. \quad \begin{aligned} 2x+y &= 1 \\ \frac{3}{x}-\frac{2}{y} &= 1 \end{aligned}$$

$$40. \quad \begin{aligned} x+y &= \frac{21}{8} \\ \frac{x}{y}-\frac{y}{x} &= \frac{35}{6} \end{aligned} \qquad 41. \quad \begin{aligned} 5y^2+3x^2 &= 30,752 \\ 9y-5x &= 428 \end{aligned}$$

$$42. \quad \begin{aligned} x-y &= 17 \\ x^3-y^3 &= 29393 \end{aligned} \qquad 43. \quad \begin{aligned} a+b &= 31 \\ a^3+b^3 &= 8029 \end{aligned}$$

$$44. \quad \begin{aligned} 5(x+y) &= xy \\ 2x+3y &= 40 \end{aligned} \qquad 45. \quad \begin{aligned} 3x^2-2y^2 &= 19 \\ 2x^2+5y^2 &= 38 \end{aligned}$$

$$46. \quad \begin{aligned} x^2+y^2 &= b \\ x^4+y^4 &= a \end{aligned} \qquad 47. \quad \begin{aligned} 3x+y &= 15 \\ 2x^2-3y^2 &= 5 \end{aligned}$$

$$48. \quad \begin{aligned} xy^2 &= 18 \\ x+y^2 &= 11 \end{aligned} \qquad 49. \quad \begin{aligned} 3x^2+2y^2 &= 813 \\ 7x-4y &= 17 \end{aligned}$$

$$50. \quad \begin{aligned} x^2-y^2 &= 3 \\ x^2+y^2-xy &= 3 \end{aligned} \qquad 51. \quad \begin{aligned} 3xy &= 15 \\ 3x^2+3y^2 &= 37 \end{aligned}$$

$$52. \quad \begin{aligned} x^2-y^2 &= 2297 \\ xy &= 3247 \end{aligned} \qquad 53. \quad \begin{aligned} 2x^2-3y^2 &= 7584 \\ xy &= 8529 \end{aligned}$$

$$54. \quad 5x-1=\sqrt{1-\sqrt{x^4-x^2}} \qquad 55. \quad x-1=\sqrt{1+\sqrt{4-x^2}}$$

$$56. \quad \sqrt{(x-1)(x-2)}+\sqrt{(x-3)(x-4)}=\sqrt{2}$$

$$57. \quad \sqrt{1+\sqrt{x^4-x^2}}=(x-1)^2$$

Les onze exercices qui suivent, extraits d'une Algèbre imprimée à Londres, ont été donnés en Angleterre, à divers examens.

$$58. \quad (x-1)(x-2)=20 \qquad 59. \quad \frac{1}{1+x}=\frac{3}{1+2x}-2$$

$$60. \quad \frac{x+4}{x-4}-\frac{x-4}{x+4}=\frac{8}{3} \qquad 61. \quad \frac{x}{x+3}+\frac{x+3}{x}=2\frac{9}{10}$$

$$62. \quad x^2+\frac{1}{x^2}+x+\frac{1}{x}=4 \qquad 63. \quad \frac{x^2}{\sqrt{x^2+5}}=1+\frac{1}{\sqrt{x^2+5}}$$

$$63. \quad (x-3)^2+(3x-22)=\sqrt{x^2-3x+7}$$

$$65. \quad \begin{cases} x+y+z=9 \\ x+2y+3z=20 \\ x+3y+6z=35 \end{cases} \qquad 66. \quad \begin{cases} xy=3(x+y) \\ xz=8(x+z) \\ 7yz=9(y+z) \end{cases}$$

$$67. \quad \begin{cases} x^2-y^2=3 \\ \dfrac{x+y}{x-y}+\dfrac{x-y}{x+y}=\dfrac{10}{3} \end{cases} \qquad 68. \quad \begin{cases} x^2+xy+y^2=19 \\ x^4+x^2y^2+y^2=133 \end{cases}$$

69. Les trois côtés d'un triangle rectangle sont entre eux comme les nombres 3, 4 et 5; on demande la longueur de ces côtés, sachant que la surface du triangle vaut 24 mèt. carrés (Baccalauréat).

70. Une personne dépense le $1/5$ de son revenu pour sa nourriture, le $1/4$ du reste pour son logement, le $1/7$ du second reste pour son habillement, et les $2/11$ du troisième reste en aumônes : il lui reste encore 486 fr. 25: quel est son revenu (Brevet d'instituteur) ?

71. Partager une droite donnée m en trois parties proportionnelles aux nombres 2, $3/7$ et $4/5$ (Baccalauréat).

72. Trouver le nombre dont les $2/7$ plus les $\dfrac{291}{1000}$ font 0,0027 (Brevet d'instituteur).

73. Déterminer le volume de deux liquides dont la densité est pour l'un de 1,3, et pour l'autre 0,7, sachant que, si on les mélange, le volume est égal à 3 litres, et la densité à 0,9 (Baccalauréat).

74. Une personne qui a 120 000 fr. emploie une partie de cette somme à faire l'acquisition d'une maison. Elle place le $1/3$ du reste à 4 p. $0/0$, et les deux autres tiers à 5 p. $0/0$; de cette manière, le revenu de son capital est de 3 920 fr. On veut connaître le prix de la maison et les deux sommes placées à 4 p. $0/0$ et à 5 p. $0/0$ (Baccalauréat).

75. On a 100 litres de vin à 0 fr. 45 le litre ; combien faut-il ajouter de vin à 0 fr. 60 le litre pour que le mélange revienne au prix de 0 fr. 50 (Brevet d'instituteur)?

76. Une couronne du poids de 300 grammes est formée d'un alliage d'or et d'argent; on la pèse dans l'eau et on trouve qu'elle y perd 20 grammes de son poids : on demande quelle est la composition de la couronne, la densité de l'or étant 19,5, et celle de l'argent de 10,5 (Baccalauréat).

77. On a deux points A et B distants de 225 kilomèt. Au point A, on vend le charbon 3 fr. 75 les 100 kilogr., et au point B, 4 fr. 75 les 100 kilogr. Ces deux points sont reliés par le chemin de fer, et on sait que les 100 kilogr. de charbon coûtent 0 fr. 80 par 100 kilomèt. de transport. On demande le point de la ligne AB où le charbon coûtera également cher (Baccalauréat).

78. Un bassin contenant 3 mèt. cubes est alimenté par 2 robinets; le premier donne 480 lit. par heure, et le second 360 lit. On demande combien de temps il faudra laisser couler chaque robinet séparément pour remplir le bassin en 7 heures (Brevet d'instituteur).

79. Déterminer 4 nombres, sachant que leurs sommes trois à trois sont respectivement 9, 10, 11 et 12 (Baccalauréat).

80. L'aire d'un rectangle est de 23 mèt. 85 ; sa base est à sa hauteur

comme 5 est à 3 : quelle sera la longueur de ses côtés (Baccalauréat)?

81. Quel est le diamètre d'un fil de platine qui pèse 28 grammes par mètre de longueur, la densité du platine étant 22,06 (Baccalauréat)?

82. Quatre personnes se sont partagé une somme : la première en a eu le $1/3$, la deuxième le $1/5$, la troisième le $1/7$, et la quatrième, qui a eu le reste pour sa part, a touché 105 fr. 75 : on demande la somme totale et la part de chaque personne (Brevet d'instituteur).

83. Trouver deux nombres tels que leur différence soit 21, et que leur rapport soit comme $1/3$ est à $4/5$ (Brevet d'instituteur).

84. Quelqu'un donne à 3 personnes le $1/4$, le $1/7$ et les $2/11$ de sa fortune, et il lui reste encore 26 200 fr. Quelle était sa fortune totale (Baccalauréat)?

85. Sans changer la somme des deux nombres 373 et 432, les altérer de façon que leur rapport devienne égal à $3/4$ (Baccalauréat).

86. Partager 627 fr. entre trois personnes, de manière que la part de la première soit à celle de la deuxième comme $2/3$ est à $3/4$, et celle de la deuxième à celle de la troisième comme $4/5$ est à $8/7$ (Brevet d'instituteur).

87. On a un prisme hexagonal régulier ayant pour hauteur le diamètre du cercle circonscrit à la base, et qui pèse 1 kilogr.; on le donne à un tourneur qui en tire une sphère ayant pour rayon le rayon du cercle inscrit dans la base : on demande le poids de cette sphère (Brevet complet d'instituteur).

88. Calculer à 0,01 près la hauteur d'un triangle dont la base a 647 mèt., et dont la surface doit être moyenne géométrique entre celles de deux rectangles ayant 2 mèt. de hauteur, et pour bases, l'une 853 mèt. 45, l'autre 4 727 mèt. 5 (Baccalauréat).

89. Un cylindre de fer pèse 41 kilogr. et a 2 mèt. 50 de hauteur. On demande le diamètre de ce cylindre, la densité du fer étant 7,768 (Baccalauréat).

90. Un réservoir est alimenté par deux robinets; le premier peut le remplir en 1 heure 45 minutes, et le second en 1 heure 24 minutes; mais une ouverture inférieure viderait le réservoir en 45 minutes. On suppose le réservoir plein au moment où l'on ouvre les trois ouvertures; l'on demande quel temps il mettrait à se vider (Brevet d'instituteur).

91. Un vase cylindrique dont le diamètre intérieur est de 0 mèt. 175 est posé sur un plan horizontal par son fond circulaire; on y verse 21 kilogr. de mercure dont la densité est 13,6. On demande à quelle hauteur le liquide s'élèvera (Baccalauréat).

92. Trouver la surface d'un trapèze, en le regardant comme la différence entre deux triangles. Calculer cette surface à un centimètre carré près, sachant que la grande base a 0 mèt. 045, la petite 0 mèt 039, et la hauteur 0 mèt. 04 (Baccalauréat).

93. Une fermière porte au marché des œufs qu'elle veut vendre 0,07 pièce. Elle en casse 5 en route, et elle trouve qu'en vendant ceux qui lui restent 8 centimes pièce, elle retirera de sa vente la même somme : combien avait-elle d'œufs en partant (Brevet d'instituteur)?

94. Partager une droite a en parties proportionnelles aux nombres $1/_2$, $3/_4$ et 2 (Baccalauréat).

95. On veut partager une somme de 3 333 985 fr. entre 4 frères, 3 sœurs, 5 cousins et 2 cousines. Un cousin a 12 000 fr. de plus qu'une cousine; une sœur, le double d'un cousin; et un frère, le quadruple d'une sœur : quelle sera la part de chacun (Brevet d'instituteur)?

96. Les côtés d'un triangle sont 32 mèt., 28 mèt. et 37 mèt. : calculer à 0 mèt. 001 près les côtés d'un second triangle semblable au premier, et dont la surface est triple (Baccalauréat).

97. Un marchand augmente chaque année sa fortune du $1/_3$ de sa valeur; et, à la fin de chaque année, il prélève 1 000 fr. pour sa dépense; à la fin de la troisième année sa fortune est doublée : combien avait-il d'abord (Brevet d'instituteur)?

98. Dans un triangle rectangle on donne l'hypoténuse $a = 12$ mèt., et le rapport $\dfrac{b}{c} = \dfrac{2}{3}$ des deux côtés de l'angle droit : calculer ces deux côtés (Baccalauréat).

99. Partager le nombre 327 en trois parties proportionnelles aux nombres $2/_3$, 6 et $7/_8$ (Baccalauréat).

100. L'échantillon d'un vin pesait $1/_{50}$ de moins que l'eau; j'en ai reçu 500 litres dans un fût qui, vide, pèse 32 kilogr., et qui, rempli du vin envoyé, pèse 523 kilogr. On demande si on y a mêlé de l'eau, et dans quelles proportions (Brevet d'instituteur)?

101. On a deux octogones réguliers dont les côtés sont respectivement 58 mèt., 35 et 37 mèt. 28; calculer à 0,01 près le côté d'un troisième octogone régulier dont la surface serait égale à la somme des deux autres (Baccalauréat).

102. Une personne place 10 000 fr., dont une partie à 5 p. $^0/_0$ l'an, et l'autre à 6 p. $^0/_0$; l'intérêt simple est 1 620 fr. en 3 ans : quelle est la somme placée à 6 p. $^0/_0$ (Brevet d'instituteur)?

103. Les côtés de deux hexagones réguliers sont 33 et 56 mèt. : on demande quel doit être le côté d'un hexagone régulier, pour que sa surface soit égale à la différence des deux autres (Baccalauréat).

104. Partager 100 000 fr. entre trois enfants, en parties inversement proportionnelles à leur âge : le premier a 3 ans, le deuxième en a 5, et le troisième 7 (Brevet d'instituteur).

105. On donne un cône dont le rayon de la base est 4 mèt., et la hauteur 6 mèt. : on fait à une distance de 2 mèt. du sommet une section parallèle à la base : trouver la surface latérale du tronc ainsi obtenu (Baccalauréat).

106. Supposons qu'un kilogr. d'or ne pèse que $5/_6$ dans l'eau, et un kilogr. d'argent que $7/_{12}$: on demande combien il y a d'or et d'argent dans un alliage de 36 kilogr. n'en pesant que 28 dans l'eau (Brevet d'instituteur).

107. Une pyramide triangulaire dont la base a pour côtés 13, 14, 15 mèt., et dont la hauteur est 16 mèt., est coupée par un plan parallèle à la base et distant du sommet de 2 mèt. Quel est le volume du tronc ainsi formé (Baccalauréat)?

108. On donne une droite indéfinie et un point c situé à 28 mèt. de cette droite ; de ce point, comme centre, avec un rayon égal à 53 mèt., on décrit un arc de cercle et l'on joint au point c les points de rencontre de l'arc avec la droite : calculer l'aire du triangle ainsi formé et le côté du carré équivalent (Baccalauréat).

109. Le côté d'un cône est 25 mèt. 7, la surface de sa base est 8 mèt. carrés : on demande de calculer la surface du cercle dont le plan est distant de 3 mèt. 75 de la base (Baccalauréat).

110. On donne le système $ax - by = 4$ et $3x + 5y = 1$, et l'on demande les valeurs qu'il faut attribuer aux coefficients a, b, de la première équation, pour que le système soit indéterminé (Baccalauréat).

111. Partager le diamètre d'une sphère en deux parties telles que les deux calottes déterminées par le plan perpendiculaire à ce diamètre soient dans le rapport de 2 à 3 (Baccalauréat).

112. On a placé à intérêts simples deux capitaux qui sont entre eux comme 3 3/4 est à 4 5/6 ; sachant que le premier capital, placé à 4 p. $^0/_0$ pendant 6 ans 4 mois, a produit 1 071 fr. de plus que le second, placé à 3 p. $^0/_0$ pendant 4 ans et demi, on demande quels sont ces capitaux (Brevet d'instituteur).

113. Un convoi part à 8 heures 20 pour faire un trajet de 471 kilom., qu'il effectue en 16 heures 40 : quelle vitesse doit avoir un second convoi qui part 1 heure 20 après le premier pour l'atteindre à 356 kilomèt. du point de départ (Baccalauréat)?

114. On a du blé ancien à 18 fr. l'hectolitre et du nouveau à 13 fr. ; dans quelle proportion devrait-on les mélanger pour avoir 167 hectolit. $\frac{2}{3}$ à 16 fr. l'hectolitre (Brevet d'instituteur)?

115. Les rayons de deux cercles concentriques valent 36 mèt. et 20 mèt. Calculer la longueur d'une corde du grand, tangente au petit (Baccalauréat).

116. Calculer à 0 mèt. 001 près la longueur d'une tangente commune à deux cercles ayant pour rayons 58 mèt. et 13 mèt., et dont la distance des centres est 126 mèt. (Baccalauréat).

117. Une personne possède une certaine somme qu'elle partage en deux parties égales, et place l'une à 5 p. $^0/_0$, et l'autre à 4 1/2 p. $^0/_0$; celle placée à 5 p. $^0/_0$ donne annuellement 60 fr. d'intérêts de plus que celle placée à 4 1/2 : quelle est cette somme (Baccalauréat)?

118. Connaissant la base a d'un triangle isocèle et la longueur commune b des deux médianes aboutissant aux extrémités de cette base, exprimer la valeur commune des côtés égaux (Baccalauréat).

119. Connaissant la surface latérale a^2 et le volume v^3 d'un cylindre, trouver la hauteur et le rayon de la base (Baccalauréat).

120. Une personne possède un capital C divisé en deux parties a et b. La partie a, placée pendant m années au taux t, a produit des intérêts simples égaux à ceux que l'autre partie b a produits en n années, au taux t'. D'autre part, a placé pendant un an au taux t', produirait une somme P, et b placé durant un an au taux t produirait

une somme Q : connaissant C, P, Q, m et n, trouver a, b, l, l'. Application pour $C = 55\,000$, $P = 945$, $Q = 630$, $m = 2$, $n = 3$ (Examen pour l'école des mines, 1872).

Les problèmes qui suivent, jusqu'au n° 200 inclusivement, ont été donnés au baccalauréat ès sciences.

121. La somme de deux nombres est 100, la somme de leurs carrés est 5018 : quels sont ces deux nombres ?

122. La somme de deux nombres est 100 et la différence de leurs carrés 1000 : quels sont ces deux nombres ?

123. Le volume d'un cône circulaire droit est de un stère ; sa hauteur est de 3 mètres : quel est le rayon de sa base ?

124. La différence de deux nombres est 6, la différence de leurs carrés est 480 : trouver ces deux nombres.

125. Décomposer le trinôme $2x^2 - 3x - 5$ en deux facteurs du premier degré.

126. Trouver deux nombres, connaissant leur différence 7,85 et la somme de leurs carrés 392,8853.

127. Trouver un nombre qui surpasse sa racine carrée de 156.

128. La hauteur d'une calotte sphérique est $0^m,032$ et le rayon de la circonférence qui lui sert de base $0^m,045$: calculer la surface de cette calotte.

129. Trouver la somme des carrés des racines d'une équation du second degré $x^2 + px + q = 0$, et cela sans résoudre l'équation.

130. Calculer les longueurs des bissectrices intérieures des 3 angles d'un triangle rectangle en fonction des côtés de l'angle droit.

131. Déterminer deux nombres tels que leur somme soit 19 et leur produit 84.

132. Calculer les côtés d'un triangle rectangle, sachant que son périmètre égale 132 mètres, et la somme des carrés 6050.

133. Trouver deux nombres dont le produit soit égal à 17 et la somme à — 18.

134. Décomposer en deux facteurs du premier degré le trinôme $9x^2 - 9x + 2$.

135. Trouver quatre nombres en proportion, connaissant la somme de leurs carrés 62,5, sachant de plus que le premier surpasse le deuxième de 4 et que le troisième surpasse le quatrième de 3.

136. Partager 590 en deux parties telles que leur produit soit 80464.

137. Trouver deux nombres tels que leur différence soit 7 et la différence de leurs cubes 4501.

138. Trouver la valeur de x qui rend minimum l'expression $3x + \dfrac{27}{x}$, et dire quel est ce minimum.

139. Partager 27 en deux parties telles que 4 fois le carré de la première et 5 fois le carré de la seconde vaillent 1620.

140. La différence des cubes de deux nombres entiers consécutifs est d : quels sont ces nombres ?

141. Un cylindre et un tronc de cône ont même hauteur et une base commune; on demande quel doit être le rapport des bases de ce tronc pour que son volume soit égal aux $2/3$ du volume du cylindre. Faire le calcul à 0,001 près.

142. La somme de deux nombres est 31, celle de leurs cubes 8029 : quels sont ces deux nombres?

143. Trouver deux nombres tels que leur somme soit égale à 10 et celle de leurs cubes à 200 : on calculera les racines à $\frac{1}{100}$ près.

144. Quel est le diamètre de la base d'un cône dont la hauteur est $0^m,03$, sachant que ce cône est équivalent au volume d'une sphère dont le diamètre est $0^m,06$?

145. Partager le nombre 28 en deux autres tels que la somme de leurs cubes soit 6244.

146. Trouver le maximum et le minimum de $\dfrac{x^2}{x-1}$.

147. A quelle distance s'étend en pleine mer la vue d'un homme placé à 60 mètres au-dessus du niveau de la mer, le rayon de la terre étant de 6366198 mètres?

148. Partager le nombre 12 en deux parties telles que la plus grande soit moyenne proportionnelle entre le nombre tout entier et la plus petite : calcul à 0,001 près.

149. Les rapports directs et inverses de deux nombres ont pour somme 2,05, ces nombres eux-mêmes donnent pour somme 63 : quels sont ces deux nombres?

150. Deux observateurs placés à bord de deux navires et élevés de 3 mètres au-dessus du niveau de la mer cessent de se voir à la distance de 12600 mètres; déduire de là une valeur approchée du rayon de la terre.

151. Trouver le maximum et le minimum de la fraction $x+\dfrac{1}{x}$.

152. Un vase cylindrique contient un hectolitre; le diamètre de la base est le quart de la hauteur : calculer la hauteur du cylindre et la surface de sa base.

153. Trouver deux nombres, sachant que leur somme est égale à 3017, et que la différence entre le quadruple du carré du premier et le carré du second égale 52051.

154. Partager 10 en deux parties dont les carrés soient proportionnels à 13 et à 7 : calcul à 0,001 près.

155. Déterminer les valeurs que doit avoir t, pour que l'une des racines de l'équation $x^2+(4t-2)x+3t^2+5=0$ soit le double de l'autre.

156. On connaît un trapèze dont les bases sont a et b, et la hauteur h. On divise ses côtés en 3 parties égales par des parallèles aux bases : calculer la surface des trois trapèzes partiels.

157. Les deux bases d'un trapèze sont 738 mètres et 548 mètres; les deux autres côtés valent chacun 203 mètres : calculer à 0^m,001 près la longueur des diagonales.

158. Calculer à 0^m,01 près la hauteur d'un triangle dont la base égale 321 mètres et dont la surface est moyenne proportionnelle entre celle de deux rectangles ayant 1 mètre de hauteur, et pour bases 457^m,27 et 7852^m,7.

159. La surface d'un rectangle est 23^m,85 ; sa base est à sa hauteur dans le rapport de 5 à 3 : calculer à 0^m,001 près les dimensions du rectangle.

160. Déterminer les dimensions d'un cylindre contenant 1 hectolitre, sachant que la hauteur doit égaler le diamètre.

161. Calculer les trois côtés d'un triangle rectangle, sachant qu'ils forment une progression arithmétique ayant 19 mètres pour raison. Trouver aussi l'aire de ce triangle.

162. De tous les rectangles inscrits dans un triangle donné, quel est celui dont la surface est maximum ?

163. Etant donnés un cercle de 2 mètres de rayon et un point extérieur à ce cercle et distant de 3 mètres de la circonférence, trouver la longueur de la partie extérieure de la sécante menée du point donné et dont la partie intérieure au cercle égale 1 mètre.

164. Trouver l'arête d'un tétraèdre régulier en or, sachant qu'il pèse 2 kilog. et que la densité de l'or est 19,26.

165. Décomposer le trinôme $x^4 - 8x^2 + 16$ en facteurs du premier degré.

166. A quelle distance du sommet d'un cône faut-il mener un plan parallèle à la base pour partager sa surface en deux parties équivalentes ?

167. Déterminer sur une tangente à un cercle de 3^m,015 de rayon, un point tel qu'une sécante menée au cercle par ce point et le centre soit partagée en deux parties égales au point où elle rencontre le cercle.

168. Déterminer les trois côtés d'un triangle rectangle, connaissant son périmètre, 12 mètres, et sa surface, 6 mètres carrés.

169. Deux cordes d'un cercle se coupent ; les deux parties de l'une valent respectivement 1^m,2 et 2^m,1 ; de plus, la différence entre les deux parties de l'autre est 1^m,84 : calculer la longueur de cette dernière corde.

170. La somme des arêtes d'un parallélipipède rectangle est égale à 48 mètres. La somme des carrés de trois arêtes contiguës est égale à 50 ; la base a 12 mètres de superficie : on demande les trois arêtes contiguës de ce parallélipipède.

171. Les rayons des deux bases d'un tronc de cône sont 3^m,5 et 7^m,3 ; la hauteur du tronc est de 2 mètres : on demande la surface et le volume du cône tout entier.

172. Quel est le plus grand rectangle qu'on puisse inscrire dans un cercle donné ?

173. Trouver le volume d'une sphère dans laquelle une zone de 2 mètres carrés de surface a 0^m,47 de hauteur.

174. Déterminer le rayon r d'une circonférence, connaissant la longueur l d'une corde, la distance h d'un point de la circonférence à cette corde, et la distance d du centre de la corde au pied de la perpendiculaire qui mesure cette distance.

175. Quel diamètre faut-il donner à un bassin hémisphérique pour que sa capacité soit 1 hectolitre ?

176. Calculer le volume de la sphère circonscrite à un cube de côté a.

177. A quelle distance de la base d'une pyramide faut-il mener un plan parallèle pour que le volume de la pyramide détachée soit sept fois moindre que celui du tronc restant ?

178. Quel diamètre intérieur faut-il donner à une chaudière cylindrique terminée par deux demi-sphères, sachant que la longueur totale doit être quatre fois le diamètre intérieur et que la chaudière doit contenir 45 hectolitres ?

179. On donne un cône droit de rayon r et de hauteur h : calculer les volumes des sphères inscrite et circonscrite.

180. On donne le produit p de deux nombres positifs : trouver le minimum de leur somme.

181. Calculer les dimensions du litre pour le lait, sachant que c'est un cylindre dont la hauteur égale le diamètre.

182. Calculer la surface et le volume d'un cube de diagonale d.

183. Connaissant les trois côtés d'un triangle a, b, c, calculer les longueurs des trois bissectrices.

184. Les trois côtés d'un triangle rectangle forment une progression arithmétique dont la raison est 25 : trouver ces trois côtés.

185. Partager la surface latérale d'un cône en trois parties équivalentes par des plans parallèles à la base.

186. Quelle doit être la hauteur d'un cône circulaire droit circonscrit à une sphère de rayon donné, pour que le rapport de la surface totale du cône à la surface de la sphère soit égal à un nombre donné m ?

187. Calculer les arêtes d'un parallélipipède rectangle, connaissant la somme a des aires de ses faces, la somme l des longueurs des arêtes et le rapport h de deux de celles-ci : combien de parallélipipèdes répondent à la question et dans quel cas le problème est-il impossible ?

188. Le rayon de base d'un cône est 5 mètres, la hauteur du cône est 10 mètres : à quelle distance de la base faut-il mener un plan parallèle pour que le tronc de cône qu'il détermine soit équivalent à 20 mètres cubes ?

189. Trouver la plus grande et la plus petite valeur que puisse acquérir, pour des valeurs réelles de x, l'expression $\dfrac{5x^2 + 8x - 1}{x^2 + 1}$.

190. Comment varie le trinôme $x^2 - 6x + 15$ quand on fait croître x de $-\infty$ à $+\infty$.

191. Un cône a même volume qu'une sphère, sa hauteur est égale au quart du diamètre de la sphère : calculer le rayon de sa base.

192. La surface totale d'un prisme droit hexagonal régulier est 12 mètres carrés et sa hauteur 0^m,1 ; il est en aluminium et sa densité est 2,5 : trouver son poids.

193. Quel est le maximum et le minimum de l'expression $\dfrac{3x}{x^2+x+1}$?

194. On a un trapèze isocèle dont les bases sont 40 mètres et 100 mètres, les côtés non parallèles ont chacun 50 mètres : on demande d'évaluer la surface du triangle extérieur formé par le prolongement des côtés non parallèles de ce trapèze.

195. Un gramme de mercure occupe dans un tube capillaire une longueur de 137 millimètres : quel est le diamètre intérieur du tube, la densité du mercure étant 13,596 ?

196. Dans une sphère d'un mètre de rayon, la zone engendrée par un arc tournant autour du diamètre qui passe par une de ses extrémités a pour base un cercle dont la surface est le quart de la zone : trouver la hauteur de cette zone.

197. Sachant que l'une des bases d'un segment sphérique est un grand cercle d'une sphère donnée et que le volume de ce segment est le sextuple de celui de la sphère qui a un diamètre égal à la hauteur du segment : calculer les dimensions de ce segment.

198. Dire dans quels intervalles la fonction $\dfrac{2x^2+5x-3}{6x^2-x-2}$ sera positive, et dans quels intervalles elle sera négative si x varie de $-\infty$ à $+\infty$.

199. Sur un terrain plat on veut établir un parc rectangulaire qui ait 6 400 mètres carrés et dont le périmètre soit 400 mètres, longueur totale d'une cloison mobile dont on peut disposer : quelle longueur auront les côtés du rectangle ?

200. Trouver le maximum et le minimum de $\dfrac{x^2+1}{x^2-4x+3}$.

201. Résoudre l'équation $\dfrac{a}{x}=\dfrac{x-1}{x-a}$ et déterminer les limites entre lesquelles la quantité a doit être comprise pour que les racines soient réelles (Examen oral pour Saint-Cyr).

202. Calculer le rayon de la sphère circonscrite à un tétraèdre régulier de côté a (Baccalauréat).

203. Inscrire dans un demi-cercle de rayon r le trapèze de périmètre maximum ou minimum (Baccalauréat).

204. Trouver la surface d'une boule de verre pesant 1 kilogr., la densité du verre étant 2,38 environ (Baccalauréat).

205. Trouver le maximum de $\dfrac{x}{x-a}+x$ (Examen oral pour Saint-Cyr).

206. Dans une sphère de rayon r, on inscrit un cône équilatéral ; mener une section parallèle à la base, de telle sorte que la différence des sections faites dans la sphère et le cône soit maximum ou minimum (Baccalauréat).

207. Couper une sphère par un plan de manière que l'aire de la section soit les trois quarts de la surface de la calotte enlevée (Baccalauréat).

208. Dans un cercle de rayon donné mener une corde telle que son rapport avec sa flèche soit k : discuter (Examen pour Saint-Cyr).

209. Partager une somme $2a$ en deux parties dont le produit soit un maximum (Baccalauréat).

210. Calculer le rayon d'une sphère passant par un cercle O et un point M donnés, connaissant le rayon r du cercle O et la hauteur h du point M au-dessus de son plan, ainsi que la distance d du pied de cette hauteur au centre du cercle O (Baccalauréat).

211. Trouver une équation ayant pour racines les carrés des racines de $x^2+px+q=0$ (Examen oral pour Saint-Cyr).

212. On donne un quart de cercle de rayon r, circonscrire le trapèze de surface maximum ou minimum (Baccalauréat).

213. A quelle condition doit satisfaire x^m+a^m pour qu'il soit divisible par x^3+a^3 (Examen oral pour Saint-Cyr).

214. Les deux bases d'une zone appartenant à une sphère de 4 mètres de rayon sont distantes du centre de 2 mètres et de 3 mètres : calculer leurs surfaces et celles de la zone (Baccalauréat).

215. Partager le nombre 225 en deux parties telles que la somme de 3 fois la racine carrée de la première et de 4 fois la racine carrée de la deuxième soit un maximum (Baccalauréat).

216. Trouver deux nombres connaissant leur somme, $s=41$, et la somme 9 de leurs racines carrées (Diplôme d'études).

217. Inscrire dans une sphère donnée un parallélipipède rectangle à base carrée dont la surface totale est donnée : dans quel cas cette surface est-elle maximum (Baccalauréat)?

218. Etant donnée une droite AB dont la longueur est 575 mètres, partager cette droite en deux parties telles que le carré de la première, plus trois fois le carré de la seconde, aient une somme minimum : donner ce minimum (Baccalauréat).

219. Trouver le minimum de la fonction $\dfrac{(x-a)(x-b)}{x}$; valeur correspondante de x (Examen oral pour l'école centrale).

220. Trouver le volume d'une sphère inscrite dans une pyramide hexagonale régulière, le côté du polygone de base étant $0^m,07$ et la hauteur $0^m,14$ (Diplôme d'études).

221. Etant donnés une sphère et un diamètre AB, à quelle distance OC du centre faut-il mener un plan DE perpendiculaire à ce diamètre, pour que la surface latérale du cône SDE, circonscrit à la sphère suivant la circonférence DE, soit égale à la surface latérale du cône, qui a pour base ce même cercle DE et pour sommet l'extrémité A du diamètre AB (Baccalauréat)?

222. Par un point donné dans l'intérieur d'un cercle, mener une sécante telle que les rapports des segments soient celui de m à n : examiner les cas de possibilité de ce problème (Ecole des mines).

223. On donne les hauteurs H et h de deux cylindres; on propose de déterminer les rayons de leurs bases de manière que la somme de

leurs surfaces latérales soit égale à une sphère donnée, et que la somme de leurs volumes soit la plus petite possible (Baccalauréat).

224. Une pièce d'étoffe a été vendue 1 800 fr. L'acheteur, en la recevant, constate que par suite d'erreur on lui a expédié une pièce qui vaut 2 fr. 50 de moins par mètre; mais qui, par compensation, contient 15 mètres de plus que celle qu'il attendait; il se décide à la garder, et demande combien cette pièce contenait de mètres et quel était le prix du mètre (Diplôme d'études).

225. Déterminer la valeur maximum ou minimum de la surface d'un quadrilatère convexe dont deux côtés adjacents a sont égaux chacun à 85 mètres, et les deux autres côtés b sont aussi égaux et valent chacun 13 mètres de moins que a (Baccalauréat).

226. Couper une sphère par un plan de manière que le segment enlevé ait même volume que le cône qui aurait pour base la base du segment, et pour sommet l'extrémité du diamètre perpendiculaire au plan sécant (Diplôme d'études).

227. La hauteur d'un segment sphérique est constante: déterminer la position de ses bases de telle sorte que le volume soit maximum (Baccalauréat).

228. Décomposer en facteurs du premier degré le trinôme $-5x^2 + 8x - 3$, et déduire de cette décomposition la manière dont varie le trinôme lorsque x varie de $-\infty$ à $+\infty$: maximum et minimum (Diplôme d'études).

229. Trois arcs de cercle contigus par leurs extrémités ont des rayons égaux, et chacun d'eux a pour centre l'extrémité commune des deux autres; exprimer en fonction de leur rayon commun, l'aire plane qu'ils limitent (Baccalauréat).

230. Calculer à $0^m,001$ près le rayon d'un vase hémisphérique capable de contenir 5 kgr de mercure, la densité du mercure étant 13,6 environ (Baccalauréat).

231. Partager la ligne AB en deux parties AC et BC, telles qu'en construisant sur la première un triangle équilatéral ACD et sur la seconde un carré CBEF, puis joignant DF, la surface du pentagone ABEFD soit la plus petite possible (Baccalauréat).

232. Calculer les côtés d'un rectangle, connaissant la diagonale d et le périmètre $2p$: dire quelles sont les conditions pour que le problème soit possible (Baccalauréat).

233. On donne une circonférence et une tangente, et l'on demande de mener une corde CD parallèle à la tangente, telle que si on abaisse les perpendiculaires CA, DB sur la tangente, le rectangle CABD ait sa diagonale de longueur donnée: discussion sommaire (Examen pour Saint-Cyr).

234. Circonscrire à une sphère de rayon donné un tronc de cône dont la surface totale soit égale à celle d'une sphère de rayon donné b : on calculera les rayons des 2 bases du tronc de cône (Baccalauréat).

235. De tous les triangles rectangles isopérimètres, trouver celui qui a la plus grande surface (Diplôme d'études).

236. Un cône dont la hauteur est 82 mètres, est partagé en 3 parties

équivalentes par deux plans parallèles à la base : calculer la distance au sommet des deux plans sécants (Baccalauréat).

237. Résoudre les équations $x+y=a$ et $x^3+y^3=b^3$ (Diplôme d'études).

238. Couper une sphère de rayon r par un plan tel que les surfaces latérales des deux cônes, ayant pour base la section et pour sommet les pôles de cette même section, soient entre elles dans un rapport donné m; application pour $m=2$ (Baccalauréat).

239. Deux points étant donnés de part et d'autre d'une droite, trouver un cercle passant par ces deux points et interceptant sur la droite une longueur minimum (Diplôme d'études).

240. Calculer les côtés d'un triangle rectangle, sachant qu'ils sont en progression arithmétique et que la raison est a (Baccalauréat).

241. Combien faut-il prendre de termes de la progression ÷ 5. 9. 13... pour que la somme soit égale à 10877 (Baccalauréat)?

242. Trouver la somme et le produit des termes d'une progression géométrique (Diplôme d'études).

243. Trouver la somme des n premiers termes de la progresssion :

$$\div \frac{n-1}{n}, \ \frac{n-2}{n}, \ \frac{n-3}{n} \dots \text{ (Baccalauréat.)}$$

244. Résoudre l'équation $\dfrac{x}{2} - \dfrac{2}{3}\left(\dfrac{2x-3}{x-1}\right) + \dfrac{3x-1}{2(x-1)} = \dfrac{2}{2}\left(\dfrac{x^2+2}{3x-2}\right)$ (Diplôme d'études.)

245. Combien faut-il prendre de termes d'une progression arithmétique, dont le premier terme est 2,5 et la raison 0,3, pour que leur somme soit 1 020 (Baccalauréat)?

246. Comment faut-il placer un carré pour que le faisant tourner autour d'un axe passant par un de ses sommets et situé dans son plan, le volume engendré soit maximum (Diplôme d'études)?

247. Partager le nombre 87 en parties formant une progression arithmétique ayant 7 pour premier terme et 3 pour raison : calculer le dernier terme (Baccalauréat).

248. Un terrain ABCDE est formé d'un carré BCDE et d'un triangle équilatéral ABE; l'étendue de ce terrain est de 3 hectares 26 ares : calculer le côté AB à 1 mèt. près (Diplôme d'études, 1874).

249. Étant donnés un cercle et un diamètre AB, à quelle distance OC du centre faut-il mener une corde DE perpendiculaire à ce diamètre, pour que le volume engendré par le segment CAB tournant autour de AB soit égal au volume engendré par le triangle OCD (Baccalauréat)?

250. Deux mobiles partent en même temps de deux points A et B, et marchent sur AB et dans le même sens, le mobile en A poursuivant celui en B. Le premier parcourt 1 mètre dans la première minute, 3 mètres dans la deuxième, 5 mètres dans la troisième...; le second parcourt 3 mètres dans la première minute, 4 dans la deuxième, 5 dans la troisième... Au bout de combien de minutes le premier mobile aura-t-il rejoint le second, la distance AB étant 75 mètres (Baccalauréat)?

251. Insérer 3 moyens géométriques entre 2 et 10, et 3 moyens arithmétiques entre 0 et 1, sans le secours des logarithmes (Baccalauréat).

252. Dans un demi-cercle, inscrire un triangle rectangle de manière que le volume engendré par la révolution de ce triangle soit maximum. Calculer le volume pour le cas où les côtés de l'angle droit font respectivement avec le diamètre des angles de 30 et de 60 degrés (Diplôme d'études 1874).

253. Partager le nombre 195 en trois parties qui forment une progression géométrique, dont le troisième terme surpasse le premier de 120 (Baccalauréat).

254. Inscrire quatre moyens géométriques entre 32 et 243 : ces deux nombres sont les cinquièmes puissances de 2 et de 3 (Baccalauréat).

255. Calculer à un millimètre près les dimensions du litre qui sert à mesurer les liquides (Diplôme d'études 1874).

256. Insérer cinq moyens géométriques entre 1 et 4,826809 (Baccalauréat).

257. Insérer quatre moyens géométriques entre 17,524 et 39,815 : calcul à 0,01 près (Baccalauréat).

258. Trouver la limite de la somme des termes de la progression :

$$\div \frac{1}{2} : \frac{1}{4} : \frac{1}{8}\ldots$$ (Baccalauréat).

259. Calculer le volume d'une sphère dans laquelle on connaît la hauteur et la surface d'une zone. Application : la hauteur de la zone étant $0^m,47$ et la surface 2 mèt. carrés, quel sera le volume de la sphère dont cet zone fait partie (Diplôme d'études 1874)?

260. Calculer quatre termes d'une progression géométrique, sachant : 1° que le premier terme surpasse le deuxième de 4 ; 2° que le troisième surpasse le quatrième de 3 ; 3° que la somme des carrés des quatre termes est 62,5 (Baccalauréat).

261. Calculer par logarithmes et sous forme de fractions décimales :

$$1° \quad \sqrt[3]{\frac{23}{72\,586}} \qquad 2° \quad \sqrt[4]{\frac{128}{9\,657}}$$ (Baccalauréat).

262. Résoudre les équations suivantes : $x+y=94$ et log. x + log. $y = 2$, 64836 (Baccalauréat).

263. Quelle est la base du système de logarithmes dans lequel log. $3 = 1\,000$ (Baccalauréat)?

264. Calculer la base du système de logarithmes dans lequel 9 a pour logarithme 10 (Baccalauréat).

265. Que deviennent 160 000 fr., placés à intérêts composés pendant 4 ans à 5 p. %/₀ (Baccalauréat)?

266. Calculer ce que produira en 8 ans un capital de 3 625 fr. à intérêts composés et à 4 %/₀ par an (Baccalauréat).

267. Pendant combien de temps doit rester placé à intérêts composés et à 5 p. %/₀, un capital pour être 1° doublé, 2° triplé (Baccalauréat)?

268. Un capital de 3 426 fr., placé pendant 12 ans 6 mois à intérêts composés, vaut 4 302 fr. : on demande le taux du placement (Diplôme d'études).

269. Quelle somme faut-il placer à intérêts composés et à 5 p. $^0/_0$ pour retirer après 15 ans 25433 fr. en tout (Baccalauréat)?

270. Trouver ce que devient après 6 ans une somme de 11058 fr. 20, placée à intérêts composés et à 5 p. $^0/_0$ (Baccalauréat).

271. Avant de partir pour un voyage, un marin place 6000 fr. à intérêts composés : que recevra-t-il à son retour, si son voyage dure 5 ans et que le taux de l'intérêt soit 4 p. $^0/_0$ (Baccalauréat)?

272. Combien faut-il de temps à un capital de 7872 fr., placé à intérêts composés et à 5 p. $^0/_0$, pour devenir 12328 fr. (Baccalauréat)?

273. Une somme de 3682 fr. 48, placée à intérêts composés pendant 8 ans, a augmenté de 1546 fr. 75 : quel était le taux de l'intérêt (Baccalauréat)?

274. Après combien d'années sera doublée la population d'un État qui augmente chaque année de la 294e partie de sa valeur (Baccalauréat)?

275. On emprunte une somme A à 5 p. $^0/_0$ et à intérêts composés : quelle annuité faudra-t-il payer, pour qu'après 5 ans la dette soit réduite à $\frac{A}{2}$ (Baccalauréat)?

276. Quelle somme faut-il payer immédiatement pour remplacer 6 annuités de 325 fr. chacune, le taux étant de 5 p. $^0/_0$ (Baccalauréat)?

277. Quelle est l'annuité à payer, pour éteindre en un temps donné t un capital A, le taux de l'intérêt r par franc étant aussi connu (Diplôme d'études)?

278. Une personne emprunte une certaine somme dont elle s'acquittera en trois paiements égaux de 9261 fr. : le premier après un an, le deuxième après deux ans, et le troisième après 3 ans : on demande quelle est la somme empruntée, le taux étant 5 p. $^0/_0$ (Baccalauréat).

279. Une commune emprunte 23795 fr. à 4,5 p. $^0/_0$, et à intérêts composés; on demande : 1° la valeur au bout de 10 ans de la somme empruntée; 2° l'annuité à payer pendant ces 10 ans pour amortir la dette (Diplôme d'études).

280. On doit payer chaque année une somme de 2000 fr. pendant 12 ans : par quelle somme pourra être remplacée cette annuité, si l'on veut ne faire qu'un seul paiement au bout de 4 ans, le taux étant 5 p. $^0/_0$ (Baccalauréat)?

281. Une personne place annuellement chez son banquier une somme de 300 fr. à 4 p. $^0/_0$: combien le banquier devra-t-il à la personne à la fin de la trentième année (Baccalauréat)?

282. Une commune a fait un emprunt de 23795 fr. à 4,5 p. $^0/_0$; cette commune veut se libérer au moyen d'annuités, qu'elle obtient en votant 4 centimes extraordinaires; pour chaque centime voté elle perçoit 769 fr. par an; on demande : 1° pour combien d'années elle doit s'imposer; 2° quelle somme elle aura payée ainsi (Diplôme d'études).

LE

COURS ÉLÉMENTAIRE DE MATHÉMATIQUES

COMPREND LES OUVRAGES SUIVANTS :

Éléments d'Arithmétique.
—   d'Algèbre.
—   de Géométrie.
—   de Trigonométrie.
—   d'Arpentage et de Nivellement.
—   de Géométrie descriptive.

3607. — Tours, impr. Mame.